高等工科院校教材

"十三五"江苏省高等学校重点教材（2019-2-260）

控制工程基础

第 2 版

主　编　曾　励　寇海江
副主编　张　帆　竺志大　柴　青
参　编　戴　敏　杨　坚　张　涛　曹　阳

机械工业出版社

本书以分析工程控制系统性能为目的，总结了近年来教学实践和教学改革的经验，并在借鉴了国内外同类优秀教材内容的基础上编撰而成。书中以大量机电系统的实例渗透于各个章节，希望有助于读者掌握控制工程在工程实际中的应用。

全书共分 8 章，主要介绍控制工程的基本概念和反馈控制的基本结构、控制系统的数学模型、控制系统时域分析法和控制系统的性能指标及其计算方法、控制系统的开环频率特性分析和闭环频域性能指标及其计算、控制系统的根轨迹分析法、控制系统的性能分析、控制系统的综合校正、基于 MATLAB 的控制系统分析。书中每章均配备了一定数量的典型例题和习题，便于读者学习和巩固所学知识。

本书主要面向机电类专业的控制工程基础课程的本科生教学，也可供工程技术人员参考。对于专科生和少学时专业可适当调整学时数。读者通过对本课程的学习，不仅能掌握经典控制理论的基本分析和综合方法，而且基本能应用 MATLAB 分析和设计工程控制系统。

图书在版编目（CIP）数据

控制工程基础/曾励，寇海江主编. —2 版. —北京：机械工业出版社，2022.12

高等工科院校教材

ISBN 978-7-111-71637-2

Ⅰ.①控… Ⅱ.①曾… ②寇… Ⅲ.①自动控制工程学－高等学校－教材 Ⅳ.①TP13

中国版本图书馆 CIP 数据核字（2022）第 174377 号

机械工业出版社（北京市百万庄大街 22 号 邮政编码 100037）

策划编辑：余 皞 责任编辑：余 皞

责任校对：陈 越 贾立萍 封面设计：陈 沛

责任印制：李 昂

北京捷迅佳彩印刷有限公司印刷

2022 年 11 月第 2 版第 1 次印刷

184mm×260mm·13.75 印张·339 千字

标准书号：ISBN 978-7-111-71637-2

定价：45.00 元

电话服务　　　　　　　　　　网络服务

客服电话：010-88361066　　机 工 官 网：www.cmpbook.com

　　　　　010-88379833　　机 工 官 博：weibo.com/cmp1952

　　　　　010-68326294　　金 书 网：www.golden-book.com

封底无防伪标均为盗版　　机工教育服务网：www.cmpedu.com

前　　言

控制工程是研究控制理论在实际工程中应用的科学。随着科学技术的发展，控制工程在信息学科、机械学科以及电气学科等相关学科得到了广泛的应用。在此背景下，我们编写了本书。读者通过对本书内容的学习，不仅能掌握工程实际中经典控制系统的分析和综合的基本方法，而且在使用计算机辅助工具——MATLAB 对控制系统进行分析和设计的能力方面也会有所提高。

本书是在曾励教授主编的《控制工程基础》一书的基础上修订而成的。本次修订除对各章节中的逻辑关系进行了优化与重新编排，使其内容更具逻辑性，重点更为突出，还增加了第 5 章控制系统的根轨迹分析法，在第 6 章性能分析中增加了基于根轨迹的稳定性和稳态性能分析，在第 7 章中补充了应用根轨迹法的串联校正设计，在第 8 章中增加了应用 MAT-LAB 的根轨迹分析，删去原书中的"采样控制系统分析基础"一章内容，使得本书聚焦于控制工程基础理论和方法。本书在阐述上力求内容精简、重点突出、浅显易懂，并有创新，将着眼点放在系统性能分析和系统性能改进上。

本书由曾励、寇海江任主编，张帆、竺志大、柴青任副主编，戴敏、杨坚、张涛、曹阳参与编写。第 1 章由竺志大编写，第 2 章由柴青编写，第 3 章、第 4 章由曾励编写，第 5 章、第 6 章由寇海江编写，第 7 章由张帆编写，第 8 章由戴敏、杨坚、张涛、曹阳编写，全书由寇海江修改并统稿。

本书在编写过程中得到了"'十三五'江苏省高等学校重点教材"计划、"扬州大学出版基金"的资助，并参考了许多同类教材和著作，在此对有关人员表示深深的谢意。

限于编者的水平，书中错误及疏漏之处在所难免，恳请广大读者批评指正。

编　者

目　　录

前言

第1章　绪论 ……………………………………………………………………… 1

1.1　控制工程概述 …………………………………………………………… 2
1.2　控制系统的结构 ………………………………………………………… 2
1.3　控制系统的基本类型 …………………………………………………… 7
1.4　对控制系统的基本要求 ………………………………………………… 8
习题 ……………………………………………………………………………… 10

第2章　控制系统的数学模型 ………………………………………………… 11

2.1　控制系统的微分方程 …………………………………………………… 12
2.2　控制系统的传递函数 …………………………………………………… 18
2.3　典型环节的传递函数 …………………………………………………… 20
2.4　控制系统的函数框图模型 ……………………………………………… 27
2.5　典型系统的数学模型分析 ……………………………………………… 35
习题 ……………………………………………………………………………… 38

第3章　控制系统的时域分析 ………………………………………………… 41

3.1　控制系统的瞬态响应 …………………………………………………… 42
3.2　一阶系统的数学模型及时间响应 ……………………………………… 47
3.3　二阶系统的数学模型、时间响应及时域性能指标 …………………… 52
3.4　高阶系统的时间响应及性能分析 ……………………………………… 62
习题 ……………………………………………………………………………… 67

第4章　控制系统的频域分析 ………………………………………………… 69

4.1　频率特性的基本概念 …………………………………………………… 70
4.2　典型环节的频率特性 …………………………………………………… 74
4.3　控制系统的开环频率特性 ……………………………………………… 81
4.4　控制系统的闭环频率特性 ……………………………………………… 93
习题 ……………………………………………………………………………… 97

第5章　控制系统的根轨迹分析法 …………………………………………… 99

5.1　根轨迹的基本概念 ……………………………………………………… 100
5.2　绘制根轨迹的基本法则 ………………………………………………… 103
5.3　用根轨迹法分析系统性能 ……………………………………………… 112

习题 ·· 118

第 6 章　控制系统的性能分析 ··· 120

6.1　控制系统的稳定性分析 ··· 121
6.2　控制系统的相对稳定性分析 ·· 136
6.3　控制系统的稳态性分析 ··· 142
6.4　控制系统的动态性能分析 ·· 154
习题 ·· 158

第 7 章　控制系统的综合校正 ··· 164

7.1　控制系统校正概述 ·· 165
7.2　控制系统的串联校正 ··· 166
7.3　控制系统的并联校正 ··· 179
7.4　应用根轨迹法的串联校正设计 ··· 181
习题 ·· 186

第 8 章　基于 MATLAB 的控制系统分析 ··· 188

8.1　MATLAB 语言简介 ·· 189
8.2　控制系统数学模型的 MATLAB 描述 ·· 194
8.3　控制系统的性能分析 ··· 200
8.4　应用 MATLAB 的根轨迹分析 ·· 208
8.5　控制系统的校正课程设计实例 ··· 210
习题 ·· 212

参考文献 ·· 214

第1章 绪　　论

1.1 控制工程概述

控制工程是一门新兴的技术学科，也是一门边缘学科，它以控制理论为基础，以自动控制和系统动力学的理论及其在工程中的应用为主要研究对象。目前，精密仪器和机械制造工业发展的一个明显而重要的趋势是越来越广泛而深刻地引入控制论。例如，数控机床、工业机器人、电气液压伺服系统、动态测试等都需要用到控制工程的基础知识。21世纪的机械产品将是以整体最佳为目标、以自动控制为核心的高性能、多功能的机电一体化产品。因此，控制理论不仅是一门极为重要的学科，而且也是科学方法论之一。

所谓自动控制，就是在没有人直接参与的情况下，使生产过程或被控对象的某些物理量准确地按照预期的规律变化。例如，在发电厂的生产过程中，要想使发电机不受负载变化和原动机转速波动的影响而正常供电，就必须保持其输出电压恒定；食品厂在生产熟食时，就必须按照加工要求严格控制烘炉的炉温；在机械加工的过程中，只有机床工作台和刀架的位置准确地跟随指令进给，才能加工出高精度的零件；轮船、飞机在航行中，要保证能按制订的航线行驶，就必须采取一定的措施使其运动轨迹满足要求而不受其他因素的干扰。所有这些系统都有一个共同点，即它们都是一个或一些被控制的物理量按照给定量的变化而变化，给定量可以是具体的物理量，如电压、位移、角度等，也可以是数字量。一般来说，如何使被控量按照给定量的变化规律而变化，这就是控制系统所要解决的基本任务。

根据控制理论的内容和发展的不同阶段，控制理论可分为"经典控制理论"和"现代控制理论"两大部分。

经典控制理论是一种单回路线性控制理论，只适用于单输入、单输出控制系统。它的主要研究对象是单变量常系数线性系统，系统数学模型简单，基本分析和综合方法是频率法和图解法。经典控制理论的研究对象、数学方法和计算手段与当时的社会需要和技术水平密切相关。尽管如此，经典控制理论不仅推动了当时自动化技术的发展和普及，而且在今天许多工程和技术领域中仍然继续得到应用。

随着计算机、自动检测等技术的发展及工业生产要求的不断变化，经典控制理论在20世纪50年代末到60年代初得到了飞速发展，产生了现代控制理论。现代控制理论的主要内容是以状态空间法为基础，研究多输入、多输出、变参数、非线性、高精度、高效能等控制系统的分析和设计问题。最优控制、最佳滤波、系统辨识、自适应控制等理论都是这一领域主要的研究内容。特别是近年来，由于计算机技术和现代应用数学的迅速发展，又使现代控制理论在大系统理论和人工智能控制等方面有了很大发展。

纵观控制工程理论的发展历程，它是与控制理论、计算机技术、现代应用数学等的发展息息相关的。目前，控制理论正在与模糊数学、遗传算法、神经网络等学科的交叉渗透中不断向前发展。

1.2 控制系统的结构

控制系统一般由控制器和被控对象两部分组成。其中被控对象是指系统中需要加以控制的机器、设备或生产过程；控制器是指能够对被控对象进行控制的设备的总体。控制系统的任务就是要使生产过程或生产设备中的某些物理量保持恒定，或者让它们按照一定的规律变化。为完成控制系统的分析和设计，首先必须对控制对象、控制系统结构有个明确的了解。一般地，可将控制系统分为两种基本形式：开环控制系统和闭环（反馈）控制系统。

1.2.1 开环控制系统

若控制系统的输出端和输入端之间没有反馈回路，输出量对系统的控制作用没有影响，即在控制器和控制对象间只有正向控制作用的系统称为开环控制系统，如图 1.1 所示。

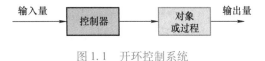

图 1.1 开环控制系统

图 1.2 所示为一人工控制的恒温箱控制系统。这是一个典型的开环控制系统。在这个控制系统中，恒温箱是被控对象，恒温箱内的温度是被控量，要求恒温箱内温度保持在允许的偏差范围内。首先根据箱内要求保持的温度值（被控量的给定值）调节调压器，使加热电阻丝发热，以达到预定的目的。但这是个不精确的控制系统，在干扰（如环境温度发生变化或者电源电压发生波动）作用下，恒温箱内的温度将偏离原标定值（给定值），一旦超过了允许的偏差，系统将无法纠正偏差。

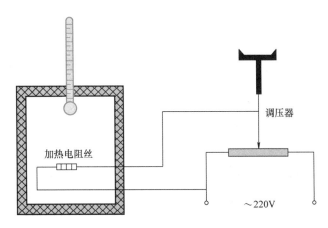

图 1.2 人工控制的恒温箱控制系统

图 1.3 所示为数控机床进给系统框图，没有反馈通道，因此是一个开环控制系统。

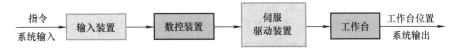

图 1.3 数控机床进给系统框图

开环控制系统用一定输入量产生一定输出量，由于某种干扰作用将会使输出量偏离原始值，它没有自动纠正偏差的能力。如果要进行补偿，必须再借助人工改变输入量。因此，开环控制系统的精度较低。但是，如果组成系统的元件特性和参数值比较稳定，且外界干扰也比较小，则这种控制系统也可以保证一定的精度。开环控制系统最大的优点是系统简单，一般都能稳定、可靠地工作，对于要求不高的系统可以采用。

1.2.2 闭环控制系统

若控制系统的输出端和输入端之间有反馈回路，输出量对系统的控制作用有直接影响，则这种系统称为闭环控制系统。这里，闭环的作用就是应用反馈来减少偏差，因此，反馈控制系统必定是闭环系统。闭环控制系统在控制器和被控对象之间不仅存在正向作用，而且存在反向作用，将检测出来的输出量送回到系统的输入端，并与输入信号比较，称为反馈。因此，闭环控制又称为反馈控制，其结构如图 1.4 所示。图中，⊗表示比较元件，箭头表示作用的方向。在这样的结构下，系统的控制器和控制对象共同构成了前向通道，而反馈装置构成了系统的反馈通道。

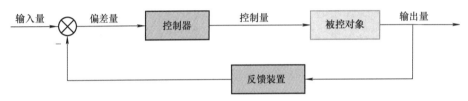

图 1.4　闭环控制系统

在控制系统中，反馈的概念非常重要。如图 1.4 所示，如果将反馈环节取得的实际输出信号加以处理，并在输入信号中减去这样的反馈量，再将结果输入到控制器中去控制被控对象，这样的反馈则称为负反馈；反之，若由输入量和反馈量相加作为控制器的输入，则称为正反馈。

在一个实际的控制系统中，具有正反馈形式的系统一般是不能改进系统性能的，而且容易使系统的性能变坏，因此不被采用。而具有负反馈形式的系统，它通过自动修正偏离量，使系统趋向于给定值，并抑制系统回路中存在的内扰和外扰的影响，最终达到自动控制的目的。通常反馈控制就是指负反馈控制。

闭环（反馈）控制系统与开环控制系统比较，其最大特点是可以检测偏差、纠正偏差，即检测偏差并用以消除偏差。从系统结构上看，闭环系统具有反向通道，即反馈；其次，从功能上看，由于反馈环节的存在，系统的控制精度高，抑制扰动和由于器件的老化而引起的结构及参数的不稳定性强，并可以较好地改善系统的动态性能。

当然，如果引入不适当的反馈，如正反馈，或者参数选择不恰当，不仅达不到改善系统性能的目的，甚至会导致一个稳定的系统变为不稳定的系统。

在实际系统中，反馈控制系统的形式是多样的，但一般均可简化为如图 1.4 所示的形式。下面以恒温箱自动控制系统为例说明闭环控制系统的工作原理。

恒温箱自动控制系统如图 1.5 所示，系统的任务是克服外来干扰（电源电压波动、外部环境变化等），使恒温箱内的温度保持恒定。在这一自动控制系统中，恒温箱的温度由电压信号 u_1 给定，当外界条件引起箱内温度变化时，作为测量元件的热电偶把温度转换成对应的电压信号 u_2，并反馈回去与 u_1 相比较，所得结果即为温度偏差信号 $\Delta u = u_1 - u_2$。偏差信号经过电压、功率放大后，用以改变电动机的转速和转向，并通过传动装置拖动调压器的调节触头。当温度偏高时，动触头向着减小电流的方向运动；反之，加大电流，直到温度达到给定值为止。当偏差信号 $\Delta u = 0$ 时，电动机停止转动，控制调节过程结束，系统达到新的稳定状态。由于干扰因素是经常出现的，因而控制调节过程也是不断进行的。

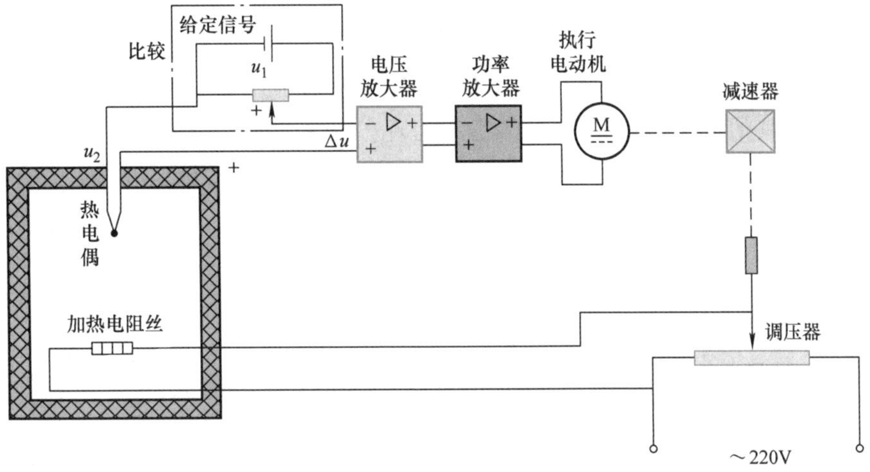

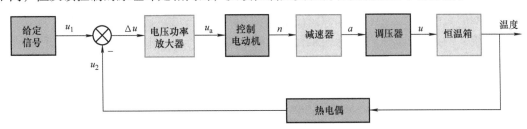

图 1.5　恒温箱自动控制系统

从上述恒温箱工作过程的分析中可以看出，自动控制系统的特点就是要先检测偏差，再用检测到的偏差去纠正偏差。因此，可以说，若没有偏差的存在，就没有控制调节过程。

在控制系统中，给定量即为系统的输入量，被控量为系统的输出量。输出量的返回过程即为反馈，它表示输出量通过测量装置将信号的一部分或全部返回输入端，使之与输入量进行比较，比较产生的结果称为偏差。在自动控制系统中，偏差则是通过反馈，由控制器进行比较、计算产生的。因此，基于反馈基础上的"检测偏差用以纠正偏差"的原理又称为反馈控制原理；利用反馈控制原理组成的系统称为反馈控制系统。

恒温箱自动控制系统框图如图 1.6 所示。从图中可以看到反馈作用的基本原理，各职能环节的作用是单向的，每个环节的输出都受到输入的控制。总之，实现自动控制的装置可以不同，但反馈控制的原理却是相同的，反馈控制是实现自动控制最基本的方法。

图 1.6　恒温箱自动控制系统框图

除上述的开环控制系统和闭环控制系统外，还有半闭环控制系统。如果控制系统的反馈信号不是直接从系统的输出端引出，而是间接地从中间的测量元件得到，例如在数控机床的进给伺服系统中，若将位置检测装置安装在传动丝杠的端部，间接测量工作台的实际位移，则这种系统即为半闭环控制系统。

半闭环控制系统可以获得比开环控制系统更高的控制精度，但比闭环控制系统的精度要低；与闭环控制系统相比，半闭环控制系统更易于实现系统的稳定。

1.2.3　反馈控制系统的组成

上述的闭环控制系统，只是闭环控制系统的基本组成形式，要想获得理想的控制效果，还必须增加其他有关元件。一个典型的闭环控制系统框图如图1.7所示，它应该包括给定元件、反馈元件、比较元件（或比较环节）、放大元件、执行元件、控制对象及校正元件等。

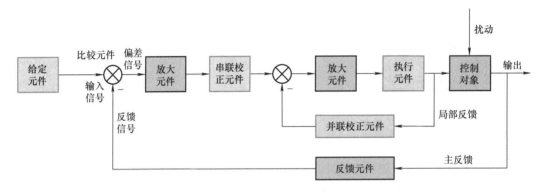

图1.7　典型的闭环控制系统框图

1. 给定元件

它主要用于产生给定信号或输入信号，如调速系统中的给定电位计。

2. 反馈元件

它用于测量被调量或输出量，产生反馈信号，该信号与输出量之间存在确定的函数关系。一般来说，为了传输方便，反馈信号多为电信号。因此，反馈元件通常是一些用电量来测量非电量的元件。例如，用热电偶将温度转换为电信号。

必须指出，在机械、液压、气动、机电、电气等系统中存在着内在反馈。这是一种没有专设反馈元件的信息反馈，是系统内部各参数互相作用而产生的反馈信息流，如作用力与反作用力之间的直接反馈。内在反馈回路由系统动力学特性决定，它所构成的闭环系统是一个动力学系统。例如，机床工作台低速爬行等自激振荡现象，都是由具有内在反馈的闭环系统产生的。

3. 比较元件

它用来比较输入信号与反馈信号之间的偏差，可以是物理比较元件（如旋转变压器等），也可以是差接电路，所以，比较元件又称为比较环节。

4. 放大元件

它对偏差信号进行信号放大和功率放大，如伺服功率放大器、电液伺服阀等。放大元件的输出一定要有足够的能量，才能驱动执行元件，实现控制功能。

5. 执行元件

它直接对控制对象进行操作。如执行电动机、液压马达等。

6. 控制对象

它是控制系统要操纵的对象。它的输出量就是系统的被控量，如机床工作台等。

7. 校正元件

它是为保证控制质量，使系统具有良好的静、动态性能而加入系统的元件。校正元件又称为校正装置，有串联校正和并联校正两种形式。

除被控对象外，上述的给定元件、反馈元件、比较元件、放大元件、执行元件、校正元件等一起组成了控制系统的控制部分（控制装置）。因此，可以说控制系统是由控制部分和被控对象两大部分组成的。

1.3 控制系统的基本类型

控制系统种类繁多，为了研究问题方便，常按照它们的结构特征、输入信号特征、实现方式等将其进行分类。现以常见的分类方式为例进行介绍。

1.3.1 按输入信号的特征分类

1. 恒值控制系统（镇定系统）

这类系统的输入量是一个不变化的恒值，系统的基本任务是排除各种干扰因素的影响，使被控量（输出量）以一定精度保持希望值。工业生产中要求速度、压力、流量等数值恒定的控制系统都属此类控制系统。

2. 伺服跟踪系统（随动系统）

这类系统的输入量是变化的，且随时间的变化规律是不能预先确定的，当输入量发生变化时，要求输出量排除各种干扰因素的影响，快速、平稳地随之发生变化，准确地重现输入信号的变化规律。机械加工中的仿形机床和武器装备中的火炮自动跟踪系统均为此类控制系统。

3. 程序控制系统

这类系统的输入量随时间的变化规律是预先确定的，系统预先将输入量的变化规律编制成程序，由该程序发出控制指令，并在输入装置中将控制指令转换成控制信号，经过控制系统的作用，使被控对象按照指令的要求动作。

1.3.2 按控制器的实现方式分类

1. 连续模拟式控制系统

连续模拟式控制系统中各部分的信号均为连续变化的模拟信号。离心调速器、液压伺服系统等大多数的闭环控制系统都属于此类。连续控制系统又可以分为线性系统和非线性系统两大类，其中能用线性微分方程描述的系统称为线性系统；不能用线性微分方程描述、存在非线性部件的即为非线性系统。

2. 离散数字式控制系统

离散数字式控制系统中的信号成分一般比较复杂，包含有各种信号形式：连续模拟信号、离散信号、数字信号等，并进行数字信号间的转换，但起直接控制作用的一定是数字信号。

1.3.3 按有无误差分类

闭环控制系统是按偏差进行调节的，系统的被控量若因干扰因素的影响，偏离了稳态值，产生了误差，系统可通过检测偏差，进而动态调节纠正偏差再次达到稳定状态。因此，闭环控制系统按照稳定后被控量与期望值相比有无误差，可分为以下两种形式：

1. 无差系统

若控制系统通过动态调节达到稳定后，被控量能恢复原值，即被控量与期望值一致，误差为零，则称这种系统为无差系统。

2. 有差系统

若经过调节过程，被控量接近但不能恢复原值，即被控量与期望值之间存在误差，则称这种系统为有差系统。能否消除偏差，取决于闭环控制系统的结构和参数。

此外，控制系统还有其余多种分类方式。按控制方式分类，控制系统可分为开环系统、闭环系统和半闭环系统；按稳定性分类，控制系统可分为稳定系统和不稳定系统；按系统的数学描述分类，控制系统可分为线性系统和非线性系统；按系统部件的物理属性分类，控制系统可分为机械、电气、机电、液压、气动等系统。

1.4 对控制系统的基本要求

不同的控制系统，由于其工作场合及要完成的任务等方面的差异，其性能指标也各不相同。但对所有的控制系统来说，要达到的控制目标是一致的。简言之，就是要求系统的被控量应能迅速、准确地跟踪给定量（或希望值）的变化，两者保持一定的函数关系，并尽量使这种关系不受各种干扰的影响。具体来说，控制系统应满足稳定性、快速性及准确性三个方面的要求。

1.4.1 稳定性

一个控制系统要能正常可靠地工作，稳定性是必须具备的首要条件。一般情况下，系统的输出量在没有外作用时处在某一稳定平衡状态，当系统受到外作用（输入量或扰动量）后，其输出量则偏离原来的稳定状态。若系统输出量在偏离稳定状态后，能随着时间收敛，并重新回到平衡状态，那么，系统是稳定的，如图1.8所示。

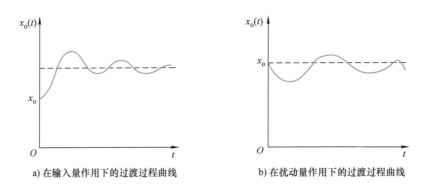

a) 在输入量作用下的过渡过程曲线   b) 在扰动量作用下的过渡过程曲线

图1.8 稳定系统的时间响应曲线

反之，若系统的输出量不能重新回到平衡状态，而呈持续振荡或发散振荡状态，则控制系统是不稳定的，如图1.9所示。不稳定系统是无法正常工作的，它总不能进入稳定状态，不仅完不成控制任务，甚至会毁坏设备，造成事故。

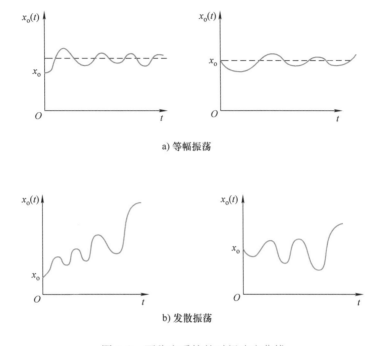

a) 等幅振荡

b) 发散振荡

图 1.9　不稳定系统的时间响应曲线

1.4.2　快速性

快速性是指在控制系统稳定的前提下，当系统的输出量与给定的输入量之间存在偏差时，消除这种偏差的快慢程度。系统从一个平衡状态过渡到另一个平衡状态都需要一定的时间，或者说，经历一个过渡过程。因此，快速性包含两方面的含义：一是过渡过程的快速性，它表现为施加输入量后，输出量跟随输入量变化的快慢程度；二是过渡过程的平稳性，它表现为输出量跟随输入量变化的瞬态响应过程结束的快慢程度。

1.4.3　准确性

准确性是指系统响应的动态过程结束后，其被控量与希望值之间的差值，即稳态误差的大小，它反映系统稳态精度的高低。稳态精度也是衡量系统品质的一个重要指标。对控制系统来说，稳态精度越高越好，即系统的稳态输出越接近希望值越好，稳态误差越小越好。

由于控制对象间存在差异，不同的控制系统对"稳、快、准"三个方面的要求也是各不相同的。如程序控制系统对响应的准确性要求较高，伺服系统对快速性要求较高，而恒温系统对稳定性的要求又更为严格。另外，这三个方面的要求，体现在同一个控制系统中常常是相互矛盾的。提高快速性，可能引起系统强烈振荡，从而降低了稳定性；但若过分讲究稳定性，又有可能影响系统的快速性和准确性。因此，在设计控制系统时，需要根据具体被控对象提出的要求，统筹兼顾，有所侧重。

习　　题

1.1　请分别说明开环控制系统和闭环控制系统的特点，并比较两者的优缺点。

1.2　试举几个日常生活中的开环控制系统和闭环控制系统的例子，并说明它们的工作原理。

1.3　闭环控制系统主要由哪些环节构成？各环节在系统中的职能是什么？

1.4　图1.10所示为仓库大门垂直移动开闭的自动控制系统原理图。试分析自动门开起和关闭的控制原理，并画出原理框图。

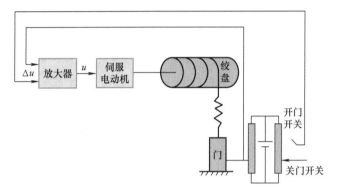

图1.10　仓库大门自动控制系统

1.5　图1.11所示为两种液位控制系统，试分别绘出其组成框图，说明其控制过程，并指出它们是开环控制还是闭环控制。

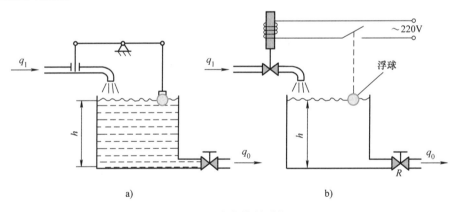

a)　　　　　　　　　　　　　　　b)

图1.11　液位控制系统

第2章 控制系统的数学模型

为了从理论上对控制系统进行性能分析，必须建立系统的数学模型。所谓数学模型，是指描述系统输入、输出变量以及内部各变量之间关系的数学表达式，它揭示了系统结构、参数与其动态性能之间的内在关系。系统的数学模型有多种形式，这取决于变量与坐标的选择。在时间域通常采用微分方程或微分方程组的形式，在复数域则采用传递函数形式，而在频率域则采用频率特性形式。

应当指出，建立合理的数学模型，对于系统的分析和研究极为重要，这里的"合理"是指所建立的模型既能反映系统的内在本质，又能进行简化分析。无论是机械、电气、液压系统，还是热力系统等其他系统，只要是确定的系统，都可以用数学模型描述其运动特性。但是，要建立一个系统的合理的数学模型并非是件容易的事，这需要对其元件和系统的构造原理、工作情况有足够的了解。在工程上，常常是做一些必要的假设和简化，忽略对系统特性影响小的因素，并对一些非线性关系进行线性化，建立一个比较准确的"合理"的数学模型。

2.1 控制系统的微分方程

微分方程是在时域中描述系统（或元件）动态特性的数学模型，又常称之为系统的动态方程、运动方程或动力学方程。利用它可以得到描述系统（或元件）动态特性的其他形式的数学模型。如果能对系统的微分方程加以求解，则可以得到系统的输出随时间变化的动态过程。

2.1.1 线性系统与非线性系统

1. 线性系统

当系统的数学模型能用线性微分方程描述时，该系统称为线性系统。如果微分方程的系数为常数，则称为线性定常系统；如果微分方程的系数为时间的函数，则称为线性时变系统。

线性系统的重要特性，就是可以运用叠加原理。叠加原理包括叠加性和齐次性。所谓叠加性是指作用于线性系统的多个输入信号 $r_1(t)$、$r_2(t)$、$\cdots$、$r_n(t)$ 的总输出响应 $c(t)$ 等于各个输入信号单独作用时产生的输出响应 $c_1(t)$、$c_2(t)$、$\cdots$、$c_n(t)$ 的代数和，即 $c(t) = c_1(t) + c_2(t) + \cdots + c_n(t)$。齐次性是指若输入信号 $r(t)$ 作用于线性系统引起的输出响应为 $c(t)$，则在 $kr(t)$ 作用下，该线性系统的输出响应也变为 $kc(t)$，这里 k 为常数。即当系统同时有多个输入时，可以对每个输入分别考虑，单独处理以得到相应的每个输出响应，然后将这些响应叠加起来，就得到系统的输出响应。

线性定常系统除满足叠加原理外，还有一个重要的特性，就是系统对某输入信号的导数（或积分）的时域响应就等于该输入信号时域响应的导数（或积分，积分常数由零阶输出初始条件确定）。利用这一特点，在测试系统时，可以用一种信号输入推断出几种相应信号的响应结果，而线性时变系统和非线性系统都不具备这种特性。

2. 非线性系统

当系统的数学模型能用非线性微分方程描述时，该系统就称为非线性系统。

虽然许多物理系统常以线性方程来表示，但是在大多数情况下，实际的关系并非真正线性的。事实上，对物理系统进行仔细研究后可以发现，系统或元件都有不同程度的非线性，即输入与输出之间的关系不是一次关系，而是二次或高次关系，或是其他函数关系。机械或液压系统的非线性往往比电气系统更为明显。

机电系统中常见的一些非线性特性举例如下：

（1）传动间隙非线性　由齿轮及丝杠螺母副组成的机床进给传动系统中，经常存在传动间隙 Δ（如图 2.1 所示），使输入转角 x_i 和输出位移 x_o 间有滞环关系。若把传动间隙消除，x_i 和 x_o 间才有线性关系。

（2）死区非线性　在死区范围内，有输入而无输出动作，如图 2.2 所示。死区的例子如负开口的液压伺服阀。

（3）摩擦力非线性　机械滑动运动副，如机床滑动导轨运动副，主轴套筒运动副、活塞液压缸运动副等，在运动中都存在摩擦力。若假定为干摩擦力，如图 2.3a 所示，其大小为 f，方向总是和速度的方向相反。

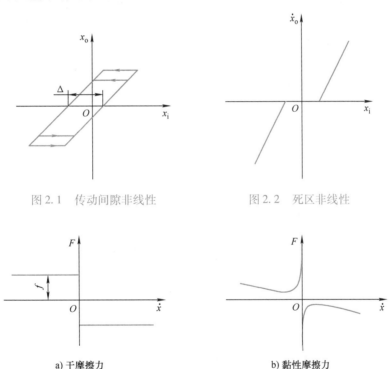

图 2.1　传动间隙非线性　　　　　图 2.2　死区非线性

a) 干摩擦力　　　　　　　　　b) 黏性摩擦力

图 2.3　摩擦力非线性

实际上，运动副中的摩擦力是与运动速度大小有关的，再考虑到二者的方向，则如图 2.3b 所示。图中的曲线可大致分段如下：起始点的静动摩擦力、低速时混合摩擦力（摩擦力呈下降特性）、黏性摩擦力（摩擦力随速度的增加而增加）。

（4）饱和非线性　在大输入信号作用下，元件的输出量可能达到饱和，如图 2.4 所示。

（5）平方律非线性　元件的输入输出之间存在平方律非线性关系（如图 2.5 所示），如液压系统中伺服阀微小开口的流量与压力之间的关系特性。

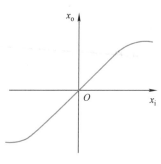

图 2.4 饱和非线性

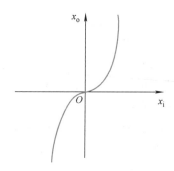

图 2.5 平方律非线性

非线性系统最重要的特性，是不能应用叠加原理。因此，对包含非线性系统的问题求解时，其过程通常是非常复杂的。为了绕过由非线性系统造成的数学上的难关，就需要对遇到的非线性系统进行适当处理。

若系统在工作点附近存在着不连续直线、跳跃、折线以及非单值关系等严重非线性性质情况称为本质非线性性质。在建立数学模型时，为得到线性方程，只能略去这些因素，得到近似的解。若这种略去及近似带来的误差较大，那就只能用复杂的非线性处理方法来求解了。

其他不是像以上所说的本质非线性性质的，称为非本质非线性性质。对于这种非线性性质，可以在工作点附近用切线法进行线性化。这种线性化只有变量在其工作点附近作微小变化时，误差才不致太大。非线性经线性化处理后，就变成线性微分方程了，可以采用普通的线性方法来分析和设计系统。

2.1.2 微分方程的建立

设线性定常系统的输入为 $x_i(t)$，输出为 $x_o(t)$，则描述系统输入输出动态关系的微分方程为

$$a_n x_o^{(n)}(t) + a_{n-1} x_o^{(n-1)}(t) + \cdots + a_1 \dot{x}_o(t) + a_0 x_o(t)$$
$$= b_m x_i^{(m)}(t) + b_{m-1} x_i^{(m-1)}(t) + \cdots + b_1 \dot{x}_i(t) + b_0 x_i(t) \quad (n \geqslant m) \quad (2.1)$$

式中，a_0、a_1、$\cdots$、a_n，b_0、b_1、$\cdots$、b_m 为取决于系统结构及其参数的系数。当系统在工作过程中输入信号变为零（零输入状态）时，系统处于自由运动状态，其输出信号的变化规律即为系统的自由运动模态，它表征系统的固有特性。此时系统的自由运动方程为齐次微分方程，即

$$a_n x_o^{(n)}(t) + a_{n-1} x_o^{(n-1)}(t) + \cdots + a_1 \dot{x}_o(t) + a_0 x_o(t) = 0 \quad (2.2)$$

列写系统（或元件）的微分方程，目的在于确定系统的输出量与给定输入量或扰动输入量之间的函数关系。而系统是由各种元件组成的，因此列写方程的一般步骤如下：

1）分析系统的工作原理和信号传递变换的过程，确定系统的输入量和输出量。

2）从系统的输入端开始，按照信号传递变换过程，依据各变量所遵循的物理学定律，依次列写出各元件、部件的动态微分方程。列写时按工作条件，忽略一些次要因素，并考虑相邻元件间是否存在负载效应。对非线性项应进行线性化处理。

3）消除所列各微分方程的中间变量，得到描述系统的输入量、输出量之间关系的微分方程。

4）整理所得微分方程，一般将与输出量有关的各项放在方程左侧，与输入量有关的各

项放在方程的右侧，各阶导数项按降幂排列。

1. 线性系统微分方程的建立

例 2.1 对图 2.6a 所示的动力滑台系统进行质量、黏性阻尼及刚度折算后，可简化成图 2.6b 所示的质量 - 阻尼 - 弹簧系统。试求外力 $f(t)$ 与质量块位移 $y(t)$ 之间的运动微分方程。

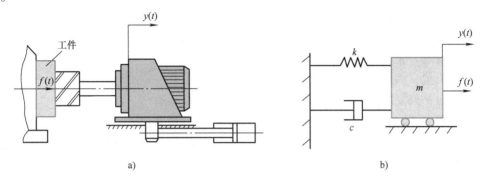

图 2.6 动力滑台及其力学模型

解：该系统输入量为外力 $f(t)$，输出量为位移 $y(t)$，若取等效质量 m 的自然平衡位置为 $y(t)$ 的零点，应用牛顿第二定律，可列出系统原始运动方程为

$$m \frac{\mathrm{d}^2 y}{\mathrm{d}t^2} = f - c \frac{\mathrm{d}y}{\mathrm{d}t} - ky \tag{2.3}$$

式中，c 为等效阻尼系数；k 为等效弹簧刚度。式（2.3）经整理可得

$$m \frac{\mathrm{d}^2 y}{\mathrm{d}t^2} + c \frac{\mathrm{d}y}{\mathrm{d}t} + ky = f \tag{2.4}$$

式（2.4）即为该系统在外力 $f(t)$ 作用下的运动微分方程。

例 2.2 两个由质量 - 弹簧串联而成的振动系统，如图 2.7 所示。输入为外力 $f(t)$，输出为位移 $y_1(t)$，试求它的动力学方程。

解：当 m_2 与 k_2 不存在时，图 2.7 所示系统为单自由度系统，其输入与输出之间的动力学方程为

$$m \ddot{y}_1(t) + ky_1(t) = f(t) \tag{2.5}$$

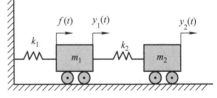

图 2.7 振动系统

当 m_2 与 k_2 连接到 m_1 与 k_1 上时，便对 m_1 和 k_1 产生了负载效应，此时，系统变成两自由度系统，其动力学方程为

$$\begin{cases} m_1 \ddot{y}_1(t) + k_1 y_1(t) + k_2 [y_1(t) - y_2(t)] = f(t) \\ m_2 \ddot{y}_2(t) + k_2 y_2(t) = k_2 y_1(t) \end{cases} \tag{2.6}$$

从以上两式中消去 $y_2(t)$，则得到以 $f(t)$ 为输入，$y_1(t)$ 为输出的系统动力学方程为

$$m_1 m_2 y_1^{(4)}(t) + (m_1 k_2 + m_2 k_1 + m_2 k_2) \ddot{y}_1(t) + k_1 k_2 y_1(t) = m_2 \ddot{f}(t) + k_2 f(t) \tag{2.7}$$

显然，由此求解出的 $y_1(t)$ 与式（2.5）求解出的 $y_1(t)$ 结果不同。

例 2.2 说明，对于两个物理元件组成的系统而言，若其中一个元件的存在，使另一个元件在相同输入下的输出受到影响，则有如后者对前者施加了负载。因此，这一影响称为负载效应，或称耦合。对于这样的系统，列写它们各自的动力学方程时，必须计及元件间的负载

效应，才能求得整个系统的正确的动力学方程，这一概念推广到多个物理元件（或环节、或子系统）组成的系统时，也同样适用。

2. 非线性系统微分方程的线性化

对于非本质非线性系统，可以在工作点附近用切线法（或称微小偏差法）进行线性化。

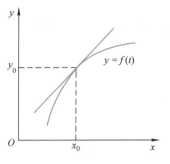

系统在正常工作时通常都有一个预定工作点，即系统处于某一平衡位置。对于自动调节系统或随动系统，一旦系统偏离此平衡位置，整个系统就会立即作出反应，并力图恢复原来的平衡位置，因此系统各变量偏离预定工作点的偏差一般很小。此时，只要非线性函数的各变量在预定工作点处有导数或偏导数存在，就可在预定工作点附近将此非线性函数

图 2.8　切线法线性化示意图

以其自变量的偏差形式展成 Taylor（泰勒）级数，在偏差很小时，级数中偏差的高次项可以忽略，只剩下一次项，从而实现线性化。

设某系统的非线性特性如图 2.8 所示，其运动方程为 $y = f(x)$，图中 $y(t)$ 为输出量，$x(t)$ 为输入量。如果系统预定工作点为 (x_0, y_0) 点，且在该点处连续可微，则在工作点附近可把非线性函数 $y = f(x)$ 展开成泰勒级数，即

$$y = y_0 + \frac{\mathrm{d}y}{\mathrm{d}x}\bigg|_{x_0} (x - x_0) + \frac{1}{2!} \frac{\mathrm{d}^2 y}{\mathrm{d}x^2}\bigg|_{x_0} (x - x_0)^2 + \cdots \tag{2.8}$$

由于 $(x - x_0)$ 很小，略去上式中二阶以上的高阶项，得

$$y - y_0 = \frac{\mathrm{d}y}{\mathrm{d}x}\bigg|_{x_0} (x - x_0)$$

或

$$\Delta y = \frac{\mathrm{d}y}{\mathrm{d}x}\bigg|_{x_0} \Delta x \tag{2.9}$$

这样就得到了一个以增量为变量的线性化方程，称为增量方程式。

$\dfrac{\mathrm{d}y}{\mathrm{d}x}\bigg|_{x_0}$ 是函数 $y = f(x)$ 在点 (x_0, y_0) 处的导数，从几何意义上讲，就是该点的切线斜率。因此，这种线性化方法，实际上就是在工作点附近的小范围内，用切线来代替曲线，故称为切线法（或微小偏差法）。

如果把坐标原点取在平衡点处，这时就是研究相对于平衡点的输入、输出的变化。这样，系统的初始条件就等于零了，这不但便于求解方程式，而且为以后研究自动控制系统时把初始条件取为零提供了依据。为书写方便，常略去增量符号"Δ"，直接用变量符号代表增量。但是，应该理解到，线性化的微分方程是从平衡点算起的增量方程。

采用同样的方法，对于多变量非线性函数

$$y = f(x_1, x_2, \cdots, x_n)$$

在工作点 $(x_{10}, x_{20}, \cdots, x_{n0})$ 附近，可以得到线性化方程为

$$\Delta y = \frac{\partial y}{\partial x_1}\bigg|_{x_{10}, x_{20}, \cdots, x_{n0}} \cdot \Delta x_1 + \frac{\partial y}{\partial x_2}\bigg|_{x_{10}, x_{20}, \cdots, x_{n0}} \cdot \Delta x_2 + \cdots + \frac{\partial y}{\partial x_n}\bigg|_{x_{10}, x_{20}, \cdots, x_{n0}} \cdot \Delta x_n \tag{2.10}$$

例 2.3　在液压系统中，通过滑阀节流口的流量公式为非线性方程，即

$$q = C_{\mathrm{d}}\omega x_{\mathrm{v}}\sqrt{\frac{2p}{\rho}} \tag{2.11}$$

式中，C_{d} 为流量系数；ω 为滑阀的面积梯度；ρ 为油液的密度；x_{v} 为阀芯位移量；p 为节流口压力降。流量 q 取决于两个变量 x_{v} 和 p，试将式（2.11）线性化。

解：设滑阀的工作点为（$x_{\mathrm{v}0}$，p_0，q_0），由式（2.10）可得滑阀的流量增量为

$$\Delta q = \frac{\partial q}{\partial x_{\mathrm{v}}}\bigg|_{x_{\mathrm{v}0},p_0}\cdot\Delta x_{\mathrm{v}} + \frac{\partial q}{\partial p}\bigg|_{x_{\mathrm{v}0},p_0}\cdot\Delta p$$

令

$$K_{\mathrm{q}} = \frac{\partial q}{\partial x_{\mathrm{v}}}\bigg|_{x_{\mathrm{v}0},p_0} = C_{\mathrm{d}}\omega\sqrt{\frac{2p}{\rho}}\bigg|_{x_{\mathrm{v}0},p_0} = C_{\mathrm{d}}\omega\sqrt{\frac{2p_0}{\rho}}$$

$$K_{\mathrm{C}} = \frac{\partial q}{\partial p}\bigg|_{x_{\mathrm{v}0},p_0} = C_{\mathrm{d}}\omega x_{\mathrm{v}}\sqrt{\frac{2}{\rho}}\frac{1}{2}\frac{1}{\sqrt{p}}\bigg|_{x_{\mathrm{v}0},p_0} = C_{\mathrm{d}}\omega x_{\mathrm{v}0}\sqrt{\frac{1}{2\rho p_0}}$$

因此，滑阀的流量线性化增量为

$$\Delta q = K_{\mathrm{q}}\Delta x_{\mathrm{v}} + K_{\mathrm{C}}\Delta p \tag{2.12}$$

最后，必须指出，在线性化处理时应注意以下几点：

1）必须明确系统的预定工作点，因为不同的工作点所得线性化方程的系数不同。

2）线性化是以直线代替曲线，略去了泰勒级数展开式中二阶以上的高阶项，这是一种近似处理。如果系统输入量工作在较大范围内，所建立的线性化数学模型势必会带来较大的误差。所以，非线性模型线性化是有条件的。

3）如果非线性函数是不连续的，则在不连续点附近不能得到收敛的泰勒级数，这时就不能线性化。

4）线性化后的微分方程是以增量为基础的增量方程。

2.1.3　微分方程的求解

建立了系统的微分方程，就确定了系统的输出量与给定输入量或扰动输入量之间的隐函数关系。直接求解系统微分方程获得输出量的显函数关系是研究分析系统的基本方法。系统方程的解就是系统的输出响应，通过方程解的表达式，可以分析系统的动态特性，绘出输出响应曲线，直观地反映系统的动态过程。

但微分方程的一般求解过程较为繁琐。微分方程的解包含通解和特解两个部分。通解由非齐次微分方程的齐次微分方程式（2.2）（等式的右边取零——输入为零）求得，可知通解完全是由初始条件引起的，是一个瞬态过程，工程上称为自然响应；而特解只由输入决定，它就是系统由输入引起的输出，工程上称为强迫响应。如此计算复杂费时，而且难以直接用微分方程本身研究和判断系统的动态性能，因此，这种方法有很大的局限性。

在应用中，通常采用拉普拉斯变换来求解线性微分方程。它可将经典数学中的微积分运算转化为代数运算，并能够直接引入初始条件的影响，使求出的解就是全解。更重要的是，通过拉普拉斯变换，可以把系统的微分方程转化为系统的传递函数，并由此发展出用传递函数来分析和设计系统的种种方法。

例2.4　求方程 $\ddot{y} + 2\dot{y} - 3y = \mathrm{e}^{-t}$ 满足初始条件 $y(0) = 1$，$\dot{y}(0) = 0$ 的解。

解：对方程两端进行拉普拉斯变换，并将初始条件代入得

$$\left[\,s^2 Y(s) - sy(0) - \dot{y}(0)\,\right] + 2\left[\,sY(s) - y(0)\,\right] - 3Y(s) = \frac{1}{s+1}$$

将初始条件代入并整理得

$$Y(s) = \frac{s^2 + 3s + 3}{(s+1)(s-1)(s+3)}$$

将 $Y(s)$ 展开成部分分式之和得

$$Y(s) = \frac{s^2 + 3s + 3}{(s+1)(s-1)(s+3)} = \frac{\frac{7}{8}}{s-1} + \frac{-\frac{1}{4}}{s+1} + \frac{\frac{3}{8}}{s+3}$$

对 $Y(s)$ 取拉普拉斯反变换得

$$y(t) = \frac{1}{8}(7e^t - 2e^{-t} + 3e^{-3t})$$

即是所求微分方程的解。

2.2 控制系统的传递函数

由于微分方程的求解比较繁琐，一般情况下，解析法只限于低阶微分方程，高阶微分方程需要采用数值解法。而且即使能够求解，也不便于分析系统的参数或环节对其动态过程的影响。因此，在对单变量线性定常系统的研究中，最常采用的数学模型是传递函数及以传递函数为基础的频率特性。传递函数是在复频域内描述系统及其输入、输出三者之间动态关系的数学模型。传递函数同时也是控制理论中的一个极其重要的基本概念。

2.2.1 传递函数的定义

对于线性定常系统，当输入及输出的初始条件为零时，系统的传递函数定义为输出量 $x_o(t)$ 的拉普拉斯变换与输入量 $x_i(t)$ 的拉普拉斯变换之比。即

$$G(s) = \frac{L[x_o(t)]}{L[x_i(t)]} = \frac{X_o(s)}{X_i(s)} \tag{2.13}$$

设线性定常系统微分方程的一般形式为

$$a_n x_o^{(n)}(t) + a_{n-1} x_o^{(n-1)}(t) + \cdots + a_1 \dot{x}_o(t) + a_0 x_o(t)$$
$$= b_m x_i^{(m)}(t) + b_{m-1} x_i^{(m-1)}(t) + \cdots + b_1 \dot{x}_i(t) + b_0 x_i(t) \quad (n \geqslant m) \tag{2.14}$$

式中，$x_o(t)$ 为系统的输出量；$x_i(t)$ 为系统的输入量。当初始条件 $x_o(0)$、$\dot{x}_o(0)$、$\cdots$、$x_o^{(n-1)}(0)$ 和 $x_i(0)$、$\dot{x}_i(0)$、$\cdots$、$x_i^{(m-1)}(0)$ 均为零时，对式（2.14）进行拉普拉斯变换得

$$(a_n s^n + a_{n-1} s^{n-1} + \cdots + a_1 s + a_0) X_o(s)$$
$$= (b_m s^m + b_{m-1} s^{m-1} + \cdots + b_1 s + b_0) X_i(s) \tag{2.15}$$

故得系统传递函数的一般形式为

$$G(s) = \frac{X_o(s)}{X_i(s)} = \frac{b_m s^m + b_{m-1} s^{m-1} + \cdots + b_1 s + b_0}{a_n s^n + a_{n-1} s^{n-1} + \cdots + a_1 s + a_0} \quad (n \geqslant m) \tag{2.16}$$

由上述可知，只要知道系统的微分方程，就可以很容易求出其传递函数。传递函数分母中 s 的最高方次代表系统的阶次。因此，由式（2.16）描述的系统就是 n 阶系统。

2.2.2　传递函数的特点

传递函数是复变量 s 的有理函数，是联系系统输入与输出的纽带，其有如下特点：

1）由于式（2.14）左端阶数及各项系数只取决于系统本身的与外界无关的固有特性，右端阶数及各项系数取决于系统与外界之间的关系，所以，传递函数的分母与分子分别反映系统本身与外界无关的固有特性和系统与外界之间的关系。

2）若输入已经给定，则系统的输出完全取决于传递函数。因为 $X_o(s) = G(s)X_i(s)$，通过拉普拉斯反变换，便可求得系统在时域内的输出为

$$x_o(t) = L^{-1}[X_o(s)] = L^{-1}[G(s)X_i(s)] \tag{2.17}$$

但这一输出是与系统的初始状态无关的，因为此时已设初始状态为零。

3）传递函数分母中 s 的阶数 n 必不小于分子中 s 的阶数 m，因为实际系统总具有惯性，且系统的能源有限，使输出不会超前于输入，所以必然有 $n \geq m$。

4）传递函数可以是有量纲的，也可以是无量纲的，其量纲取决于系统的输入与输出。

5）传递函数不能描述系统的物理结构。不同的物理系统可以有形式相同的传递函数，这样不同的物理系统称为相似系统；同一个物理系统，由于研究目的的不同，可以有不同形式的传递函数。

2.2.3　传递函数的形式

传递函数除了可以写成式（2.16）所示的分子分母多项式模型式外，还可以写成多种形式。

1. 零极点模型

对式（2.16）中的分子和分母进行因式分解，可以变换为如下形式：

$$G(s) = \frac{X_o(s)}{X_i(s)} = K_g \frac{(s+z_1)(s+z_2)\cdots(s+z_m)}{(s+p_1)(s+p_2)\cdots(s+p_n)} = K_g \frac{\prod_{i=1}^{m}(s+z_i)}{\prod_{j=1}^{n}(s+p_j)} \quad (n \geq m)$$

$$\tag{2.18}$$

式中，K_g 为控制系统的传递系数或根轨迹增益；$K_g = \dfrac{b_m}{a_n}$；$-z_i(i=1,2,\cdots,m)$ 为控制系统的零点；$-p_j(j=1,2,\cdots,n)$ 为控制系统的极点。

式（2.18）给出的模型称为零极点增益模型。系统传递函数的零点、极点和增益决定着系统的瞬态性能和稳态性能。

2. 时间常数（归一化）模型

对式（2.16）中的分子和分母进行因式分解，还可以变换为如下形式：

$$G(s) = \frac{X_o(s)}{X_i(s)} = K \frac{\prod_{k=1}^{p}(T_k s + 1) \prod_{l=1}^{q}(T_l^2 s^2 + 2\xi_l T_l s + 1)}{s^v \prod_{i=1}^{g}(T_i s + 1) \prod_{j=1}^{h}(T_j^2 s^2 + 2\xi_j T_j s + 1)}$$

$$(p + 2q = m, v + g + 2h = n, n \geq m)$$

式中，K 为控制系统传递函数的静态（稳态）放大（增益）系数，$K = \dfrac{b_0}{a_0}$，它决定了系统稳态响应的放大倍数关系；T_i，T_j，T_k，T_l 分别为控制系统的各种时间常数。

该式表明，一个复杂的控制系统，可以由若干简单的一阶系统和二阶系统构成，这给复杂系统动态特性的分析带来了很大的方便。

2.3 典型环节的传递函数

无论是机械的、电气的、液压的还是气动的等各种形式的系统，尽管这些系统的物理本质差别很大，但从数学观点来看，可以有完全相同的数学模型，亦即具有相同的动态性能。因此可以从数学表达式出发，将一个复杂的系统拆分为有限的一些典型环节。典型环节是以数学模型来划分的，一个典型环节可以由一个或若干元件组成。求出这些典型环节的传递函数，将给我们分析及研究复杂的系统带来很大方便。

控制系统中常用的典型环节有：比例环节、微分环节、积分环节、惯性环节、一阶微分环节、振荡环节、二阶微分环节和延时环节等。下面分别讨论这些典型环节。

2.3.1 比例环节

比例环节也称放大环节。凡输出量与输入量成正比，不失真也不延时的环节称为比例环节。其动力学方程为

$$x_o(t) = K x_i(t)$$

式中，$x_o(t)$ 为输出；$x_i(t)$ 为输入；K 为环节的放大系数或增益。其传递函数为

$$G(s) = \frac{X_o(s)}{X_i(s)} = K \qquad (2.19)$$

比例环节框图如图2.9所示。

图2.9　比例环节框图

例2.5　如图2.10所示的运算放大器，其中，$u_i(t)$ 为输入电压，$u_o(t)$ 为输出电压；R_1、R_2 为电阻。求传递函数。

解：根据基尔霍夫定律，得

$$u_o(t) = -\frac{R_2}{R_1} u_i(t)$$

经拉普拉斯变换后得

$$U_o(s) = -\frac{R_2}{R_1} U_i(s)$$

则传递函数为

$$G(s) = \frac{U_o(s)}{U_i(s)} = -\frac{R_2}{R_1} = K$$

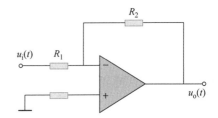

图2.10　运算放大器

这是一个反相比例环节，也称为反相比例器。当 $R_1 = R_2$（$K = -1$）时，就称为反相器。

例2.6　如图2.11所示齿轮传动，其中，$n_i(t)$ 为输入轴转速，$n_o(t)$ 为输出轴转速，z_1、z_2 为齿轮齿数。求传递函数。

解：忽略传动间隙，由传动关系得

$$n_i(t)z_1 = n_o(t)z_2$$

此方程经拉普拉斯变换并整理后，得传递函数为

$$G(s) = \frac{N_o(s)}{N_i(s)} = \frac{z_1}{z_2} = K$$

式中，K 为齿轮传动比，也就是齿轮传动的放大系数或增益。

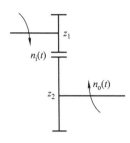

2.3.2 微分环节

图 2.11 齿轮传动

凡输出量正比于输入量的微分，即具有 $x_o(t) = T\dot{x}_i(t)$ 的环节称为微分环节。显然，其传递函数为

$$G(s) = \frac{X_o(s)}{X_i(s)} = Ts \qquad (2.20)$$

式中，T 为微分环节的时间常数。微分环节框图如图 2.12 所示。

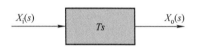

图 2.12 微分环节框图

微分环节的输出是输入的微分，当输入为单位阶跃函数时，输出应是脉冲函数，这在实际中是不可能的，因此工程上无法制造传递函数为微分环节的元件和装置，微分环节在系统中不会单独出现。但有些元件当其惯性很小时，其传递函数可以近似地看成微分环节。

例 2.7 图 2.13 所示为液压阻尼器的原理图，其中，弹簧与活塞刚性连接，忽略运动件的惯性力，设 x_i 为输入位移，x_o 为输出位移，k 为弹簧刚度，c 为黏性阻尼系数。求传递函数。

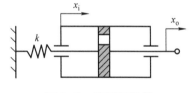

图 2.13 液压阻尼器

解：活塞的力平衡方程式为

$$kx_o(t) = c[\dot{x}_i(t) - \dot{x}_o(t)]$$

经拉普拉斯变换后有

$$kX_o(s) = cs[X_i(s) - X_o(s)]$$

故传递函数为

$$G(s) = \frac{X_o(s)}{X_i(s)} = \frac{\dfrac{c}{k}s}{\dfrac{c}{k}s + 1} = \frac{Ts}{Ts + 1} \qquad \left(T = \frac{c}{k}\right)$$

例 2.8 分析图 2.14 所示 RC 微分电路的传递函数。u_i 为输入电压，u_o 为输出电压，i 为电流，R 为电阻，C 为电容。求传递函数。

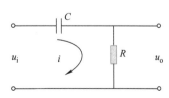

图 2.14 RC 微分电路

解：根据基尔霍夫定律，得电路方程为

$$u_i(t) = \frac{1}{C}\int i(t)\mathrm{d}t + u_o(t)$$

$$u_o(t) = i(t)R$$

经拉普拉斯变换得

$$U_i(s) = \frac{1}{RCs}U_o(s) + U_o(s)$$

其传递函数为

$$G(s) = \frac{U_o(s)}{U_i(s)} = \frac{RCs}{RCs + 1} = \frac{Ts}{Ts + 1} \qquad (T = RC)$$

以上两例都是包括惯性环节和微分环节的系统。仅当 $|Ts| \ll 1$ 时，$G(s) \approx Ts$，才近似成为微分环节。实际上，微分特性总是含有惯性的，理想的微分环节只是数学上的假设。

微分环节对系统有如下的控制作用：

（1）使输出提前 如对比例环节 K_p 开始施加一单位斜坡函数 $r(t) = t$ 作为输入，则此环节在时域中的输出 $x_o(t)$ 如图 2.15a 所示；若对此比例环节再并联一微分环节 $G_1(s) = K_p Ts$，如图 2.15b 所示，则传递函数为

$$G(s) = \frac{X_o(s)}{R(s)} = K_p(Ts + 1)$$

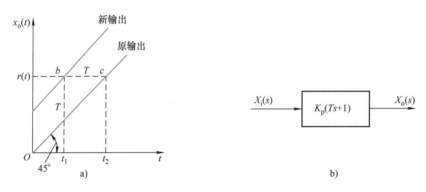

图 2.15 微分环节使输出提前

并联了微分环节所增加的输出（假设 $K_P = 1$）为

$$x_{o1}(t) = L^{-1}[G_1(s)R(s)] = L^{-1}[TsR(s)] = TL^{-1}[sR(s)] = TL^{-1}[1/s] = T \cdot 1(t)$$

它使原输出垂直向上平移了 T，得到新输出。如图 2.15a 所示，系统在每一时刻的输出都增加了 T，它可以看成原输出向左平移 T，即原输出在 t_2 时刻才有的 $r(t_2)$，新输出在 t_1 时刻就已达到。

微分环节的输出是输入的导数 $T\dot{x}_i(t)$，它反映了输入的变化趋势，所以也等于对系统输入变化趋势进行预测，由于微分环节使输出提前，预测了输入的情况，因而有可能对系统提前施加校正作用，提高系统的性能。

（2）增加系统的阻尼 如图 2.16a 所示，系统的传递函数为

$$G_1(s) = \frac{\dfrac{K_p K}{s(Ts + 1)}}{1 + \dfrac{K_p K}{s(Ts + 1)}} = \frac{K_p K}{Ts^2 + s + K_p K}$$

对系统的比例环节 K_p 并联微分环节 $K_p T_d s$，如图 2.16b 所示，化简后其传递函数为

$$G_2(s) = \frac{\dfrac{K_{\mathrm{p}}K(T_{\mathrm{d}}s+1)}{s(Ts+1)}}{1+\dfrac{K_{\mathrm{p}}K(T_{\mathrm{d}}s+1)}{s(Ts+1)}} = \frac{K_{\mathrm{p}}K(T_{\mathrm{d}}s+1)}{Ts^2+(1+K_{\mathrm{p}}KT_{\mathrm{d}})s+K_{\mathrm{p}}K}$$

比较上述两式可知，$G_1(s)$ 与 $G_2(s)$ 均为二阶系统的传递函数，其分母中第二项 s 前的系数与阻尼有关，$G_1(s)$ 中 s 的系数为 1，$G_2(s)$ 中 s 的系数为 $1+K_{\mathrm{p}}KT_{\mathrm{d}}>1$。所以，引入微分环节后，系统的阻尼增加了。

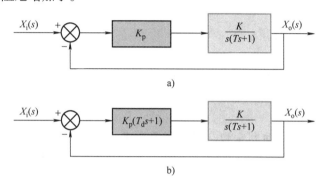

图 2.16　微分环节增加系统阻尼

（3）强化噪声的作用　因为它对输入能预测，所以对噪声（即干扰）也能预测，对噪声灵敏度提高，增大了因干扰引起的误差。

2.3.3　积分环节

凡输出量正比于输入量的积分，即具有

$$x_{\mathrm{o}}(t) = \frac{1}{T}\int x_{\mathrm{i}}(t)\,\mathrm{d}t$$

的环节称为积分环节。显然，其传递函数为

$$G(s) = \frac{X_{\mathrm{o}}(s)}{X_{\mathrm{i}}(s)} = \frac{1}{Ts} \qquad (2.21)$$

式中，T 为积分环节的时间常数。积分环节框图如图 2.17 所示。

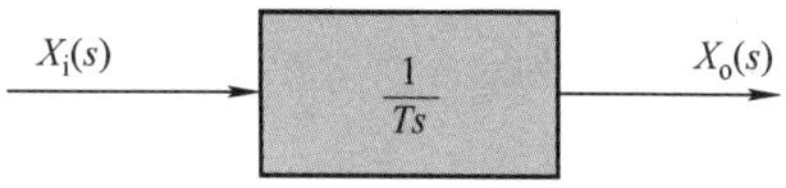

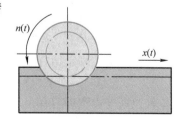

图 2.17　积分环节框图

例 2.9　图 2.18 所示为齿轮齿条传动机构，取齿轮的转速 n 为输入量，齿条的位移 x 为输出量。求传递函数。

解：由二者的转速关系，有

$$x(t) = \int \pi D n(t)\,\mathrm{d}t$$

式中，D 为齿轮节圆直径。

对上式取拉普拉斯变换后，得传递函数为

$$G(s) = \frac{X(s)}{N(s)} = \frac{\pi D}{s} = \frac{K}{s} \qquad (K = \pi D)$$

图 2.18　齿轮齿条传动机构

例 2.10　图 2.19 所示是一电气积分环节，电容器的电容为 C，取输入量为回路电流 i，取输出量为电容器两端电压 u。求传递函数。

解：该电路方程为

$$u(t) = \frac{1}{C}\int i(t)\,dt$$

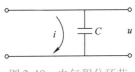

图 2.19　电气积分环节

对上式取拉普拉斯变换后，得传递函数为

$$G(s) = \frac{U(s)}{I(s)} = \frac{1/C}{s} = \frac{K}{s} \qquad \left(K = \frac{1}{C}\right)$$

2.3.4　惯性环节

凡动力学方程为一阶微分方程

$$T\dot{x}_o + x_o = Kx_i$$

形式的环节称为惯性环节。显然，其传递函数为

$$G(s) = \frac{X_o(s)}{X_i(s)} = \frac{K}{Ts + 1} \qquad (2.22)$$

式中，K 为放大系数；T 为时间常数。惯性环节框图
如图 2.20 所示。

图 2.20　惯性环节框图

在这类元件中，总含有储能元件和耗能元件，以
致对于突变形式的输入来说，输出不能立即复现，输
出总落后于输入。

例 2.11　图 2.21 所示是一无源滤波电路，u_i 为输入电压，
u_o 为输出电压，i 为电流，R 为电阻，C 为电容。求传递函数。

解：根据基尔霍夫定律有

$$u_i(t) = iR + u_o(t)$$

$$u_o(t) = \frac{1}{C}\int i\,dt$$

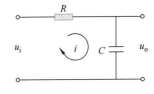

图 2.21　无源滤波电路

经拉普拉斯变换得

$$U_i(s) = RCsU_o(s) + U_o(s)$$

其传递函数为

$$G(s) = \frac{U_o(s)}{U_i(s)} = \frac{1}{RCs + 1} = \frac{1}{Ts + 1} \qquad (T = RC)$$

本系统之所以成为惯性环节，是由于含有容性储能元件 C 和阻性耗能元件 R。

例 2.12　如图 2.22 所示弹簧 - 阻尼系统，设 $x_i(t)$ 为输入位
移，$x_o(t)$ 为输出位移，k 为弹簧刚度，c 为阻尼系数。求传递函数。

解：根据牛顿定律有

$$k[x_i(t) - x_o(t)] = c\dot{x}_o(t)$$

经拉普拉斯变换整理后有

$$csX_o(s) + kX_o(s) = kX_i(s)$$

故传递函数为

$$G(s) = \frac{X_o(s)}{X_i(s)} = \frac{1}{\dfrac{c}{k}s + 1} = \frac{1}{Ts + 1} \qquad \left(T = \frac{c}{k}\right)$$

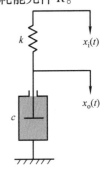

图 2.22　弹簧 - 阻尼系统

本系统之所以成为惯性环节，是由于含有弹性储能元件 k 和阻性耗能元件 c。

上述两例说明，不同的物理系统可以有相同的传递函数。例如，许多热力系统，包括热电偶等在内，也是惯性系统，也具有上述传递函数形式。

2.3.5 一阶微分环节

一阶微分环节的运动方程为

$$x_o(t) = K[T\dot{x}_i(t) + x_i(t)]$$

显然，其传递函数为

$$G(s) = \frac{X_o(s)}{X_i(s)} = K(Ts+1) \qquad (2.23)$$

式中，K 为放大系数；T 为时间常数。一阶微分环节框图如图 2.23 所示。

图 2.23 一阶微分环节框图

例 2.13 如图 2.24 所示 RC 电路，u_i 为输入电压，i 为输出电流，R 为电阻，C 为电容。求传递函数。

解：根据基尔霍夫定律有

$$u_i(t) = i_2(t)R$$

$$u_i(t) = \frac{1}{C}\int i_1(t)\,dt$$

$$i(t) = i_1(t) + i_2(t)$$

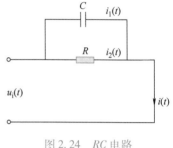

图 2.24 RC 电路

对上面的各式取拉普拉斯变换并整理，得传递函数为

$$G(s) = \frac{I(s)}{U_i(s)} = Cs + \frac{1}{R} = \frac{1}{R}(RCs+1) = K(Ts+1)$$

式中，$K = \dfrac{1}{R}$；$T = RC$。

与微分环节一样，一阶微分环节在系统中也不会单独出现，它往往与其他典型环节组合在一起描述元件或系统的运动特性。

2.3.6 二阶振荡环节

如果输入、输出函数可表达为如下二阶微分方程

$$T^2\ddot{x}_o(t) + 2\xi T\dot{x}_o(t) + x_o(t) = x_i(t)$$

则此环节称为二阶振荡环节。显然，其传递函数为

$$G(s) = \frac{X_o(s)}{X_i(s)} = \frac{1}{T^2s^2 + 2\xi Ts + 1} \qquad (2.24)$$

式中，T 为环节的时间常数，ξ 为阻尼比。有时又将传递函数写成

$$G(s) = \frac{\omega_n^2}{s^2 + 2\xi\omega_n s + \omega_n^2} \qquad (2.25)$$

式中，ω_n 为系统无阻尼固有频率，且 $\omega_n = \dfrac{1}{T}$。

二阶振荡环节框图如图 2.25a 所示，也可画成图 2.25b 所示形式。

振荡环节的主要特点是含有两种形式的储能元件，而且能够将储存的能量相互转换，如

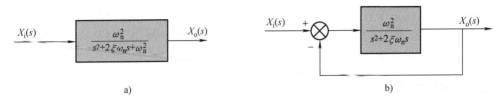

图 2.25 二阶振荡环节框图

动能与位能，电能与磁能间的转换等。在能量转换过程中使输出产生振荡。

例 2.14 一作旋转运动的惯量–阻尼–弹簧系统如图 2.26 所示，转子转动惯量为 J，黏性阻尼系数为 c，弹簧扭转刚度为 k。在外部施加一扭矩 M 作为输入，以转子转角 θ 作为输出。求系统的传递函数。

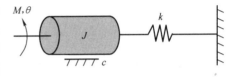

图 2.26 转动惯量系统

解：根据理论力学知识，系统动力学方程为

$$J\ddot{\theta} + c\dot{\theta} + k\theta = M$$

经拉普拉斯变换并整理，得传递函数为

$$G(s) = \frac{\theta(s)}{M(s)} = \frac{1}{Js^2 + cs + k} = \frac{K}{s^2 + 2\xi\omega_{\mathrm{n}}s + \omega_{\mathrm{n}}^2}$$

式中，$K = \dfrac{1}{J}$；$\xi = \dfrac{c}{2\sqrt{kJ}}$；$\omega_{\mathrm{n}} = \sqrt{\dfrac{k}{J}}$。当 $0 \le \xi \le 1$ 时为一振荡环节。

例 2.15 图 2.27 所示为电感 L、电阻 R 与电容 C 的串、并联电路，u_{i} 为输入电压，u_{o} 为输出电压。求此系统的传递函数。

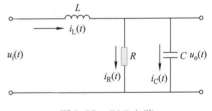

图 2.27 RLC 电路

解：根据基尔霍夫定律，有

$$u_{\mathrm{i}}(t) = L\dot{i}_{\mathrm{L}} + u_{\mathrm{o}}(t)$$

$$u_{\mathrm{o}}(t) = i_{\mathrm{R}}(t)R = \frac{1}{C}\int i_{\mathrm{C}}(t)\,\mathrm{d}t$$

$$i_{\mathrm{L}}(t) = i_{\mathrm{R}}(t) + i_{\mathrm{C}}(t)$$

拉普拉斯变换后，将后两式代入第一式，整理得

$$LCs^2 U_{\mathrm{o}}(s) + \frac{L}{R}s U_{\mathrm{o}}(s) + U_{\mathrm{o}}(s) = U_{\mathrm{i}}(s)$$

故传递函数为

$$G(s) = \frac{U_{\mathrm{o}}(s)}{U_{\mathrm{i}}(s)} = \frac{1}{LCs^2 + \dfrac{L}{R}s + 1} = \frac{\omega_{\mathrm{n}}^2}{s^2 + 2\xi\omega_{\mathrm{n}}s + \omega_{\mathrm{n}}^2}$$

式中，$\omega_{\mathrm{n}} = \sqrt{\dfrac{1}{LC}}$，$\xi = \dfrac{1}{2R}\sqrt{\dfrac{L}{C}}$。

2.3.7 二阶微分环节

二阶微分环节的运动方程为

$$x_{\mathrm{o}}(t) = K\left[T^2\ddot{x}_{\mathrm{i}}(t) + 2\xi T\dot{x}_{\mathrm{i}}(t) + x_{\mathrm{i}}(t)\right]$$

其传递函数为

$$G(s) = \frac{X_o(s)}{X_i(s)} = K(T^2 s^2 + 2\xi Ts + 1) \tag{2.26}$$

该环节的特性由 K、T 和 ξ 所决定，其中 T 和 ξ 两个量表示环节微分的特性。同时应该指出，只有当微分方程具有复根时，才称其为二阶微分环节。如果具有实根，则可以认为这个环节是两个一阶微分环节串联而成的。

2.3.8 延时环节

延时环节是输出滞后输入时间 τ 但不失真地反映输入的环节。具有延时环节的系统便称为延时系统。延时环节一般与其他环节同时共存，而不单独存在。

延时环节的输出 $x_o(t)$ 与输入 $x_i(t)$ 之间的关系为

$$x_o(t) = x_i(t - \tau) \tag{2.27}$$

式中，τ 为延迟时间。根据式（2.27）可得延时环节的传递函数为

$$G(s) = \frac{L[x_o(t)]}{L[x_i(t)]} = \frac{L[x_i(t-\tau)]}{L[x_i(t)]} = \frac{X_i(s)e^{-\tau s}}{X_i(s)} = e^{-\tau s} \tag{2.28}$$

延时环节框图如图 2.28 所示。延时环节与惯性环节不同，惯性环节的输出需要延迟一段时间才接近于所要求的输出量，但它从输入开始时刻起就已有了输出。延时环节在输入开始之初的时

图 2.28 延时环节框图

间 τ 内并无输出，在时间 τ 后，输出就完全等于从一开始起的输入，且不再有其他滞后过程。简言之，输出等于输入，只是在时间上延迟了一段时间间隔 τ。

例 2.16 图 2.29 所示为轧钢时的带钢厚度检测示意图。带钢在 A 点轧出时，产生厚度偏差 Δh_1（图中为 $h + \Delta h_1$，h 为要求的理想厚度），但是，这一厚度偏差在到达 B 点时才为测厚仪所检测到。取 Δh_1 为输入信号 $x_i(t)$，测厚仪检测到的带钢厚度偏差 Δh_2 为输出信号 $x_o(t)$。求其传递函数。

解：设测厚仪距机架的距离为 L，带钢轧制速度为 v，则检测延迟时间为 $\tau = L/v$。故测厚仪输出信号与输入信号之间的关系为

$$x_o(t) = x_i(t - \tau)$$

因而其传递函数为

$$G(s) = \frac{X_o(s)}{X_i(s)} = e^{-\tau s}$$

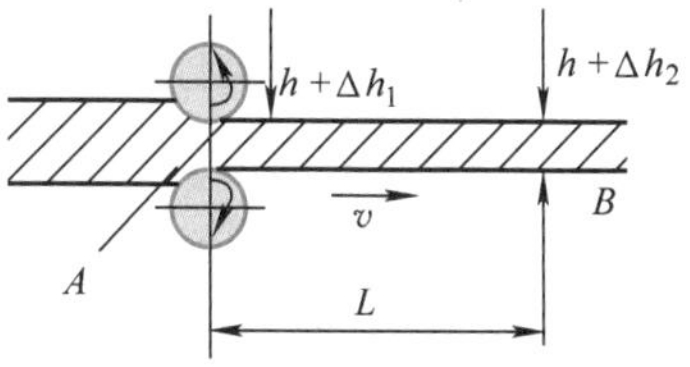

图 2.29 带钢轧制

该检测环节是用延时环节描述其运动特性的一个实例。但在控制系统中，单纯的延时环节是很少的，延时环节往往和其他环节一起出现。

2.4 控制系统的函数框图模型

一个系统可由若干环节按一定的关系组成，将这些环节以方框表示，其间用相应的变量及信号线联系起来，就构成系统的框图。系统框图具体而形象地表示了系统内部各环节的数

学模型、各变量之间的相互关系以及信号流向。事实上它是系统数学模型的一种图解表示方法，提供了关于系统动态性能的有关信息，并且可以揭示和评价每个组成环节对系统的影响。根据框图，通过一定的运算变换可求得系统的传递函数。故框图对于系统的描述、分析、计算是很方便的，因而被广泛应用。

框图的结构要素包括：

1）信号线：信号线是带有箭头的直线，箭头表示信号传递的方向，线上可以标记传递的信号，如图 2.30a 所示。

2）函数方框：函数方框用来表示环节的传递函数，如图 2.30b 所示。图中，指向方框的箭头表示输入信号，离开方框的箭头表示输出信号，方框中表示该输入输出之间的传递函数。

3）相加点：相加点又称比较点，是信号之间代数求和运算的图解表示，如图 2.30c 所示。在相加点处，输出信号等于各输入信号的代数和，每个输入信号箭头旁边的"＋"或"－"表示该输入信号在代数运算中的符号。相加点处可以有多个输入，其量纲必须相同，但输出是唯一的。

4）引出点：引出点又称分支点，表示同一信号向不同方向的传递，如图 2.30d 所示。与引出点相连的各个信号为相同的信号。

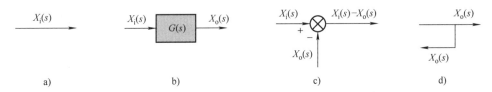

图 2.30　框图的结构要素

2.4.1　控制系统的基本连接方式

为了求得整个系统的传递函数，需要研究系统中各环节间的联系，以下介绍怎样根据环节之间的连接来计算系统的传递函数。

1. 串联连接

串联连接的特点是，前一个环节的输出量是后一个环节的输入量。图 2.31 所示为两个环节串联连接。串联连接后的传递函数为

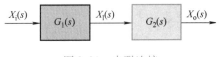

图 2.31　串联连接

$$G(s) = \frac{X_o(s)}{X_i(s)} = \frac{X_o(s)}{X_1(s)} \frac{X_1(s)}{X_i(s)} = G_2(s) G_1(s)$$

一般地，设有 n 个环节串联而成的系统，则有

$$G(s) = \prod_{i=1}^{n} G_i(s) \qquad (2.29)$$

即系统的传递函数是各串联环节传递函数之积。

2. 并联连接

并联连接的特点是，所有环节的输入量是共同的，连接后的输出量为各环节输出量的代数和。图 2.32 所示为两个环节并联连接，则并联连接后的传递函数为

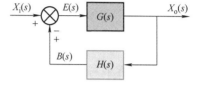

$$G(s) = \frac{X_o(s)}{X_i(s)} = \frac{X_1(s) + X_2(s)}{X_i(s)} = \frac{X_1(s)}{X_i(s)} + \frac{X_2(s)}{X_i(s)} = G_1(s) + G_2(s)$$

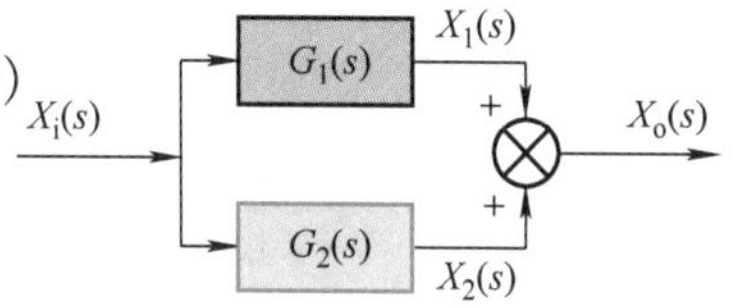

一般地，设有 n 个环节并联而成的系统，则有

$$G(s) = \sum_{i=1}^{n} G_i(s) \qquad (2.30)$$

图 2.32 并联连接

即系统的传递函数是各并联环节传递函数之和。

3. 反馈连接

图 2.33 是两个回路之间的反馈连接，实际上它也是闭环系统传递函数框图的最基本形式。

图中，$G(s)$ 称为前向通道传递函数，它是输出 $X_o(s)$ 与偏差 $E(s)$ 之比，即

$$G(s) = \frac{X_o(s)}{E(s)} \qquad (2.31)$$

图 2.33 反馈连接

$H(s)$ 称为反馈回路传递函数，即

$$H(s) = \frac{B(s)}{X_o(s)} \qquad (2.32)$$

前向通道传递函数 $G(s)$ 与反馈回路传递函数 $H(s)$ 之乘积定义为系统的开环传递函数 $G_k(s)$，它也是反馈信号 $B(s)$ 与偏差 $E(s)$ 之比，即

$$G_k(s) = \frac{B(s)}{E(s)} = G(s)H(s) \qquad (2.33)$$

由于 $B(s)$ 与 $E(s)$ 在相加点的量纲相同，因此，开环传递函数无量纲，所以 $H(s)$ 的量纲是 $G(s)$ 的量纲的倒数。"开环传递函数无量纲"这点是十分重要的，必须充分注意。

输出信号 $X_o(s)$ 与输入信号 $X_i(s)$ 之比，定义为系统的闭环传递函数 $\Phi(s)$，即

$$\Phi(s) = \frac{X_o(s)}{X_i(s)} \qquad (2.34)$$

由图可知：

$$E(s) = X_i(s) \mp B(s) = X_i(s) \mp X_o(s)H(s)$$
$$X_o(s) = G(s)E(s) = G(s)[X_i(s) \mp X_o(s)H(s)]$$
$$= G(s)X_i(s) \mp G(s)X_o(s)H(s)$$

由此可得

$$\Phi(s) = \frac{X_o(s)}{X_i(s)} = \frac{G(s)}{1 \pm G(s)H(s)} = \frac{G(s)}{1 \pm G_k(s)} \qquad (2.35)$$

式中，正号对应负反馈，负号对应正反馈。正反馈是反馈信号加强输入信号，使偏差信号增大，负反馈是反馈信号削弱输入信号，使偏差信号减小。在控制系统中，主要采用负反馈连接。

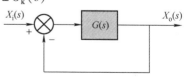

图 2.34 单位负反馈系统

若 $H(s) = 1$，即如图 2.34 所示的负反馈闭环系统，则称为单位负反馈系统。由式（2.35）可得，单位负反馈系统的闭环传递函数为

$$\Phi(s) = \frac{G(s)}{1 + G(s)}$$

系统的闭环特征方程为

$$D(s) = 1 \pm G_k(s) = 0 \tag{2.36}$$

以上引入了开环传递函数 $G_k(s)$ 及闭环传递函数 $\Phi(s)$ 的概念，这都是对闭环系统而言的，对于开环系统，系统的传递函数不能称为开环传递函数，而应称为开环系统传递函数。今后，若不加特别说明，当研究整个系统时，无论是开环系统还是闭环系统，均可以用 $G(s)$ 来表示整个系统的传递函数。

2.4.2　扰动作用下的闭环控制系统

图2.35所示为在扰动作用下的闭环控制系统。扰动信号也是系统的一种输入量。例如机器的负载、机械传动系统的误差、环境的变化、系统中的电气噪声等都能以输入的形式对系统的输出量产生影响。对

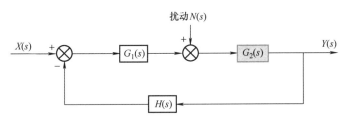

图 2.35　扰动作用下的闭环控制系统

于线性系统，可以单独计算每个输入量作用下的输出量，将各个相应的输出量叠加，得到系统的总输出量。

在输入量 $X(s)$ 作用下，此时令 $N(s) = 0$，系统的输出 $Y_1(s)$ 为

$$Y_1(s) = \frac{G_1(s)G_2(s)}{1 + G_1(s)G_2(s)H(s)}X(s) \tag{2.37}$$

在扰动信号 $N(s)$ 作用下，此时令 $X(s) = 0$，系统的输出 $Y_2(s)$ 为

$$Y_2(s) = \frac{G_2(s)}{1 + G_1(s)G_2(s)H(s)}N(s) \tag{2.38}$$

将上述两个输出叠加，得到输入和扰动同时作用下的输出 $Y(s)$ 为

$$Y(s) = Y_1(s) + Y_2(s) = \frac{G_2(s)}{1 + G_1(s)G_2(s)H(s)}[G_1(s)X(s) + N(s)] \tag{2.39}$$

若设计使得 $|G_1(s)H(s)| \gg 1$，且开环传递函数幅值 $|G_k| = |G_1(s)G_2(s)H(s)| \gg 1$，则由式（2.38）可知，扰动引起的输出 $Y_2(s)$ 为

$$Y_2(s) = \frac{G_2(s)}{1 + G_1(s)G_2(s)H(s)}N(s) \approx \frac{G_2(s)}{G_1(s)G_2(s)H(s)}N(s) \approx \frac{1}{G_1(s)H(s)}N(s) \approx \delta N(s)$$

由于 $|G_1(s)H(s)| \gg 1$，因此，δ 为极小值，则由扰动引起的输出量 $Y_2(s)$ 趋近于零，有效地抑制了干扰。而如果系统没有反馈回路，即 $H(s) = 0$，则系统成为一开环系统，此时干扰引起的输出 $Y_2(s) = G_2(s)N(s)$ 无法被消除，全部形成误差。可见，闭环控制系统具有良好的抗干扰性能。

由式（2.39）得系统的闭环特征方程为

$$D(s) = 1 + G_1(s)G_2(s)H(s) = 0 \tag{2.40}$$

同一个闭环控制系统框图模型有以下特点：

1）闭环控制系统的开环传递函数和闭环特征方程是唯一的，与输入或输出信号无关，且闭环特征方程式为开环传递函数有理分式的分母多项式与分子多项式之和。

2）闭环控制系统的闭环特征多项式和开环特征多项式具有相同的阶次。

3）控制系统的闭环传递函数和开环传递函数具有相同的零点，但不存在公共极点。

2.4.3 控制系统框图的绘制

绘制控制系统的框图，一般按如下步骤进行：

1）列写系统各组成部分的运动方程。

2）在零初始条件下，对各方程进行拉普拉斯变换，并整理成输入输出关系式。

3）将每一个输入输出关系式用框图单元表示。

4）将各框图单元中相同的信号连接起来，并将系统的输入画在左侧，输出画在右侧，构成控制系统完整的框图。

下面举例说明。

例 2.17 绘制图 2.36 所示无源电路的框图。

解：先列写该电路的微分方程，有

$$\begin{cases} u_i(t) = i_2(t)R_1 + u_o(t) \\ i_2(t)R_1 = \dfrac{1}{C}\int i_1(t)\,\mathrm{d}t \\ i(t) = i_1(t) + i_2(t) \\ u_o(t) = i(t)R_2 \end{cases}$$

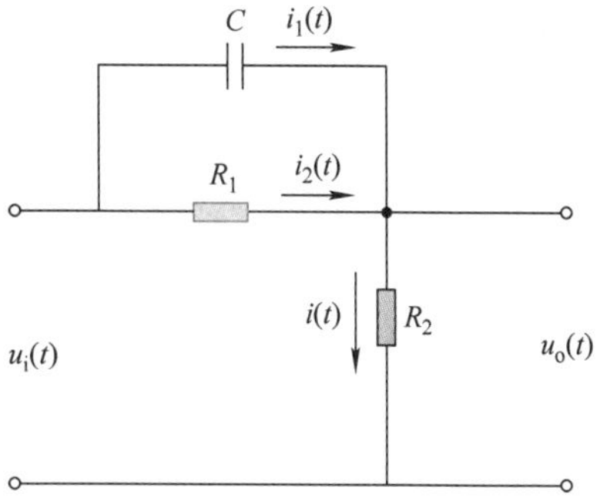

对上述各式在零初始条件下分别进行拉普拉斯变换，得

图 2.36 RC 无源电路

$$\begin{cases} U_i(s) = I_2(s)R_1 + U_o(s) \\ I_2(s)R_1 = \dfrac{1}{Cs}I_1(s) \\ I(s) = I_1(s) + I_2(s) \\ U_o(s) = I(s)R_2 \end{cases}$$

根据上述各式绘制各环节框图如图 2.37 所示。

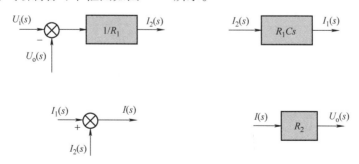

图 2.37 各环节框图

将上面各环节的框图组合成系统的总框图，如图 2.38 所示。

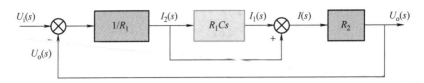

图 2.38 无源网络系统框图

2.4.4 函数框图的简化

对于实际系统，特别是对于自动控制系统，通常用多回路的框图表示，如大环回路套小环回路，其框图甚为复杂。为便于分析与计算，需要对复杂框图进行简化，简化成只有输入、输出和总传递函数的形式。

1. 框图的等效变换

框图的运算和变换应按等效原则进行，即变换前后，输入量和输出量不变，输入输出之间的数学关系不变。显然，变换的实质相当于对所描述系统的方程组进行消元，求出系统输入输出的总关系式。表 2.1 列举了一些典型的框图变换的代数法则。

表 2.1 框图变换的代数法则

序号	原框图	等效框图	序号	原框图	等效框图
1			8		
2			9		
3			10		
4			11		
5			12		
6			13		
7					

例 2.18　对图 2.39 所示的框图进行简化。

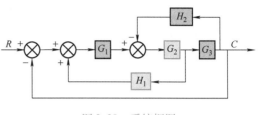

图 2.39　系统框图

解：应用表 2.1 中的法则，将 H_2 负反馈的相加点向左移，并与 H_1 负反馈的相加点交换，使其包含 H_1 的反馈回路，得到图 2.40a所示框图；消去包含的 H_1 反馈回路，得到图 2.40b 所示框图；消去包含的 H_2/G_1 反馈回路，得到图 2.40c 所示框图；最后进行反馈系统简化，得到图 2.40d 所示框图，图中所示的函数方框就是系统的闭环传递函数。

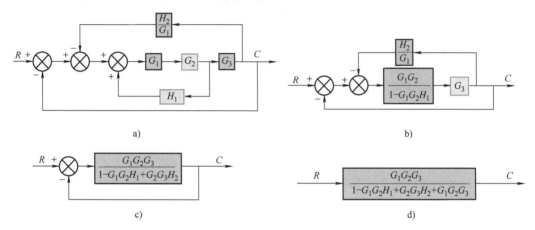

图 2.40　框图简化过程

必须指出，从图 2.40d 所表示的形式来看，因为不是反馈回路，就认为原系统是开环系统，这个单一前向传递函数就是开环系统的传递函数。这种分析方法是错误的，因为图 2.40d所示框图是闭环系统简化的结果。因此，图 2.40d 所表示的是原系统的闭环传递函数。即

$$\Phi(s) = \frac{C(s)}{R(s)} = \frac{G_1 G_2 G_3}{1 - G_1 G_2 H_1 + G_2 G_3 H_2 + G_1 G_2 G_3}$$

是原闭环系统的闭环传递函数。

2. 梅逊公式

对于连接关系比较复杂的系统框图，用上述化简的方法求取总的传递函数，有时非常麻烦，还容易出错。此时利用梅逊公式可由框图直接求取系统的传递函数，而不用对框图进行简化。

梅逊公式可表示为

$$G(s) = \frac{X_o(s)}{X_i(s)} = \frac{1}{\Delta} \sum_k P_k \Delta_k \tag{2.41}$$

式中，$G(s)$ 为系统的传递函数；P_k 为第 k 条前向通道的传递函数；Δ 为框图特征式，即

$$\Delta = 1 - \sum L_a + \sum L_b L_c - \sum L_d L_e L_f + \cdots$$

$\sum L_a$ 为所有不同回路的传递函数增益之和；$\sum L_b L_c$ 为每两个互不接触回路传递函数增

益乘积的和；$\sum L_d L_e L_f$ 为每三个互不接触回路传递函数增益乘积的和；Δ_k 为在 Δ 中除去与第 k 条前向通道相接触的回路有关项的剩余部分（又称为 Δ 的余子式）。

例 2.19 利用梅逊公式，求图 2.41 所示系统的传递函数。

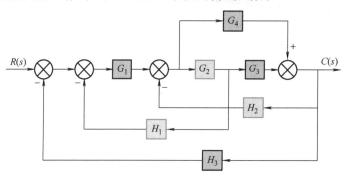

图 2.41 某系统框图

解：本系统有两条前向通道，五个反馈回路，且均互相接触。所以有

$$P_1 = G_1 G_2 G_3 \qquad P_2 = G_1 G_4 \qquad L_1 = -G_1 G_2 H_1 \qquad L_2 = -G_2 G_3 H_2$$

$$L_3 = -G_1 G_2 G_3 H_3 \qquad L_4 = -G_1 G_4 H_3 \qquad L_5 = -G_4 H_2$$

$$\Delta = 1 + G_1 G_2 H_1 + G_2 G_3 H_2 + G_1 G_2 G_3 H_3 + G_1 G_4 H_3 + G_4 H_2$$

又因为五个回路均与两条前向通道接触，所以有

$$\Delta_1 = 1 \qquad \Delta_2 = 1$$

则由式（2.41）可求得该系统的传递函数为

$$G(s) = \frac{C(s)}{R(s)} = \frac{G_1 G_2 G_3 + G_1 G_4}{1 + G_1 G_2 H_1 + G_2 G_3 H_2 + G_1 G_2 G_3 H_3 + G_1 G_4 H_3 + G_4 H_2}$$

例 2.20 利用梅逊公式，求图 2.42 所示系统的传递函数。

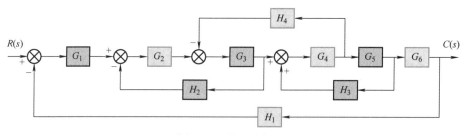

图 2.42 某系统框图

解：本系统有一条前向通道，四个反馈回路 L_1、L_2、L_3、L_4，有一对回路互不接触。所以有

$$P_1 = G_1 G_2 G_3 G_4 G_5 G_6 \qquad L_1 = -G_2 G_3 H_2 \qquad L_2 = G_4 G_5 H_3$$

$$L_3 = -G_1 G_2 G_3 G_4 G_5 G_6 H_1 \qquad L_4 = -G_3 G_4 H_4 \qquad （其中 L_1、L_2 互不接触）$$

$$\Delta = 1 + G_2 G_3 H_2 - G_4 G_5 H_3 + G_1 G_2 G_3 G_4 G_5 G_6 H_1 + G_3 G_4 H_4 - G_2 G_3 G_4 G_5 H_2 H_3$$

$$\Delta_1 = 1$$

则由式（2.41）可求得该系统的传递函数为

$$G(s) = \frac{C(s)}{R(s)} = \frac{G_1 G_2 G_3 G_4 G_5 G_6}{1 + G_2 G_3 H_2 - G_4 G_5 H_3 + G_1 G_2 G_3 G_4 G_5 G_6 H_1 + G_3 G_4 H_3 - G_2 G_3 G_4 G_5 H_2 H_3}$$

2.5 典型系统的数学模型分析

一个复杂物理系统常常由多种元件混合组成,这些元件可以是电气的、机械的、液压的、气动的、光学的、热力学的等,构成的物理系统可能是控制系统,也可能是动力学系统。对于这些物理系统,根据物理原理,只要选定系统的输入和输出,就可以应用解析法求出系统的微分方程,从而推导出系统的传递函数。下面看一些典型系统的例子。

2.5.1 机械系统

例 2.21 机器中长轴的扭转振动是机械工程中应控制的问题。根据轴上的飞轮和质量分布情况,可以将轴等效为几个集中质量轮和扭簧的连接,如图 2.43 所示是其简化模型。已知轴的等效转动惯量为

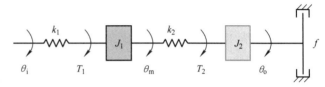

图 2.43 轴的扭转模型

J_1、J_2,扭簧的刚度为 k_1、k_2,轴的角摩擦系数为 f。选择轴一端的转角 θ_i 为输入,另一端的转角 θ_o 为输出,建立系统的数学模型。

解:设 J_1 和 J_2 的中间变量为 $\theta_m(t)$,根据动力学原理列出如下方程:

$$\begin{cases} T_1(t) = k_1[\theta_i(t) - \theta_m(t)] & T_1(t) - T_2(t) = J_1\ddot{\theta}_m(t) \\ T_2(t) = k_2[\theta_m(t) - \theta_o(t)] & T_2(t) - f\dot{\theta}_o(t) = J_2\ddot{\theta}_o(t) \end{cases}$$

在零初始条件下,对上式进行拉普拉斯变换得

$$\begin{cases} T_1(s) = k_1[\theta_i(s) - \theta_m(s)] & T_1(s) - T_2(s) = J_1 s^2 \theta_m(s) \\ T_2(s) = k_2[\theta_m(s) - \theta_o(s)] & T_2(s) - f s\theta_o(s) = J_2 s^2 \theta_o(s) \end{cases}$$

以上方程组中每个式子可以理解为一个环节。画出每个环节的框图并组合成系统总的框图,如图 2.44 所示。

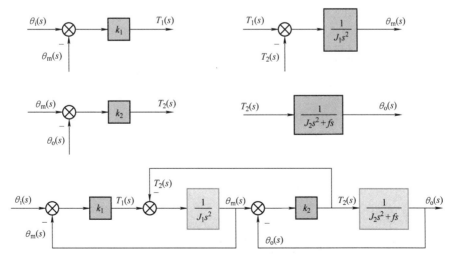

图 2.44 系统各环节的框图及总的框图

简化系统的框图，可得系统的传递函数为

$$G(s) = \frac{k_1 k_2}{J_1 J_2 s^4 + J_1 f s^3 + [(k_1 + k_2)J_2 + k_2 J_1]s^2 + (k_1 + k_2)fs + k_1 k_2}$$

2.5.2 电气系统

例 2.22 如图 2.45 所示的两个 RC 串联组成的无源滤波网络，选择一端的电压 U_i 为输入，另一端的电压 U_o 为输出，建立系统的数学模型。

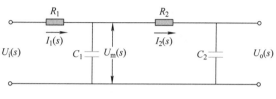

图 2.45 无源滤波网络

解：假设在串联环节中设置中间变量为 U_m，根据基尔霍夫定律可列出如下方程：

$$\begin{cases} u_i(t) = R_1 i_1 + u_m(t) & u_m(t) = R_2 i_2 + u_o(t) \\ u_m(t) = \frac{1}{C_1}\int(i_1 - i_2)\mathrm{d}t & u_o(t) = \frac{1}{C_2}\int i_2 \mathrm{d}t \end{cases}$$

在零初始条件下，对上式进行拉普拉斯变换得

$$\begin{cases} U_i(s) = R_1 I_1(s) + U_m(s) & U_m(s) = R_2 I_2(s) + U_o(s) \\ U_m(s) = \frac{1}{C_1 s}[I_1(s) - I_2(s)] & U_o(s) = \frac{1}{C_2 s}I_2(s) \end{cases}$$

根据上面四个式子分别画出框图并组合成系统总的框图，如图 2.46 所示。

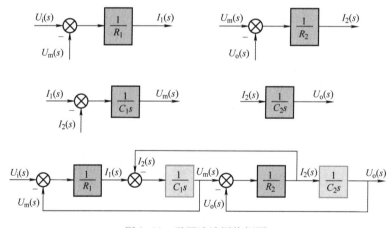

图 2.46 无源滤波网络框图

简化系统的框图，可得系统的传递函数为

$$G(s) = \frac{1}{R_1 R_2 s^2 + (R_1 C_1 + R_2 C_2 + R_1 C_2)s + 1}$$

2.5.3 机、电、液系统

例 2.23 如图 2.47 所示的某液压伺服系统模型图，以阀芯位移 $x_v(t)$ 为输入，活塞位移 $y(t)$ 为输出，试建立系统的数学模型。

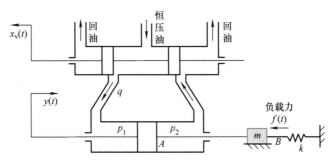

图 2.47　某液压伺服系统

解：设液压缸的负载流量为 q，总泄漏系数为 K_L，总容积为 V，有效工作面积为 A，液压油的体积弹性模量为 E_c，负载压力为 $p_L(p_L = p_1 - p_2)$。

可得，液压缸的流量平衡方程为

$$q = A\dot{y} + K_L p_L + \frac{V}{4E_c}\dot{p}_L$$

液压缸的受力平衡方程为

$$Ap_L = m\ddot{y}(t) + B\dot{y}(t) + ky(t) + f(t)$$

由式（2.12）知，伺服阀的流量方程为

$$q = K_q x_v - K_c p_L$$

式中，K_q 为伺服阀的流量增益系数；K_c 为伺服阀的流量压力系数。

将上述三式进行拉普拉斯变换，得

$$Q(s) = AsY(s) + \left(K_L + \frac{V}{4E_c}s\right)P_L(s)$$

$$AP_L(s) = (ms^2 + Bs + k)Y(s) + F(s)$$

$$Q(s) = K_q X_v(s) - K_c P_L(s)$$

将上述所有方程连接为框图，如图 2.48 所示。

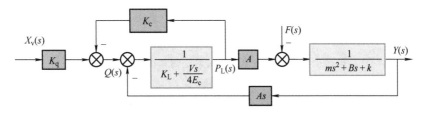

图 2.48　液压伺服系统框图

系统的输入与输出的关系为

$$Y(s) = \frac{K_q A X_v(s) - \left(K_c + K_L + \dfrac{Vs}{4E_c}\right)F(s)}{(ms^2 + Bs + k)\left(K_c + K_L + \dfrac{Vs}{4E_c}\right) + A^2 s}$$

习　题

2.1　什么是线性系统? 其最重要的特性是什么?

2.2　分别求出图 2.49 所示各系统的微分方程。

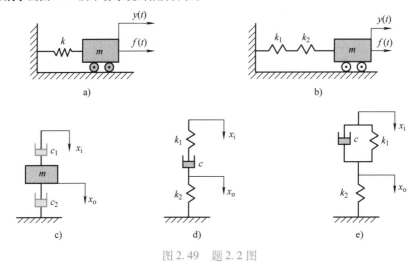

图 2.49　题 2.2 图

2.3　已知滑阀节流口流量方程式为 $Q = c\omega\, x_v \dfrac{\sqrt{2p}}{\rho}$, 式中, Q 为通过节流阀流口的流量, p 为节流阀流口的前后油压差, x_v 为节流阀的位移量, c 为流量系数, ω 为节流口面积梯度, ρ 为油密度。试以 Q 与 p 为变量（将 Q 作为 p 的函数）将节流阀流量方程线性化。

2.4　如图 2.50 所示液压缸负载系统, 当其输入量为油液压力 p, 液压缸右腔排油压力为零, 输出为位移 y 时, 求其传递函数。

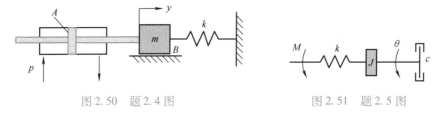

图 2.50　题 2.4 图　　　　　　　图 2.51　题 2.5 图

2.5　图 2.51 是一作旋转运动的惯量－阻尼－弹簧系统物理模型。若输入量为转矩 M, 输出量为转子转角 θ, 求其传递函数, 并求出无阻尼固有频率 ω_n 及阻尼比 ξ。

2.6　求图 2.52 所示两系统的传递函数, 并求出无阻尼固有频率 ω_n 及阻尼比 ξ。

图 2.52　题 2.6 图

2.7 证明图 2.53 所示两系统是相似系统（即证明两系统具有相同形式的传递函数）。

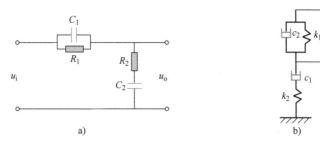

图 2.53 题 2.7 图

2.8 试分析当反馈环节 $H(s) = 1$，前向通道传递函数 $G(s)$ 分别为惯性环节、微分环节、积分环节时，输入、输出的闭环传递函数。

2.9 若系统框图如图 2.54 所示，求：

（1）以 $X_i(s)$ 为输入，当 $N(s) = 0$ 时，分别以 $X_o(s)$、$Y(s)$、$B(s)$、$E(s)$ 为输出的闭环传递函数。

（2）以 $N(s)$ 为输入，当 $X_i(s) = 0$ 时，分别以 $X_o(s)$、$Y(s)$、$B(s)$、$E(s)$ 为输出的闭环传递函数。

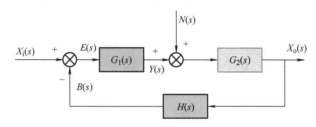

图 2.54 题 2.9 图

2.10 已知系统的控制框图如图 2.55 所示，求：

（1）系统的传递函数。

（2）使误差 $E(s)$ 为零时的补偿传递函数 $G_c(s)$。

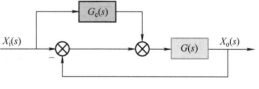

图 2.55 题 2.10 图

2.11 已知某系统的传递函数框图如图 2.56 所示，其中，$X_i(s)$ 为输入，$X_o(s)$ 为输出，$N(s)$ 为干扰，试求 $G(s)$ 为何值时，系统可以消除干扰的影响。

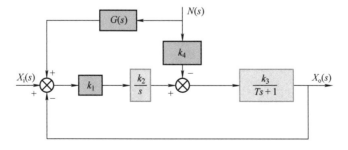

图 2.56 题 2.11 图

2.12 求图 2.57 所示系统的传递函数 $X_o(s)/X_i(s)$。

2.13 求图 2.58 所示系统的传递函数 $X_o(s)/X_i(s)$。

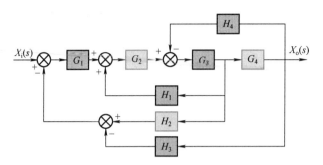

图 2.57　题 2.12 图

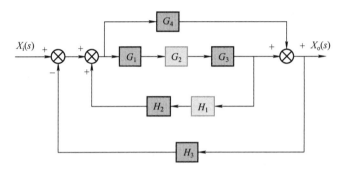

图 2.58　题 2.13 图

2.14　求图 2.59 所示系统的传递函数 $X_o(s)/X_i(s)$。

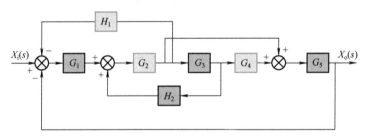

图 2.59　题 2.14 图

第3章　控制系统的时域分析

上一章讲述了如何建立控制系统的数学模型。事实上，人们真正关心的是如何利用这些数学模型对系统进行分析或设计。本章主要讨论用时域分析法来分析控制系统的一些特性。

所谓时域分析法，就是对系统施加一个给定输入信号，通过研究控制系统的时间响应来评价系统的性能。由于系统的输出量一般是时间的函数，故这种响应为时域响应。它是一种直接在时间域中对系统进行分析的方法，具有直观、准确、物理概念清楚的特点，尤其适用于一阶和二阶系统。

3.1 控制系统的瞬态响应

3.1.1 典型输入信号

求系统时域响应必须对系统施加一个给定输入信号，在实际系统中，输入信号虽然多种多样，但可分为确定性信号和非确定性信号。确定性信号就是其变量和自变量之间的关系能够用某一确定性函数描述的信号。例如，为了研究机床的动态特性，用电磁激振器给机床输入一个作用力 $F = A\sin\omega t$，这个作用力就是一个确定性信号。非确定性信号是其变量和自变量之间的关系不能用某一个确定的函数描述的信号，也就是说，它的变量和自变量之间的关系是随机的，只服从于某些统计规律。例如，在车床上加工工件时，切削力就是非确定性信号，由于工件材料的不均匀性和刀具实际角度的变化等随机因素的影响，无法用一确定的时间函数表示切削力的变化规律。由于系统的输入具有多样性，所以，在分析和设计系统时，需要规定一些典型的输入信号，然后比较各系统对典型输入信号的时间响应。尽管在实际中，输入信号很少是典型输入信号，但由于系统对典型输入信号的时间响应和系统对任意信号的时间响应之间存在一定的关系，即

$$\frac{X_{o1}(s)}{X_{i1}(s)} = G(s) = \frac{X_{o2}(s)}{X_{i2}(s)} \tag{3.1}$$

可见，只要求出系统对典型输入信号的响应，就能知道系统对其他任意输入信号的响应。典型输入信号的选取应满足以下几个要求：

1）选取的输入信号应反映系统工作的大部分实际情况。

2）所选输入信号的形式应尽可能简单，便于用数学式表达及分析处理。

3）应选取那些能使系统工作在最不利的情况下的输入信号作为典型输入信号。

如果系统在典型输入信号下其性能满足要求，可以断言系统在实际输入信号下的性能也令人满意。常用的典型输入信号主要有以下几种：

1. 单位阶跃信号

这是指输入变量有一个突然的定量变化，例如输入量突然加入或突然停止等，如图 3.1a 所示，其幅值高度等于 1 个单位时称为单位阶跃信号，又称为位置信号，其数学表达式为

$$x_i(t) = 1(t) = \begin{cases} 1 & t \geq 0 \\ 0 & t < 0 \end{cases} \tag{3.2}$$

其拉普拉斯变换式为

$$L[1(t)] = \frac{1}{s} \tag{3.3}$$

阶跃信号是评价系统动态性能时应用较多的一种典型输入信号。实际工作中电源的突然接通、断开，负载的突变，开关的转换等均可视为阶跃信号，它可用方波信号进行模拟。阶跃信号是评价系统动态性能的一种常用的典型作用信号。

2. 单位斜坡信号

这是指输入变量是等速度变化的，如图 3.1b 所示，其斜率等于 1 时的信号称为单位斜坡信号，又称为单位速度信号，其数学表达式为

$$x_i(t) = r(t) = \begin{cases} t & t \geqslant 0 \\ 0 & t < 0 \end{cases} \tag{3.4}$$

其拉普拉斯变换为

$$L[r(t)] = \frac{1}{s^2} \tag{3.5}$$

实际工作中的数控机床加工斜面时的进给指令信号、大型船闸匀速升降时的信号，均可用斜坡信号模拟。

3. 单位抛物线信号

这是指输入变量是等加速度变化的，如图 3.1c 所示，故也称为单位加速度信号。其数学表达式为

$$x_i(t) = a(t) = \begin{cases} \dfrac{1}{2}t^2 & t \geqslant 0 \\ 0 & t < 0 \end{cases} \tag{3.6}$$

其拉普拉斯变换为

$$L[a(t)] = \frac{1}{s^3} \tag{3.7}$$

实际工作中，特别是在分析随动系统的稳态精度时，经常用到这类信号。如随动系统中位置作等加速度移动的进给指令信号可用加速度信号模拟。

4. 单位脉冲信号

单位脉冲信号的数学表达式为

$$x_i(t) = \delta(t) = \begin{cases} \dfrac{1}{h} & 0 \leqslant t \leqslant h \ (h \to 0) \\ 0 & t < 0, \ t > h \end{cases} \tag{3.8}$$

且定义脉冲面积为

$$\int_{-\infty}^{+\infty} \delta(t)\,\mathrm{d}t = 1$$

单位脉冲信号可表示成如图 3.1d 所示形式，其脉冲高度为无穷大，持续时间为无穷小，脉冲面积为 1，因此单位脉冲信号的强度为 1。

应该指出，符合这种数学定义的理想脉冲函数，在工程实践中是不可能发生的。为尽量接近于单位脉冲信号，通常用宽度为 h，高度为 $\dfrac{1}{h}$ 的信号作为单位脉冲信号。实际应用中通常把时间很短的冲击力、脉冲信号、天线上的阵风扰动等用脉冲信号模拟。此信号的拉普拉斯变换为

$$L[\delta(t)] = 1 \tag{3.9}$$

以上所述的单位脉冲信号、单位阶跃信号、单位斜坡信号以及单位抛物线信号之间的关系为

$$\begin{cases} \delta(t) = \dfrac{\mathrm{d}}{\mathrm{d}t}\big[1(t)\big] \\[2mm] 1(t) = \dfrac{\mathrm{d}}{\mathrm{d}t}\big[r(t)\big] = \dfrac{\mathrm{d}}{\mathrm{d}t}\big[t \cdot 1(t)\big] \\[2mm] r(t) = \dfrac{\mathrm{d}}{\mathrm{d}t}\big[a(t)\big] \end{cases} \tag{3.10}$$

因此，根据线性定常系统的特性，对于同一系统分别以这些信号作为输入量，则它们的输出量之间的关系为

$$\begin{cases} x_{o\delta}(t) = \dfrac{\mathrm{d}}{\mathrm{d}t}\big[x_{o1}(t)\big] \\[2mm] x_{o1}(t) = \dfrac{\mathrm{d}}{\mathrm{d}t}\big[x_{or}(t)\big] \\[2mm] x_{or}(t) = \dfrac{\mathrm{d}}{\mathrm{d}t}\big[x_{oa}(t)\big] \end{cases} \tag{3.11}$$

由以上关系可知，对于同一线性定常系统，对输入信号导数的响应等于系统对该输入信号响应的导数；对输入信号积分的响应等于系统对该输入信号响应的积分；积分常数由零初始条件确定。

5. 单位正弦信号

图3.1e所示即为单位正弦信号，其数学表达式为

$$x_i(t) = \sin\omega t \tag{3.12}$$

其拉普拉斯变换为

$$L[x_i(t)] = \frac{\omega}{s^2 + \omega^2} \tag{3.13}$$

在实际应用中如电源的波动、机械振动、元件的噪声干扰等均可视为正弦信号。正弦信号是系统或元件作动态性能实验时广泛采用的输入信号。

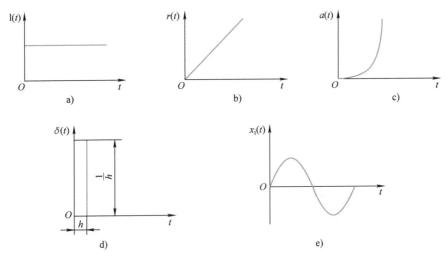

图3.1　典型输入信号

选择哪一种信号作为典型输入信号，应视不同系统的具体工作状况而定。在实际中，往往采用几种信号测试同一个系统。以数控进给随动系统为例，在研制阶段时常用正弦信号作为系统的频率响应，以改进系统的设计，在整机调试阶段则带上负载分析阶跃响应以了解过渡过程的平稳性，并进行恒速的时间响应以了解其稳态误差。

3.1.2 时间响应及其组成

为了明确地了解系统的时间响应及其组成，这里以图 3.2 所示的 RLC 电路为例，分析系统在单位阶跃信号输入作用下的输出信号的响应情况。图中 $u_i(t)$ 为系统的输入电压，$u_o(t)$ 为系统的输出电压。根据基尔霍夫定律，建立系统的数学模型为

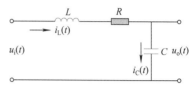

图 3.2 RLC 电路

$$\begin{cases} u_i = L\dfrac{\mathrm{d}i}{\mathrm{d}t} + iR + \dfrac{1}{C}\displaystyle\int i\mathrm{d}t \\ u_o = \dfrac{1}{C}\displaystyle\int i\mathrm{d}t \end{cases} \tag{3.14}$$

在零初始条件下，对式（3.14）进行拉普拉斯变换并消去中间变量 $I(s)$ 后得传递函数为

$$G(s) = \frac{U_o(s)}{U_i(s)} = \frac{1}{LCs^2 + RCs + 1} = \frac{\omega_n^2}{s^2 + 2\xi\omega_n s + \omega_n^2} \tag{3.15}$$

式中，ω_n 为系统的无阻尼固有频率，$\omega_n = \sqrt{\dfrac{1}{LC}}$；$\xi$ 为系统的阻尼比，$\xi = \dfrac{1}{2}R\sqrt{\dfrac{C}{L}}$。

系统的特征方程为

$$s^2 + 2\xi\omega_n s + \omega_n^2 = 0 \tag{3.16}$$

在欠阻尼（$0 < \xi < 1$）情况下其特征根（系统极点）为

$$s_{1,2} = -\xi\omega_n \pm \mathrm{j}\omega_d$$

式中，ω_d 为有阻尼固有频率，$\omega_d = \omega_n\sqrt{1-\xi^2}$。当输入电压为阶跃信号时，输出响应的拉普拉斯变换为

$$U_o(s) = \frac{\omega_n^2}{s(s^2 + 2\xi\omega_n s + \omega_n^2)} = \frac{1}{s} - \frac{s + \xi\omega_n}{(s + \xi\omega_n)^2 + \omega_d^2} - \frac{\omega_d}{(s + \xi\omega_n)^2 + \omega_d^2}\frac{\xi\omega_n}{\omega_d} \tag{3.17}$$

对上式取拉普拉斯反变换得

$$u_o(t) = 1 - \frac{e^{-\xi\omega_n t}}{\sqrt{1-\xi^2}}\sin(\omega_d t + \beta) \qquad (t \geq 0) \tag{3.18}$$

式中，$\beta = \arctan\dfrac{\sqrt{1-\xi^2}}{\xi}$。

式（3.18）就是 RLC 电路在输入单位阶跃电压信号时系统输出的时间响应（全响应）。可见，系统的输出全响应由两个部分组成：第一部分为取决于输入控制信号的稳态分量，即控制作用下的受控项；第二部分为取决于系统结构或极点（特征根）实部的瞬态分量，表示线性系统在没有控制作用下由初始条件引起的运动，即初始状态转移项，习惯上称为自由运动或自由响应、零输入响应，它表征系统的固有特性。因此，系统的全响应表示线性系统在控制信号作用下的运动，称为强迫运动或强迫响应。线性系统的强迫响应构成说明了线性

系统的响应满足叠加原理。

一个系统在输入信号作用下，它总会由某一初始状态变成另一种新的状态，由于实际系统中总会有一些储能和耗能元件，使得系统中输出量不能立即跟随其输入量的变化，因而在达到稳态输出之前就必然会有一个过渡过程，这个过渡过程称为瞬态响应。在瞬态响应中，系统的动态性能都会充分表现出来，如响应是否迅速，是否有振荡，振荡过程是否激烈。当过渡过程一结束系统就达到了稳态，把时间 $t \to \infty$ 时系统的输出状态称为稳态响应。稳态响应表征系统输出量最终复现输入量的程度。稳态响应值称为稳态值（输出终值），即 $x_o(\infty)$。在瞬态响应过程中首先要研究的是系统能否稳定下来，其次是系统的工作精度问题。

3.1.3 控制系统的时域性能指标

由第1章对控制系统要求分析可知，控制系统的稳定性说明系统在扰动作用后能否建立新的平衡状态，这是系统能否工作的前提条件。而准确性则说明系统在建立了新的平衡状态以后，其静态精度如何。显然，这里还存在一个系统由接受外作用开始到新的平衡状态出现的中间过程，即瞬态响应过程。瞬态响应过程的性能，如时间响应过程的快速性，静态精度，系统的相对稳定性等，通常可用相应的指标来衡量，这些指标称为时域性能指标。下面对这些指标进行介绍。

时域性能指标通常是以系统在单位阶跃输入作用下衰减振荡过程（或称欠阻尼振荡过程）为标准来定义的。系统在其他典型输入作用下定义的时域性能指标，均可以直接或间接求出与这一指标的关系。实际控制系统的瞬态响应，在达到稳态以前，常常表现为阻尼振荡过程，为了说明控制系统对单位阶跃输入信号的瞬态响应特性，如图3.3所示，通常采用下列一些性能指标。

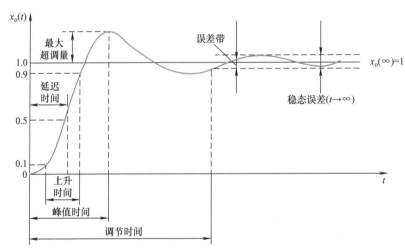

图 3.3 控制系统的典型单位阶跃响应

（1）延迟时间 t_d　响应曲线从零上升到稳态值的 50% 所需要的时间，由定义得

$$x_o(t_d) = x_o(\infty) \times 50\% \tag{3.19}$$

由此就可求出系统响应的延迟时间。

（2）上升时间 t_r　在瞬态过程中，响应曲线从零时刻到首次达到稳态值所需的时间（对于过阻尼的情况，则指响应曲线从稳态值的10%上升到稳态值的90%所需的时间），即

$$x_o(t_r) = x_o(\infty) \tag{3.20}$$

（3）峰值时间 t_p　响应曲线从零时刻到达第一个峰值所需的时间，即

$$x_o(t_p) = \max\{x_o(t)\} \tag{3.21}$$

（4）最大超调量 M_p　单位阶跃输入时，响应曲线的最大峰值与稳态值的差。最大超调量的数值也用来度量系统的相对稳定性，通常用百分数表示，即

$$M_p = \frac{x_o(t_p) - x_o(\infty)}{x_o(\infty)} \times 100\% \tag{3.22}$$

（5）调节时间 t_s　响应曲线与其对应于稳态值之间的偏差达到容许范围 Δ（一般取 $\Delta = \pm 5\%$ 或 $\Delta = \pm 2\%$）所经历的瞬态过程时间（从 $t = 0$ 开始计时）。可用不等式表示，即

$$|x_o(t) - x_o(\infty)| \leqslant \Delta \cdot x_o(\infty) \qquad (t \geqslant t_s) \tag{3.23}$$

（6）振荡次数 N　把过渡过程时间 $0 \leqslant t \leqslant t_s$ 内，$x_o(t)$ 穿越稳态值 $x_o(\infty)$ 的次数的一半定义为振荡次数。

（7）稳态误差 ε_s　系统的期望输出量与实际输出的稳态值之差。对于单位反馈系统，要求实际的稳态输出量无误差而准确地跟随给定输入量（给定值）的变化，故输入量就是期望输出量，稳态误差也就等于给定输入量与实际输出稳态值之差，即

$$\varepsilon_s = \lim_{t \to \infty} [x_i(t) - x_o(t)] \tag{3.24}$$

在控制系统中，延迟时间 t_d、上升时间 t_r 以及峰值时间 t_p 都可用来评价系统的响应速度，响应曲线的这些时间值越小，说明系统的响应速度越快；最大超调量 M_p 和振荡次数 N 用于评价系统的阻尼程度，增大阻尼将使响应超调量减小，并可以减弱系统的振荡性能，动态平稳性好，但系统的响应速度减慢；调节时间 t_s 是同时反映响应速度和阻尼程度的综合性指标，调节时间取决于系统的阻尼和无阻尼固有频率，该时间值越小，则系统的相对稳定性越好，且系统的动态过程结束就越迅速；稳态误差 ε_s 的大小反映了控制系统的稳态性能，稳态误差 ε_s 越大，系统的稳态性越差，反之相反。

3.2　一阶系统的数学模型及时间响应

3.2.1　一阶系统的数学模型

用一阶微分方程描述的系统称为一阶系统。它的典型形式是一阶惯性环节，其数学模型相同。其动态微分方程为

$$T \dot{x}_o(t) + x_o(t) = x_i(t) \tag{3.25}$$

系统的传递函数为

$$G(s) = \frac{X_o(s)}{X_i(s)} = \frac{1}{Ts + 1} \tag{3.26}$$

由此可求得系统的极点为 $-\dfrac{1}{T}$，它位于 s 复平面的左半平面。

一阶系统框图如图3.4所示，其单位反馈系统的开环传递函数为

$$G_k(s) = \frac{K}{s} \qquad (3.27)$$

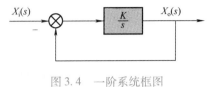

图 3.4　一阶系统框图

由式（3.26）和式（3.27）相比较可知，一阶系统的
时间常数 T 与开环增益 K 之间的关系为

$$T = \frac{1}{K}$$

时间常数 T 的物理含义：T 是一阶系统的特征参数，具有时间单位"s"的量纲。对于不同的系统，T 由不同的物理量组成，它表达了一阶系统本身与外界作用无关的固有特性。例如第 2 章中，图 2.21 所示的由电阻电容组成的无源滤波电路，其时间常数 $T = RC$（R 是电阻的电阻值，C 是电容的电容值），以及图 2.22 所示的弹簧阻尼器组成的弹簧 - 阻尼系统，其时间常数 $T = \frac{c}{k}$（c 是阻尼器的阻尼系数，k 是弹簧的刚度）。

3.2.2　一阶系统的时间响应

时间响应是对系统输入典型信号后所得到的系统输出信号随时间变化的响应曲线。

1. 一阶系统的单位阶跃响应

当以单位阶跃信号 $1(t)$ 作用于系统时，一阶系统的单位阶跃响应为

$$X_o(s) = G(s)X_i(s) = \frac{1}{Ts+1}\frac{1}{s}$$

对上式进行拉普拉斯反变换，可得到单位阶跃输入的时间响应（称为单位阶跃响应）为

$$x_o(t) = L^{-1}[X_o(s)] = L^{-1}\left(\frac{1}{Ts+1}\frac{1}{s}\right) = 1 - e^{-\frac{t}{T}} \quad (t \geq 0) \qquad (3.28)$$

式中，右边第一项是单位阶跃响应的稳态分量，取决于输入信号 $1(t)$，它等于单位阶跃信号的幅值；第二项是瞬态分量，它与系统的极点 $-\frac{1}{T}$ 有关，当 $t \to \infty$ 时，瞬态分量趋于零。$x_o(t)$ 随时间变化的曲线如图 3.5a 所示，是一条按指数规律单调上升的曲线。

一阶系统单位阶跃响应的特性：

1）由式（3.28）可知，由于系统的唯一极点 $-\frac{1}{T}$ 小于零，即位于 s 平面的左半平面，故响应曲线单调上升且无振荡地收敛于稳态值 $x_o(\infty) = 1$，即一阶系统是稳定系统。

2）一阶系统的时间常数 T 是输出达到稳态值的 63.2% 所需的时间，即

$$x_o(T) = 1 - e^{-1} = 0.632$$

而响应曲线在 $t = 0$ 点的切线斜率正好为时间常数 T 的倒数，即

$$\left.\frac{dx_o(t)}{dt}\right|_{t=0} = \left.\frac{1}{T}e^{-\frac{t}{T}}\right|_{t=0} = \frac{1}{T}$$

时间常数 T 反映了系统响应速度的快慢，时间常数 T 越小，$x_o(t)$ 上升速度越快，达到稳态值所用的时间越短，也就是系统的惯性越小；反之，T 越大，系统的响应越缓慢，惯性越大，如图 3.5b 所示。所以 T 的大小反映了一阶系统惯性的大小。

如果已知响应曲线，可通过下面的办法求出时间常数 T，从而求出一阶系统的传递函数。通过 $x_o(t) = 0.632$ 作平行于 t 轴的直线交响应曲线于 B 点，或通过坐标原点作响应曲

线的切线交稳态值($x_o(\infty)=1$)于 A 点，则由 A 点或 B 点作 t 轴的垂线，垂线与 t 轴的交点就是所求的 T 值。将 T 值代入式（3.26）就可求出系统的传递函数 $G(s)$。

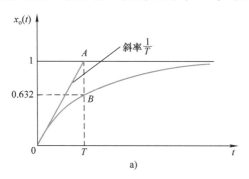 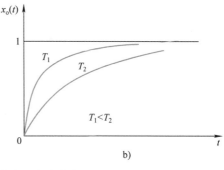

图 3.5　一阶系统的单位阶跃响应曲线

3）一阶系统的调整时间 t_s 是系统从响应开始到进入稳态所经过的时间（或过渡过程时间）。从理论上讲，系统结束瞬态进入稳态，要求 $t \to \infty$。而工程上对 $t \to \infty$ 有一个量的概念，即输出量达到什么值就算瞬态过程结束了呢？这与系统要求的精度有关。按上一节对控制系统性能指标的定义分析，若当输出值达到稳态值的 98% 时就认为系统瞬态过程结束，由式（3.28）可以求出当 $t = 4T$ 时，响应值 $x_o(4T) = 0.98$，因此调整时间 $t_s = 4T$（误差范围 $\Delta = \pm 2\%$）；当输出值达到稳态值的 95% 时就认为系统瞬态过程结束，可以求出当 $t = 3T$ 时，响应值 $x_o(3T) = 0.95$，因此调节时间 $t_s = 3T$（误差范围 $\Delta = \pm 5\%$）。应当指出调节时间只反映系统的特性，与输入输出无关。它是评价系统响应快慢和阻尼程度的综合性能指标。

2. 一阶系统的单位脉冲响应

将式（3.28）代入式（3.11）得一阶系统的单位脉冲响应为

$$x_{o\delta}(t) = \frac{\mathrm{d}}{\mathrm{d}t}[x_o(t)] = \frac{1}{T}\mathrm{e}^{-\frac{t}{T}} \quad (t \geq 0)$$

$$（3.29）$$

一阶系统的单位脉冲响应如图 3.6 所示，从图中可知一阶系统的单位脉冲响应函数是一单调下降的指数曲线，而且 $x_{o\delta}(t)$ 只有瞬态项 $\frac{1}{T}\mathrm{e}^{-\frac{t}{T}}$，其稳态项为零。

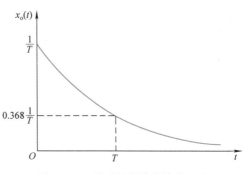

图 3.6　一阶系统的单位脉冲响应

3. 一阶系统的单位斜坡响应

将式（3.28）代入式（3.11），在零初始条件下进行积分即可得一阶系统的单位斜坡响应为

$$x_{or}(t) = t - T + T\mathrm{e}^{-\frac{t}{T}} \quad (t \geq 0) \quad （3.30）$$

由此可得出一阶系统的单位斜坡响应如图 3.7 所示。

当 $t \to \infty$ 时，$\varepsilon_s = e(\infty) = T$。故当输入为斜坡信号时，一阶系统的稳态误差为 T。这说明一阶系统在跟踪单位斜坡

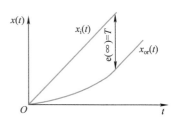

图 3.7　一阶系统的单位斜坡响应

信号时，存在稳态误差。显然，时间常数 T 越小，则该系统（或环节）的稳态误差越小。

例3.1 某一系统的传递函数为 $G(s) = \dfrac{a}{\tau s + a + 1}$，则该系统单位阶跃响应函数的稳态值是多少？过渡过程的调整时间 t_s 为多少？

解：1）求单位阶跃响应的稳态值。

利用拉普拉斯变换的终值定理得

$$x_o(\infty) = \lim_{s \to 0} s X_o(s) = \lim_{s \to 0} s \frac{1}{s} \frac{a}{\tau s + a + 1} = \frac{a}{a + 1}$$

把传递函数化为一阶系统的标准形式得

$$G(s) = \frac{a}{\tau s + a + 1} = \frac{\dfrac{a}{a+1}}{\dfrac{\tau}{a+1}s + 1} = \frac{a}{a+1} \frac{1}{\dfrac{\tau}{a+1}s + 1}$$

从传递函数的标准形式可以看出该系统实质上是一个比例环节和一个标准惯性环节的串联，所以系统的稳态值为

$$x_o(\infty) = \frac{a}{a+1}$$

2）求过渡过程的调节时间。

该系统的时间常数为 $T = \dfrac{\tau}{a+1}$，所以

$$t_s = \begin{cases} \dfrac{4\tau}{a+1} & \Delta = 2\% \\[3mm] \dfrac{3\tau}{a+1} & \Delta = 5\% \end{cases}$$

例3.2 系统的结构框图如图 3.8 所示，已知传递函数 $G(s) = \dfrac{10}{0.2s+1}$，今欲采用负反馈的办法将调节时间 t_s 减小为原来的十分之一，并保证总的放大倍数不变，试确定 K_h 和 K_o 的值。

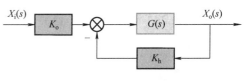

图 3.8 例 3.2 框图

解：1）求出整个系统的传递函数得

$$G'(s) = \frac{K_o G(s)}{1 + K_h G(s)} = \frac{10 K_o}{0.2s + 1 + 10 K_h}$$

2）传递函数化为标准形式得

$$G'(s) = \frac{\dfrac{10 K_o}{1 + 10 K_h}}{\dfrac{0.2}{1 + 10 K_h}s + 1}$$

3）用 $G'(s)$ 和标准形式比较可得

$$\begin{cases} \dfrac{10 K_o}{1 + 10 K_h} = 10 \\[3mm] \dfrac{0.2}{1 + 10 K_h} = 0.02 \end{cases} \Rightarrow \begin{cases} K_h = 0.9 \\ K_o = 10 \end{cases}$$

例 3.3 两个时间常数不同的惯性环节串联在一起，求其单位阶跃响应。已知两环节串联的传递函数为

$$G(s) = \frac{X_o(s)}{X_i(s)} = \frac{1}{10s+1} \frac{1}{s+1}$$

解：由串联以后的传递函数看出两个环节的 T 值不同，$T_1 = 10$，$T_2 = 1$。把系统传递函数的两个极点标在 s 平面上，得到该系统的极点分布图如图 3.9 所示，用"×"表示极点，其中 $s_1 = \frac{-1}{T_1} = -0.1$、$s_2 = \frac{-1}{T_2} = -1$，可以看出在复平面上，$s_1$ 更靠近虚轴，而 s_1 正是时间常数较大环节的极点。

串联后给系统输入单位阶跃函数，即 $X_i(s) = \frac{1}{s}$，其输出为

$$X_o(s) = X_i(s)G(s) = \frac{1}{10s+1} \frac{1}{s+1} \frac{1}{s}$$

根据高等数学知识可以把上式化为

$$X_o(s) = \frac{A}{10s+1} + \frac{B}{s+1} + \frac{C}{s}$$

式中，A、B、C 为待定系数，用系数比较法求出待定系数为

$$A = -\frac{1}{0.09}, \quad B = \frac{1}{9}, \quad C = 1$$

得出

$$X_o(s) = -\frac{1}{0.09} \frac{1}{10s+1} + \frac{1}{9} \frac{1}{s+1} + \frac{1}{s}$$

求拉普拉斯反变换得

$$x_o(t) = 1 - 1.11e^{-\frac{t}{10}} + 0.11e^{-t} = x_{o1}(t) + x_{o2}(t) + x_{o3}(t) \qquad (3.31)$$

其中，$x_{o1}(t) = 1$，$x_{o2}(t) = -1.11e^{-\frac{t}{10}}$，$x_{o3}(t) = 0.11e^{-t}$，其对应的响应曲线分别如图 3.10 所示。从响应曲线可以看出，整个系统的瞬态响应取决于时间常数大的环节，时间常数小的环节对系统的瞬态响应影响很小。从极点分布来看，靠近虚轴的极点在瞬态响应中起主导作用，距虚轴较远的极点其影响很小。当两极点到虚轴垂直距离的比值超过 5 时，远离虚轴的极点在瞬态响应中的作用可忽略不计。这个概念对于讨论高阶系统很有用，如果两个极点满足上述条件，并且靠近虚轴最近的一个或一对极点周围没有零点时，可以把多个极点的高阶系统近似地简化成低阶（一阶或二阶）系统来讨论，而不会有太大的出入。

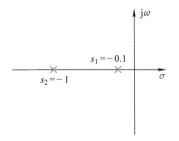

图 3.9 极点分布图

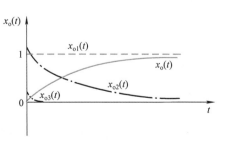

图 3.10 响应曲线

忽略距虚轴距离远的极点，此时 $X_o(s) = \dfrac{1}{10s+1}\dfrac{1}{s}$，取拉普拉斯反变换为

$$x_o(t) = 1 - e^{-\frac{t}{10}} \tag{3.32}$$

例如当 $t=60$ 时，根据式（3.31）计算得 $x_o(60)=0.9772$，根据式（3.32）计算得 $x_o(60)=0.9975$，可见两者相差很小。

3.3 二阶系统的数学模型、时间响应及时域性能指标

在分析或设计系统时，二阶系统的响应特性常被视为一种基准。虽然在实际系统中并非都是二阶系统，但是对于三阶或更高阶系统，有可能用二阶系统去近似，或者其响应可以表示为一、二阶系统响应的合成。因此，这里将对二阶系统的响应进行重点讨论。

3.3.1 二阶系统的数学模型

用二阶微分方程描述的系统称为二阶系统。二阶系统从物理意义上讲，起码包含两个储能元件，能量有可能在两个元件之间交换，引起系统具有往复振荡的趋势。所以，典型的二阶系统就是二阶振荡环节，其动态微分方程及传递函数分别为

$$\frac{d^2 x_o(t)}{dt^2} + 2\xi\omega_n \frac{dx_o(t)}{dt} + \omega_n^2 x_o(t) = \omega_n^2 x_i(t) \tag{3.33}$$

$$G(s) = \frac{X_o(s)}{X_i(s)} = \frac{\omega_n^2}{s^2 + 2\xi\omega_n s + \omega_n^2} \tag{3.34}$$

式中，ω_n 为系统无阻尼振荡的固有频率；ξ 为系统的阻尼比。不同系统的 ω_n 和 ξ 值，取决于各系统的元件参数。显然，ω_n 和 ξ 是二阶系统的特征参数，它们表明了二阶系统本身与外界无关的特性。

典型二阶系统的控制框图如图 3.11 所示，单位负反馈二阶系统的开环传递函数为

$$G_k(s) = \frac{\omega_n^2}{s(s+2\xi\omega_n)} \tag{3.35}$$

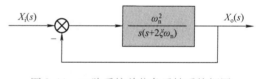

由二阶系统的微分方程或传递函数可得系统的特征方程为

图 3.11　二阶系统单位负反馈系统框图

$$s^2 + 2\xi\omega_n s + \omega_n^2 = 0$$

则方程的两个特征根为

$$s_{1,2} = -\xi\omega_n \pm \omega_n \sqrt{\xi^2 - 1} \tag{3.36}$$

方程的特征根就是传递函数（系统）的极点。并且随着阻尼比 ξ 取值不同，二阶系统的特征根也不同。

1）当 $\xi = 0$ 时，称为零阻尼状态。系统有一对纯虚根，即

$$s_{1,2} = \pm j\omega_n \tag{3.37}$$

极点分布如图 3.12a 所示。这时的系统称为无阻尼系统，其单位阶跃响应如图 3.12b 所示。

2）当 $0 < \xi < 1$ 时，称为欠阻尼状态，方程有一对实部为负的共轭复根，即

$$s_{1,2} = -\xi\omega_n \pm j\omega_n \sqrt{1-\xi^2} \tag{3.38}$$

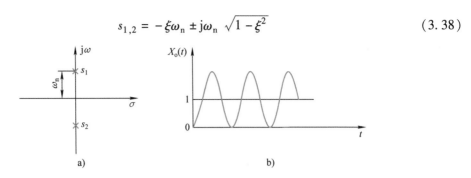

图 3.12 $\xi = 0$ 时二阶系统的极点分布及单位阶跃响应

极点分布如图 3.13a 所示。这时的系统称为欠阻尼系统,其单位阶跃响应如图 3.13b 所示。

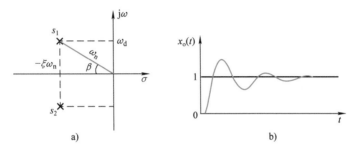

图 3.13 $0 < \xi < 1$ 时二阶系统的极点分布及单位阶跃响应

3)当 $\xi = 1$ 时,称为临界阻尼状态。系统有一对相等的负实根,即

$$s_{1,2} = -\xi\omega_n \tag{3.39}$$

极点分布如图 3.14a 所示。这时的系统称为临界阻尼系统,其单位阶跃响应如图 3.14b 所示。

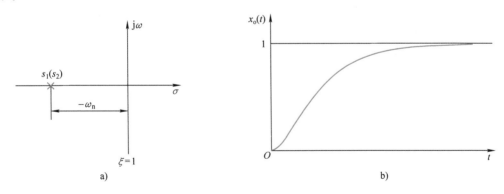

图 3.14 $\xi = 1$ 时二阶系统的极点分布及单位阶跃响应

4)当 $\xi > 1$ 时,称为过阻尼状态,方程有两个不等的负实根,即

$$s_{1,2} = -\xi\omega_n \pm \omega_n \sqrt{\xi^2 - 1} \tag{3.40}$$

极点分布如图 3.15a 所示。这时的系统称为过阻尼系统,其单位阶跃响应如图 3.15b 所示。

5)当 $\xi < 0$ 时,为负阻尼状态,方程的根为

$$s_{1,2} = -\xi\omega_n \pm \omega_n \sqrt{1-\xi^2} \tag{3.41}$$

极点分布如图 3.16a、c 所示，单位阶跃响应如图 3.16b、d 所示。由以上分析可知，系统处于负阻尼状态时，系统的极点处于 s 平面的右半平面。

二阶系统的实例很多，如前述的 RCL 网络、带有惯性载荷的助力器、质量 – 弹簧 – 阻尼机械系统等。

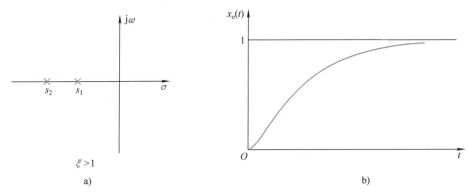

图 3.15 $\xi > 1$ 时二阶系统的极点分布及单位阶跃响应

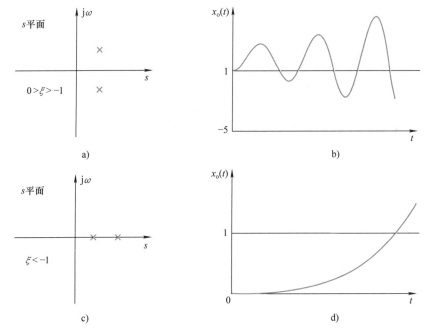

图 3.16 $\xi < 0$ 时二阶系统的极点分布及单位阶跃响应

3.3.2 二阶系统的时间响应

1. 二阶系统的单位阶跃响应

下面讨论二阶系统不同阻尼比时的单位阶跃响应。单位阶跃输入信号的拉普拉斯变换为 $X_i(s) = \dfrac{1}{s}$，二阶系统单位阶跃响应的拉普拉斯变换为

$$X_o(s) = G(s)X_i(s) = \frac{1}{s} \frac{\omega_n^2}{s^2 + 2\xi\omega_n s + \omega_n^2} \qquad (3.42)$$

1）当 $\xi = 0$ 时，称为零阻尼系统。

$$X_o(s) = \frac{1}{s} \frac{\omega_n^2}{s^2 + \omega_n^2} = \frac{1}{s} - \frac{s}{s^2 + \omega_n^2}$$

取拉普拉斯反变换为

$$x_o(t) = 1 - \cos\omega_n t \qquad (t \geq 0) \qquad (3.43)$$

响应曲线如图 3.12b 所示，即零阻尼系统的响应曲线为等幅振荡曲线，其振荡频率为 ω_n。

2）当 $0 < \xi < 1$ 时，称为欠阻尼系统。

$$X_o(s) = \frac{\omega_n^2}{s(s^2 + 2\xi\omega_n s + \omega_n^2)} = \frac{1}{s} - \frac{s + \xi\omega_n}{(s + \xi\omega_n)^2 + \omega_d^2} - \frac{\omega_d}{(s + \xi\omega_n)^2 + \omega_d^2} \frac{\xi\omega_n}{\omega_d}$$

式中，ω_d 称为有阻尼固有频率，$\omega_d = \omega_n\sqrt{1 - \xi^2}$。取拉普拉斯反变换为

$$x_o(t) = 1 - \frac{e^{-\xi\omega_n t}}{\sqrt{1 - \xi^2}} \sin(\omega_d t + \beta) \qquad (t \geq 0) \qquad (3.44)$$

响应曲线如图 3.13b 所示，可见，欠阻尼系统的响应曲线为衰减振荡曲线。式中 $\beta = \arctan$ $\frac{\sqrt{1 - \xi^2}}{\xi}$ 或者 $\beta = \arccos\xi$，如图 3.13a 所示。由图可看出，根离负实轴越近，阻尼比 ξ 越大；根离负实轴越远，阻尼比 ξ 越小。如果二阶系统的阻尼比不变，则依 ω_n 的不同，特征根位于由原点出发和负实轴交角为 $\beta = \arccos\xi$ 的射线上。如果 ω_n 不变，则根位于 s 平面左半部分以原点为圆心，以 ω_n 为半径的半圆上。由式（3.44）可知第一项是稳态项；第二项是瞬态项，是随时间 t 增加而衰减的正弦振荡函数，振荡的频率为 ω_d，振幅衰减速度取决于时间衰减常数 $\frac{1}{\xi\omega_n}$。从极点在坐标图上的分布来看，极点高度高，则振荡频率大；极点距虚轴的距离远，则衰减快；极点距虚轴的距离近，则衰减慢。

3）当 $\xi = 1$ 时，称为临界阻尼系统。

$$X_o(s) = \frac{\omega_n^2}{s(s + \omega_n)^2} = \frac{1}{s} - \frac{1}{s + \omega_n} - \frac{\omega_n}{(s + \omega_n)^2}$$

取拉普拉斯反变换为

$$x_o(t) = 1 - (1 + \omega_n t)e^{-\omega_n t} \qquad (t \geq 0) \qquad (3.45)$$

响应曲线如图 3.14b 所示，可见临界阻尼系统的响应曲线为单调上升曲线。

4）当 $\xi > 1$ 时，称为过阻尼系统。

$$X_o(s) = \frac{\omega_n^2}{s(s - s_1)(s - s_2)} = \frac{1}{s} + \frac{\omega_n^2}{s_1 - s_2}\left[\frac{1}{s_1(s - s_1)} - \frac{1}{s_2(s - s_2)}\right]$$

取拉普拉斯反变换为

$$x_o(t) = 1 + \frac{\omega_n}{2\sqrt{\xi^2 - 1}}\left(\frac{e^{s_1 t}}{s_1} - \frac{e^{s_2 t}}{s_2}\right) \qquad (t \geq 0) \qquad (3.46)$$

式中，$s_{1,2} = -\xi\omega_n \pm \omega_n\sqrt{\xi^2 - 1}$。响应曲线如图 3.15b 所示，可见，过阻尼系统响应曲线也为单调上升曲线。

5）当 $\xi < 0$ 时，响应曲线如图 3.16b、d 所示，其响应表达式的指数项变为正指数，故时间 $t \to \infty$ 时，其输出 $x_o(t) \to \infty$，即负阻尼系统的单位阶跃响应是发散或振荡发散曲线，系统不稳定。

由以上分析可知，当二阶系统的阻尼比 $\xi > 0$ 时，系统的极点位于 s 复平面的左半平面，系统的输出响应收敛或振荡收敛于稳态值而处于稳定状态；当二阶系统的阻尼比 $\xi < 0$ 时，系统的极点位于 s 复平面的右半平面，系统的输出响应发散或振荡发散而处于不稳定状态；当二阶系统的阻尼比 $\xi = 0$ 时，系统的极点位于 s 复平面的虚轴上，系统的输出响应等幅振荡而处于临界稳定状态。但实际的二阶系统总是存在阻尼比 $\xi > 0$，故二阶系统肯定是稳定的系统。

2. 二阶系统的单位脉冲响应

当输入信号为单位脉冲信号时，分别对不同阻尼比情况下的单位阶跃响应进行微分，就可以得到二阶系统的单位脉冲响应，即

1）当 $\xi = 0$ 时，有

$$x_o(t) = \omega_n \sin \omega_n t \qquad (t \geq 0) \tag{3.47}$$

2）当 $0 < \xi < 1$ 时，有

$$x_o(t) = \frac{\omega_n}{\sqrt{1 - \xi^2}} e^{-\xi \omega_n t} \sin \omega_d t \qquad (t \geq 0) \tag{3.48}$$

3）当 $\xi = 1$ 时，有

$$x_o(t) = \omega_n^2 t e^{-\omega_n t} \qquad (t \geq 0) \tag{3.49}$$

4）当 $\xi > 1$ 时，有

$$x_o(t) = \frac{\omega_n}{2\sqrt{\xi^2 - 1}} \left[e^{-(\xi - \sqrt{\xi^2 - 1})\omega_n t} - e^{-(\xi + \sqrt{\xi^2 - 1})\omega_n t} \right] \qquad (t \geq 0) \tag{3.50}$$

二阶系统的单位脉冲响应如图 3.17 所示，随着阻尼比 ξ 的减小，系统的振荡幅度加大。当 $\xi > 0$ 时，随着 $t \to \infty$，系统的响应趋近于零，说明系统跟踪单位脉冲信号时，其稳态误差为零。

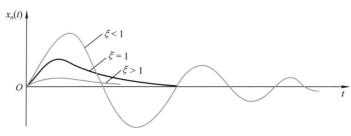

图 3.17　二阶系统的单位脉冲响应

3. 二阶系统的单位斜坡响应

当输入信号是单位斜坡信号时，单位斜坡信号对时间的一阶微分就是单位阶跃信号，因此，根据线性定常系统的重要特性，二阶系统的单位斜坡响应可以由二阶系统的单位阶跃响应在零初始条件下对其进行积分求得，即

1）当 $\xi = 0$ 时，有

$$x_o(t) = t - \frac{1}{\omega_n} \sin \omega_n t \qquad (t \geq 0) \tag{3.51}$$

2）当 $0 < \xi < 1$ 时，有

$$x_o(t) = t - \frac{2\xi}{\omega_n} + \frac{e^{-\xi\omega_n t}}{\omega_d} \sin(\omega_d t + \beta) \qquad (t \geq 0) \qquad (3.52)$$

当时间 $t \to \infty$ 时，其稳态误差为

$$e_{ss} = \lim_{t \to \infty}[x_i(t) - x_o(t)] = \frac{2\xi}{\omega_n}$$

其响应曲线如图 3.18 所示，随着 ξ 的减小，其振荡幅度增大。

3）当 $\xi = 1$ 时，有

$$x_o(t) = t - \frac{2}{\omega_n} + \frac{2}{\omega_n}\left(1 + \frac{\omega_n t}{2}\right)e^{-\omega_n t} \qquad (t \geq 0) \qquad (3.53)$$

当时间 $t \to \infty$ 时，其稳态误差为

$$e_{ss} = \lim_{t \to \infty}[x_i(t) - x_o(t)] = \frac{2}{\omega_n}$$

其响应曲线如图 3.19 所示。

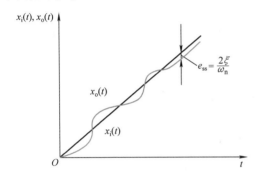

图 3.18　欠阻尼二阶系统单位斜坡响应曲线

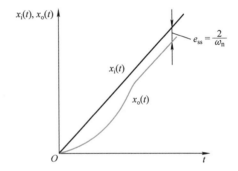

图 3.19　临界阻尼二阶系统单位斜坡响应曲线

4）当 $\xi > 1$ 时，有

$$x_o(t) = t - \frac{2\xi}{\omega_n} + \frac{2\xi^2 - 1 + 2\xi\sqrt{\xi^2-1}}{2\omega_n\sqrt{\xi^2-1}}e^{-(\xi-\sqrt{\xi^2-1})\omega_n t} - \frac{2\xi^2 - 1 - 2\xi\sqrt{\xi^2-1}}{2\omega_n\sqrt{\xi^2-1}}e^{-(\xi+\sqrt{\xi^2-1})\omega_n t} \qquad (t \geq 0)$$

$$(3.54)$$

当时间 $t \to \infty$ 时，其稳态误差为

$$e_{ss} = \lim_{t \to \infty}[x_i(t) - x_o(t)] = \frac{2\xi}{\omega_n}$$

其响应曲线如图 3.20 所示。

从以上分析说明，二阶系统在跟踪单位斜坡信号时存在稳态误差 $\dfrac{2\xi}{\omega_n}$，而且随着 ξ 减小其稳态误差变小。

3.3.3　二阶系统的时域性能指标

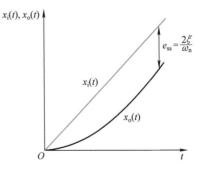

图 3.20　过阻尼二阶系统单位斜坡响应曲线

在工程实践中，二阶系统的性能指标是根据欠阻尼状态下的二阶环节对单位阶跃输入的

响应给出的。因为完全无振荡的二阶系统的过渡过程时间太长，除那些不允许产生振荡的系统外，通常都允许系统有适度的阻尼，其目的是为获得较短的过渡过程。这就是研究二阶系统的性能指标选择在欠阻尼状态下的原因。之所以以单位阶跃信号作为输入信号，其原因有二：一是产生单位阶跃信号比较容易，而且从系统单位阶跃输入的响应也较容易求得对任何输入的响应；二是在实际中，许多输入与阶跃输入相似，而且阶跃输入又往往是实际中最不利的情况。

1. 上升时间 t_r

根据定义，当 $t = t_r$ 时，$x_o(t_r) = 1$，由式（3.44）得

$$1 = 1 - \frac{e^{-\xi\omega_n t_r}}{\sqrt{1 - \xi^2}} \sin(\omega_d t_r + \beta)$$

且在未到稳态之前有 $e^{-\xi\omega_n t_r} > 0$，要使上式成立，即要求 $\sin(\omega_d t_r + \beta) = 0$。考虑到上升时间是第一次达到稳态值，故取 $\omega_d t_r + \beta = \pi$，即

$$t_r = \frac{\pi - \beta}{\omega_d} = \frac{\pi - \beta}{\omega_n \sqrt{1 - \xi^2}} \tag{3.55}$$

由式（3.55）可知，当 ξ 一定时，ω_n 增大，上升时间就缩短；而当 ω_n 一定时，ξ 越大，上升时间就越长。

2. 峰值时间 t_p

响应曲线出现第一个峰值时，单位阶跃响应随时间的变化率为零。对式（3.44）求导，并令 $\dot{x}_o(t_p) = 0$，可解得

$$\frac{\sin(\omega_d t_p + \beta)}{\cos(\omega_d t_p + \beta)} = \frac{\sqrt{1 - \xi^2}}{\xi}$$

即

$$\tan(\omega_d t_p + \beta) = \tan\beta$$

所以有 $\omega_d t_p = n\pi$，根据定义，当 $n = 1$ 时，对应的峰值时间为

$$t_p = \frac{\pi}{\omega_d} = \frac{\pi}{\omega_n \sqrt{1 - \xi^2}} \tag{3.56}$$

从响应曲线也可直接看出到达峰值的时间刚好是半个周期的长度，而有阻尼振荡的周期为 $\frac{2\pi}{\omega_d}$，所以 $t_p = \frac{\pi}{\omega_d}$。当 ξ 一定时，ω_n 增大，峰值时间就缩短；而当 ω_n 一定时，ξ 越大，峰值时间就越长。

3. 最大超调量 M_p

最大超调量 M_p 发生在峰值时间 $t = t_p$ 处，将 t_p 值代入式（3.44）求得 $x_o(t_p)$，令 $x_o(\infty) = 1$，由式（3.22）可得

$$M_p = -\frac{e^{(-\xi\pi\omega_n/\omega_d)}}{\sqrt{1 - \xi^2}} \sin(\pi + \beta)$$

又 得

$$\sin(\pi + \beta) = -\sin\beta = -\sqrt{1 - \xi^2}$$

$$M_p = e^{(-\xi\pi/\sqrt{1 - \xi^2})} \times 100\% \tag{3.57}$$

由分析可知,二阶系统性能指标的特点为:

1) M_p 唯一地决定于 ξ 值,而与无阻尼振动固有频率无关。

2) 随着 ξ 增大,M_p 逐渐减小。当 $\xi \geqslant 1$ 时,阶跃响应曲线单调上升,所以 $M_p = 0$。

3) 随着 ξ 增大,M_p 逐渐减小,响应平稳,但 t_r、t_p 等值也随着增大,使响应速度变慢。根据经验,阻尼比在 $0.4 \sim 0.8$ 之间为宜,此时单位阶跃响应的快速性和平稳性得到兼顾,故实际中二阶系统的阻尼比在此范围内取值。其中 $\xi = 0.707$,系统的超调量小($M_p < 5\%$),上升时间 t_r 也很小,故 $\xi = 0.707$ 称为最佳阻尼比。

4. 调节时间 t_s

由式(3.44)和式(3.23)及 $x_o(\infty) = 1$ 得

$$\left| \frac{\mathrm{e}^{-\xi\omega_n t}}{\sqrt{1-\xi^2}} \sin(\omega_d t + \beta) \right| \leqslant \Delta$$

式中,Δ 为允许的误差带,一般取 $\Delta = \pm 2\%$ 或 $\pm 5\%$。为简单起见,可忽略上式中正弦函数的影响,近似地以幅值包络线的指数函数衰减到 Δ 时,认为过渡过程已完毕,则有

$$\frac{\mathrm{e}^{-\xi\omega_n t}}{\sqrt{1-\xi^2}} \leqslant \Delta \qquad (t \geqslant t_s)$$

整理得

$$t_s \geqslant \frac{1}{\xi\omega_n} \ln \frac{1}{\Delta \sqrt{1-\xi^2}}$$

可近似取值为

$$t_s = \frac{4}{\xi\omega_n} \qquad (\Delta = \pm 2\%) \tag{3.58}$$

$$t_s = \frac{3}{\xi\omega_n} \qquad (\Delta = \pm 5\%) \tag{3.59}$$

注意,这里求得的调节时间一定是振荡过程的调节时间(针对的是 $0 < \xi < 1$),当 $\xi \geqslant 1$ 时则阶跃曲线单调上升,此时调节时间不能按此法求。

5. 振荡次数

有阻尼振荡的周期为 $T_d = \dfrac{2\pi}{\omega_d}$,由振荡次数的定义可求得

$$N = \frac{t_s}{2\pi/\omega_d} = \frac{t_s\omega_d}{2\pi}$$

由于 $t_s = \dfrac{4}{\xi\omega_n}$ 或 $t_s = \dfrac{3}{\xi\omega_n}$,$\omega_d = \omega_n\sqrt{1-\xi^2}$,所以

$$N = \begin{cases} \dfrac{2}{\pi} \dfrac{\sqrt{1-\xi^2}}{\xi} & (\Delta = \pm 2\%) \\[3mm] \dfrac{1.5}{\pi} \dfrac{\sqrt{1-\xi^2}}{\xi} & (\Delta = \pm 5\%) \end{cases} \tag{3.60}$$

N 与 M_p 一样只取决于 ξ 而与 ω_n 无关,且随着 ξ 增大而减小,所以 N 是反映系统阻尼特性的另一个指标。

由以上讨论,可得出如下结论:

1）要使二阶系统具有满意的动态性能指标，必须选择合适的阻尼比 ξ 和无阻尼固有频率 ω_n。提高 ω_n 可以提高二阶系统的响应速度，减少上升时间、峰值时间和调节时间；增大 ξ，可以减弱系统的振荡性能，即降低超调量 M_p 使响应平稳，减少振荡次数 N，但增大上升时间和峰值时间。由于超调量 M_p 唯一由 ξ 决定，所以在设计系统时首先根据允许的超调量 M_p 来选择阻尼比 ξ。

2）系统的响应速度与振荡性能之间往往存在矛盾。譬如，对于 $m-c-k$ 系统，由于 $\omega_n = \sqrt{k/m}$，所以 ω_n 的提高一般是通过提高 k 值来实现的；另外，又由于 $\xi = \dfrac{c}{2\sqrt{mk}}$，所以要增大 ξ，当然希望减小 k 值。因此，既要减弱系统的振荡性能，又要系统具有一定的响应速度，那就只有选取合适的 ξ 和 ω_n 值才能实现。

这些性能指标主要反映系统对输入响应的快速性。这对于分析、研究及设计系统都是十分有用的。较容易可以证明，这些性能指标和有关结论都同二阶系统的传递函数的分子是 ω_n^2 还是另一常数无关，只是 $x_o(\infty)$ 是否为 1 才同分子是否为 ω_n^2 有关。

例3.4 已知系统的结构如图 3.21 所示，若要求单位阶跃响应指标 $M_p = 20\%$，$t_p = 1s$，试确定系统的 K 和 K_t 的值。

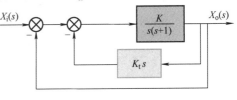

图 3.21 例 3.4 图

解：系统的闭环传递函数为

$$G(s) = \frac{K}{s^2 + (1 + KK_t)s + K}$$

和标准形式比较得

$$\omega_n = \sqrt{K}$$

$$2\xi\omega_n = 1 + KK_t$$

$$\xi = \frac{1 + KK_t}{2\sqrt{K}}$$

因为要求 $M_p = 20\%$，故

$$20\% = e^{-\frac{\xi\pi}{\sqrt{1-\xi^2}}} \times 100\%$$

$$\xi = 0.456$$

由峰值时间 $t_p = 1s$ 得

$$1 = \frac{\pi}{\omega_n\sqrt{1-\xi^2}}$$

解得

$$\omega_n = 3.53\,\text{rad/s}$$

$$K = \omega_n^2 = 12.5$$

$$K_t = \frac{2\xi\omega_n - 1}{K} = 0.178$$

例3.5 某二阶控制系统的单位阶跃响应如图 3.22 所示，求系统的阻尼比 ξ 和无阻尼振荡的固有频率 ω_n。

解：由图可知，在单位阶跃响应下其稳态值是 3 而不是 1，故其系统的开环增益不是 1

而是3，所以其传递函数的形式为

$$G(s) = \frac{3\omega_n^2}{s^2 + 2\xi\omega_n s + \omega_n^2}$$

又由图可知：$t_p = 0.1\mathrm{s}$，故可由 M_p 及 t_p 以及相应的公式求出 ξ 和 ω_n。

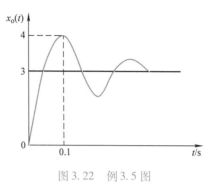

图 3.22 例 3.5 图

1）求阻尼比，有

$$M_p = \mathrm{e}^{(-\xi\pi / \sqrt{1-\xi^2})} = \frac{x_o(t_p) - x_o(\infty)}{x_o(\infty)}$$

$$= \frac{4-3}{3} = 33.3\%$$

解得 $\xi = 0.33$。

2）求无阻尼振荡的固有频率，有

$$t_p = \frac{\pi}{\omega_n \sqrt{1-\xi^2}} \Rightarrow \omega_n = \frac{\pi}{t_p \sqrt{1-\xi^2}} = 33.2\mathrm{rad/s}$$

例3.6 如图 3.23a 所示的机械系统，在质量块 m 上施加 $x_i(t) = 3\mathrm{N}$ 的阶跃力后，系统的时间响应如图 3.23b 所示。试求弹簧的刚度 k、质量块的质量 m 和阻尼系数 c 值。

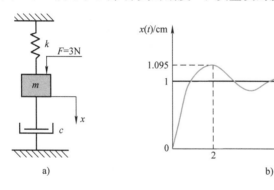

图 3.23 例 3.6 图

解：根据牛顿定律，建立机械系统的动力学微分方程，得系统的传递函数为

$$G(s) = \frac{X(s)}{F(s)} = \frac{1}{ms^2 + cs + k} = \frac{\dfrac{1}{k}\dfrac{k}{m}}{s^2 + \dfrac{c}{m}s + \dfrac{k}{m}}$$

与二阶系统传递函数的标准形式比较可知

$$\omega_n = \sqrt{\frac{k}{m}}, \quad \xi = \frac{c}{2\sqrt{mk}}$$

1）由响应曲线的稳态值（1cm）求出 k。

由于阶跃力 $F = 3\mathrm{N}$，它的拉普拉斯变换为 $F(s) = \dfrac{3}{s}$，故

$$X(s) = \frac{1}{ms^2 + cs + k}F(s) = \frac{3}{(ms^2 + cs + k)s}$$

由拉普拉斯变换的终值定理可求得 $x(t)$ 的稳态值为

$$x(t)\big|_{t\to\infty} = \lim_{s\to 0} sX(s) = \frac{3}{k} = 1$$

因此 $k = 3\text{N/cm} = 300\text{N/m}$。

2）由响应曲线可知 $M_p = 0.095$，$t_p = 2\text{s}$，求系统的 ξ 和 ω_n。

由 $M_p = e^{(-\xi\pi/\sqrt{1-\xi^2})} \times 100\% = 0.095$，解得

$$\xi = 0.6，\quad t_p = \frac{\pi}{\omega_n\sqrt{1-\xi^2}} = 2\text{s}$$

将 $\xi = 0.6$ 代入求得

$$\omega_n = 1.96\text{rad/s}$$

3）将 $\omega_n = 1.96\text{rad/s}$ 和 $\xi = 0.6$ 代入 $\omega_n = \sqrt{\dfrac{k}{m}}$，$\xi = \dfrac{c}{2\sqrt{mk}}$ 求得

$$m = 78.09\text{kg}，\quad c = 180\text{N}\cdot\text{s/m}$$

根据 $\omega_n = \sqrt{\dfrac{k}{m}}$，$\xi = \dfrac{c}{2\sqrt{mk}}$ 可知，要使系统响应平稳，应增大 ξ 值，故要使阻尼系数 c 增大，质量块 m 减小；要使系统响应快速，应增大 ω_n 值，故要使质量块 m 减小。弹簧的刚度 k 一般由稳态值决定。为使系统具有好的暂态响应性能应该减小质量块 m 的质量，增大阻尼系数 c 值，在实践中经常采用轻型材料或空心结构减小质量。

3.4 高阶系统的时间响应及性能分析

三阶及三阶以上的系统称为高阶系统。实际上大量的系统特别是工程系统，一般都属于高阶系统。一般的高阶系统总可以分解成若干零阶、一阶和二阶环节等的组合，而且也可以包含延时环节。其时间响应即是由这些环节的响应函数叠加组成的。

3.4.1 高阶系统的时间响应

在第 2 章中定义线性定常 n 阶系统的微分方程式为

$$a_n x_o^{(n)}(t) + a_{n-1} x_o^{(n-1)}(t) + \cdots + a_1 \dot{x}_o(t) + a_0 x_o(t) \tag{3.61}$$
$$= b_m x_i^{(m)}(t) + b_{m-1} x_i^{(m-1)}(t) + \cdots + b_1 \dot{x}_i(t) + b_0 x_i(t) \quad (n \geq m)$$

其传递函数为

$$G(s) = \frac{b_m s^m + b_{m-1} s^{m-1} + \cdots + b_1 s + b_0}{a_n s^n + a_{n-1} s^{n-1} + \cdots + a_1 s + a_0} \quad (n \geq m) \tag{3.62}$$

系统的特征方程为

$$a_n s^n + a_{n-1} s^{n-1} + \cdots + a_1 s + a_0 = 0 \tag{3.63}$$

特征方程有 n 个特征根，设其中有 n_1 个实数根，n_2 对共轭复数根，则 $n = n_1 + 2n_2$。由此，特征方程可以分解为 n_1 个一次因式 $(s + p_j)(j = 1, 2, \cdots, n_1)$ 及 n_2 个二次因式 $(s^2 + 2\xi_k\omega_{nk}s + \omega_{nk}^2)$ $(0 < \xi_k < 1; k = 1, 2, \cdots, n_2)$ 的乘积，也即系统的传递函数有 n_1 个实数极点 $-p_j$ 和 n_2 对共轭复数极点 $-\xi_k\omega_{nk} \pm j\omega_{nk}\sqrt{1-\xi_k^2}$，$-\xi_k\omega_{nk}$ 为极点的实部。设系统传递函数的 m 个零点为

$-z_i(i = 1,2,\cdots,m)$，则系统的传递函数可写为

$$G(s) = \frac{K_g \prod\limits_{i=1}^{m}(s + z_i)}{\prod\limits_{j=1}^{n_1}(s + p_j) \prod\limits_{k=1}^{n_2}(s^2 + 2\xi_k\omega_{nk}s + \omega_{nk}^2)} \tag{3.64}$$

系统在单位阶跃输入 $X_i(s) = \dfrac{1}{s}$ 作用下，输出为

$$X_o(s) = G(s)\frac{1}{s} = \frac{K_g \prod\limits_{i=1}^{m}(s + z_i)}{s \prod\limits_{j=1}^{n_1}(s + p_j) \prod\limits_{k=1}^{n_2}(s^2 + 2\xi_k\omega_{nk}s + \omega_{nk}^2)}$$

按部分分式展开得

$$X_o(s) = \frac{A_0}{s} + \sum_{j=1}^{n_1}\frac{A_j}{s + p_j} + \sum_{k=1}^{n_2}\frac{B_k s + C_k}{s^2 + 2\xi_k\omega_{nk}s + \omega_{nk}^2} \tag{3.65}$$

式中，A_0 为 $X_o(s)$ 在 $s = 0$ 处的留数，$A_0 = \lim\limits_{s\to 0}sX_o(s) = \dfrac{b_0}{a_0}$；$A_j$ 为 $X_o(s)$ 在 $s = -p_j(j = 1,2,\cdots,$ $n_1)$ 处的留数，$A_j = \lim\limits_{s\to -p_j}X_o(s)(s + p_j)$；$B_k$、$C_k$ 为 $X_o(s)$ 在闭环复极点 $s = -\xi_k\omega_{nk} \pm j\omega_{nk}$ $\sqrt{1 - \xi_k^2}$ $(k = 1,2,\cdots,n_2)$ 处与留数有关的常系数。

对上述 $X_o(s)$ 的表达式进行拉普拉斯反变换后可得到高阶系统的单位阶跃（强迫运动）响应为

$$x_o(t) = A_0 + \sum_{j=1}^{n_1}A_j e^{-p_j t} + \sum_{k=1}^{n_2}D_k e^{-\xi_k\omega_{nk}t}\sin(\omega_{dk}t + \beta_k) \tag{3.66}$$

式中，$\omega_{dk} = \omega_{nk}\sqrt{1 - \xi_k^2}$；$\beta_k = \arctan\dfrac{B_k\omega_{dk}}{C_k - \xi_k\omega_{nk}B_k}$；$D_k = \sqrt{B_k^2 + \left(\dfrac{C_k - \xi_k\omega_{nk}B_k}{\omega_{dk}}\right)^2}$。其中，$k = 1,2,\cdots,n_2$。

式（3.66）中第一项为稳态分量（控制信号作用下的受控项）；第二项为一阶环节（指数曲线）的瞬态分量和，取决于系统的 n_1 个实数极点 $-p_j(j = 1,2,\cdots,n_1)$；第三项为二阶环节（振荡曲线）瞬态分量和，取决于 n_2 对共轭复数极点的实部 $-\xi_k\omega_{nk}(k = 1,2,\cdots,n_2)$。系统的极点与系统固有特性（结构及其参数）直接相关联，故第二项与第三项之和为系统的自由运动响应（模态）。

同理，当输入信号为单位脉冲信号（$X_i(s) = 1$）时，可得高阶系统的单位脉冲响应为

$$x_o(t) = \sum_{j=1}^{n_1}A_j e^{-p_j t} + \sum_{k=1}^{n_2}D_k e^{-\xi_k\omega_{nk}t}\sin(\omega_{dk}t + \beta_k) \tag{3.67}$$

由此说明，系统在单位脉冲信号作用下，其时间响应的稳态分量为零，只存在由一阶环节和二阶环节合成的自由运动响应（模态），即瞬态分量部分。

由以上分析可知，一个高阶线性定常系统的自由运动响应可以看成是若干个一阶环节和二阶环节时间响应的叠加。一阶环节及二阶环节的时间响应，取决于 $-p_j$、ξ_k、ω_{nk} 及系数 A_j、D_k，即与系统零、极点的分布有关。因此，了解零、极点的分布情况就可以对系统的性

能进行定性分析。

3.4.2　高阶系统的性能分析

1. 高阶系统的自由运动模态组成形式

系统的极点决定了系统自由（固有）运动属性，无论是外部的输入信号（包括扰动信号）还是系统的初始状态，都可激发出由系统极点决定的自由运动，因此系统的自由运动是系统的固有运动属性，而与外部输入信号无关。一般而言，系统极点的形式决定了系统自由运动模态的具体形式。

1）当极点为互不相等的实数根，如前述的 $-p_j(j = 1, 2, \cdots, n)$ 时，系统的自由运动模态形式为

$$\mathrm{e}^{-p_j t}(j = 1, 2, \cdots, n)$$

如式（3.66）的第二项或式（3.67）的第一项。

2）当极点有共轭复数根，如 $\sigma_i \pm \mathrm{j}\omega_i$ 时，系统的自由运动模态形式将出现

$$\mathrm{e}^{\sigma_i t}\cos\omega_i t \quad 或 \quad \mathrm{e}^{\sigma_i t}\sin\omega_i t$$

如式（3.66）的第三项或式（3.67）中的第二项。

3）当极点出现实数重根，如 m 重实数根 $-p_i$ 时，系统的自由运动模态形式将出现

$$\mathrm{e}^{-p_i t}, t\mathrm{e}^{-p_i t}, \cdots, t^{m-1}\mathrm{e}^{-p_i t}$$

4）当极点出现复数重根，如 m 重复数根 $\sigma_i \pm \mathrm{j}\omega_i$ 时，系统的自由运动模态形式将出现

$$\mathrm{e}^{\sigma_i t}\cos\omega_i t, t\mathrm{e}^{\sigma_i t}\cos\omega_i t, \cdots, t^{m-1}\mathrm{e}^{\sigma_i t}\cos\omega_i t$$

或

$$\mathrm{e}^{\sigma_i t}\sin\omega_i t, t\mathrm{e}^{\sigma_i t}\sin\omega_i t, \cdots, t^{m-1}\mathrm{e}^{\sigma_i t}\sin\omega_i t$$

5）当极点既有互异的实数根、共轭复数根，又有重实数根、重复数根时，系统的自由运动模态形式将是上述几种形式的线性组合。

2. 极点对系统动态性能的影响

（1）高阶系统稳定的充分必要条件　由上述分析可知，系统的自由运动模态组成各项幅值包含有与系统实数极点 $-p_i$ 或复数极点 $\sigma_i \pm \mathrm{j}\omega_i$ 的实部有关的指数函数 $\mathrm{e}^{-p_i t}$ 或 $\mathrm{e}^{\sigma_i t}$。若系统的所有实数极点或复数极点的实部均小于零，则随着时间趋近于无穷大，系统的模态幅值将收敛并趋近于零。即当系统的闭环极点全部在 s 平面的左边时，其特征根（极点）具有负实部，有 $-p_j < 0\ (j = 1, 2, \cdots, n_1)$ 和 $-\xi_k\omega_{nk} < 0\ (k = 1, 2, \cdots, n_2)$。在时间 $t \rightarrow \infty$ 时，由式（3.66）和式（3.67）可知，系统的自由运动响应（模态）中，$\sum\limits_{j=1}^{n_1} A_j\mathrm{e}^{-p_j t}$ 及 $\sum\limits_{k=1}^{n_2} D_k\mathrm{e}^{-\xi_k\omega_{nk} t}\sin(\omega_{dk} t + \beta_k)$ 将随着时间 t 的增长而衰减，最终趋于零而消失，系统输出全（强迫）响应将收敛于稳态分量，即系统的单位阶跃稳态响应为

$$\lim_{t \to \infty} x_o(t) = x_o(\infty) = A_0 \tag{3.68}$$

系统的单位脉冲稳态响应为

$$\lim_{t \to \infty} x_o(t) = x_o(\infty) = 0 \tag{3.69}$$

很显然，系统的所有闭环极点中只要有一个或几个在 s 复平面的右半平面时，其相应的特征根（极点）具有正实部，对应的模态随着时间 t 的增加将趋于无穷大，即系统的输出响

应 $x_o(t)$ 随着时间 $t \rightarrow \infty$，将发散或振荡发散，使系统处于不稳定状态。而当系统有闭环极点在 s 复平面的虚轴上时，对应的模态随着时间 t 的增加而呈现等幅振荡，则系统输出响应 $x_o(t)$ 随着时间 $t \rightarrow \infty$，也将持续等幅振荡，使系统处于临界稳定状态。

由以上分析可知，线性控制系统稳定的充分必要条件是系统特征方程的所有根具有负的实部，或特征根全部在 s 复平面的左半平面。如果系统有一个根在 s 复平面的右半平面（即实部为正），则系统不稳定。若特征根中有纯虚根，其余根均在 s 复平面左半平面，则系统为临界稳定状态。

（2）系统极点对系统动态性能的影响 一个稳定的控制系统，其动态响应性能与输出响应（模态）的各分量幅值衰减快慢程度以及振荡频率等因素有关，主要取决于极点距虚轴和实轴的距离。当 $-p_j$，$-\xi_k\omega_{nk}$ 的绝对值越大时，极点距虚轴的距离越远，输出响应各分量幅值衰减越快；当 $\omega_{dk} = \omega_{nk}\sqrt{1-\xi_k^2}$ 越大时，极点离实轴的距离越远，输出响应各分量的振荡频率越高。系统极点位置距原点越远，则对应项的幅值就越小，对系统过渡过程的影响就越小。极点在 s 复平面上的变化对系统动态响应的影响如图 3.24 所示。

如果高阶系统中距虚轴最近的极点，其实部小于其他极点实部的 1/5，并且附近不存在零点，可以认为系统的动态响应主要由这一对极点决定，称为主导极点。利用主导极点的概念可将主导极点为共轭复数极点的高阶系统降级近似作为二阶系统来处理。

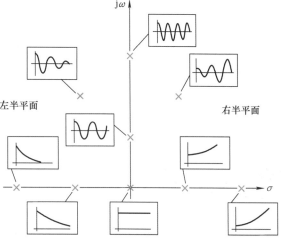

图 3.24 s 复平面上不同位置极点的输出响应曲线

图 3.25 所示为极点位置与对应的单位阶跃响应曲线间的关系。设有一系统，其传递函数极点在 s 复平面上的分布如图 3.25a 所示。极点 s_3 距虚轴距离不小于共轭复数极点 s_1、s_2 距虚轴距离的 5 倍，即 $|\mathrm{Re}s_3| \geqslant 5|\mathrm{Re}s_1| = 5\xi\omega_n$（此处 ξ，ω_n 对应于极点 s_1、s_2）；同时，极点 s_1、s_2 的附近不存在系统的零点。由以上条件可算出与极点 s_3 所对应的过渡过程分量的调节时间为

$$t_{s3} \leqslant \frac{1}{5} \times \frac{4}{\xi\omega_n} = \frac{1}{5}t_{s1}$$

式中，t_{s1} 为极点 s_1、s_2 所对应过渡过程的调节时间。

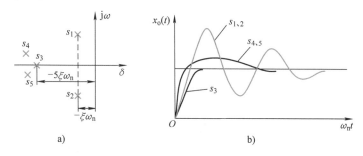

图 3.25 系统极点的位置与阶跃响应

图 3.25b 表示图 3.25a 所示的单位脉冲响应函数的分量。由图可知，由共轭复数极点 s_1、s_2 确定的分量在该系统的单位阶跃响应函数中起主导作用，即主导极点。因为它衰减得最慢。其他远离虚轴的极点 s_3、s_4、s_5 所对应的单位阶跃响应衰减较快，它们仅在极短时间内产生一定的影响。因此，对高阶系统过渡过程进行近似分析时，可以忽略这些分量对系统过渡过程的影响。

3. 零点及增益对系统动态性能的影响

系统模态还与各分量幅值系数 A_j 以及 D_k 中的系数 B_k、C_k 有关，这些系数的大小取决于系统零、极点的位置分布。因此，系统零点将对过渡过程产生影响，当极点和零点靠得很近时，对应项的幅值也很小，即这对零、极点对系统过渡过程影响将很小。系数大而衰减慢的那些分量，将在动态过程中起主导作用。

为什么当极点和零点靠得很近时对应项的幅值很小？下面加以简单证明。

假设系统的极点都是实根，则

$$G(s) = \frac{K_g \prod_{i=1}^{m}(s+z_i)}{\prod_{j=1}^{n}(s+p_j)}$$

$$A_j = \lim_{s \to -p_j} \frac{1}{s} K_g \frac{\prod_{i=1}^{m}(s+z_i)}{\prod_{j=1}^{n}(s+p_j)}(s+p_j) = \frac{K_g}{-p_j} \frac{\prod_{i=1}^{m}(-p_j+z_i)}{\prod_{\substack{i=1\\i\neq j}}^{n}(-p_j+p_i)} \tag{3.70}$$

由式（3.70）可见，$(-p_j+z_i)$ 是极点 $-p_j$ 与零点 $-z_i$ 之间的距离。如果极点 $-p_j$ 与零点 $-z_i$ 之间的距离很小甚至重合，则 A_j 数值就很小甚至为零。与极点 $-p_j$ 对应的分量即使衰减很慢，对系统响应的动态性能影响也很小。由此可知，系统的零点决定了各模态在响应中所占的"比重"，因而也就影响系统响应的曲线形状，也就会影响系统响应的快速性。一般来讲，零点距极点较远时，相应于该极点模态所占的比重较大；距极点较近时，相应于该极点模态所占的比重较小；当零点与极点重合时，出现零极点对消现象，此时相应于该极点的模态也就消失了（实际上是该模态的比重为零）。因此零点有阻断极点模态"产生"或"生成"的作用。

除零、极点位置分布对系统响应的过渡过程产生影响外，由式（3.70）还可看出，系统的传递系数（根轨迹增益）K_g 也是直接决定模态幅值大小的参数，传递系数 K_g 越大，模态幅值 A_j 就越大，对系统响应的动态性能影响越大，反之相反。此外，系统的稳态增益（静态放大系数）K 与传递系数 K_g 以及系统的零点 $-z_i$、极点 $-p_j$ 之间的关系为

$$K = K_g \frac{\prod_{i=1}^{m}z_i}{\prod_{j=1}^{n}p_j} \quad (n \geq m) \tag{3.71}$$

由此可见，系统的稳态传递性能（控制精度）也与系统的传递系数、零点和极点相关，K 越大，系统的稳态精度越高。

习　　题

3.1　为什么将 $\xi = 0.707$ 称为最佳工程参数?

3.2　时间响应的瞬态响应反映哪些方面的性能? 而稳态响应又反映哪些方面的性能?

3.3　某系统的阶跃响应为

$$x_o(t) = 1 + 0.2e^{-60t} - 1.2e^{-10t}$$

试求: 1) 该系统的传递函数 $G(s)$。

　　　 2) 该系统的 ξ, ω_n, M_p。

3.4　二阶系统的单位阶跃响应如图 3.26 所示。

1) 求该系统的超调量。

2) 若 ω_n 增大, 则该系统的超调量如何变化?

3) 确定系统的闭环传递函数。

3.5　已知系统如图 3.27 所示, 试分析参数 b 对输出阶跃过渡过程的影响。

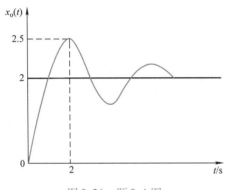

图 3.26　题 3.4 图

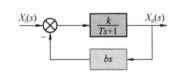

图 3.27　题 3.5 图

3.6　设单位反馈系统的开环传递函数为

$$G(s) = \frac{1}{s(s+1)}$$

试求该系统的上升时间、峰值时间、超调量和调节时间。

3.7　设有一闭环传递函数为

$$\frac{X_o(s)}{X_i(s)} = \frac{\omega_n^2}{s^2 + 2\xi\omega_n s + \omega_n^2}$$

为了使系统对单位阶跃响应有 5% 的超调量和 2s 的调整时间, 求 ξ 和 ω_n。

3.8　已知 4 个二阶系统的闭环极点分布如图 3.28 所示。试按表 3.1 的形式比较它们的性能。

3.9　已知系统结构如图 3.29 所示, 单位阶跃响应的超调量 $M_p = 16.3\%$, 峰值时间 $t_p = 1s$。

试求: 1) 开环传递函数 $G_k(s)$。

　　　 2) 闭环传递函数 $\Phi(s)$。

　　　 3) 参数 k 及 τ 值。

3.10　一阶、二阶系统的单位阶跃响应的稳态值 $x_o(\infty)$ 是否一定等于 1? 为什么? 若不为 1, 则对二阶振荡系统的响应性能有无影响? 为什么?

3.11　对单位阶跃响应, 当阻尼系数分别为 $\xi < 0$, $\xi = 0$, $0 < \xi < 1$, $\xi = 1$, $\xi > 1$ 时, 它的单位阶跃响应曲线的特点是什么?

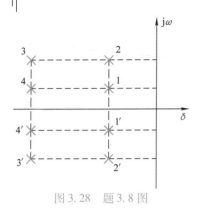

图 3.28 题 3.8 图

表 3.1 题 3.8 表

比较项目		振荡频率 （高、低）	阻尼系数 （大、中、小）	衰减系数 （快、慢）
组别	系统			
I	1			
	2			
II	1			
	3			
III	1			
	4			

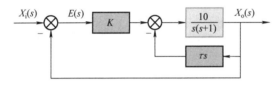

图 3.29 题 3.9 图

3.12 有一随动系统，其框图如图 3.30a 所示。当系统输入单位阶跃信号时，要求超调量 $M_p \leqslant 5\%$。试分析：

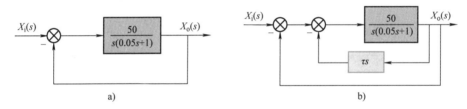

图 3.30 题 3.12 图

1）根据现有参数，系统是否满足要求？

2）若不满足要求，采用图 3.30b 所示方法改进，试确定参数值 τ。

3.13 设系统结构如图 3.31 所示，若要求系统具有性能指标 $M_p = 20\%$，$t_p = 1s$，试确定系统的参数 K 和 τ，并计算单位阶跃响应的特征量 t_r 和 t_s。

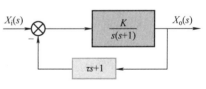

图 3.31 题 3.13 图

3.14 两个系统的闭环传递函数分别为

$$\Phi(s) = \frac{s+1}{s^2+4s+5}, \Phi(s) = \frac{1}{s^3+6s^2+11s+6}$$

试判别它们的稳定性。

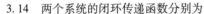

第4章　控制系统的频域分析

前面介绍的控制系统的时域分析法是分析控制系统的直接方法，比较直观、精确。但是对于分析高阶系统，这种方法就比较麻烦。因为微分方程的求解计算工作量将随着微分方程的阶数增大而增加。因此，发展了其他一些分析控制系统的方法，其中频域分析法以控制系统的频率特性作为数学模型，无须求解微分方程，以图表作为分析工具来揭示系统性能，并指明改进系统性能的方向。对于高阶系统的性能分析，频域分析法比较方便。

4.1　频率特性的基本概念

4.1.1　频率响应

频率响应是指线性定常系统对正弦信号（或谐波信号）的稳态响应。线性定常系统对正弦信号的响应和对其他典型信号的响应一样，包含瞬态响应和稳态响应，其瞬态响应不是正弦信号，而稳态响应是和输入的正弦信号频率相同的正弦波形，其幅值和相位一般与输入信号不同。

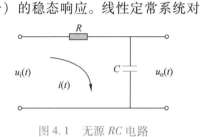

图 4.1　无源 RC 电路

例 4.1　如图 4.1 所示为无源 RC 电路，$u_i(t)$ 为输入电压，$u_o(t)$ 为输出电压，$i(t)$ 为电流，R 为电阻，C 为电容。当输入电压 $u_i(t) = U_i \sin\omega t$ 时，求输出电压 $u_o(t)$ 的稳态响应。

解：该 RC 电路的传递函数为

$$G(s) = \frac{U_o(s)}{U_i(s)} = \frac{1}{Ts + 1}$$

式中，T 为电路的时间常数，$T = RC$。

输入电压为正弦信号 $u_i(t) = U_i \sin\omega t$，其拉普拉斯变换为

$$U_i(s) = \frac{U_i \omega}{s^2 + \omega^2}$$

则 RC 电路输出 $u_o(t)$ 的拉普拉斯变换为

$$U_o(s) = \frac{1}{Ts + 1} \frac{U_i \omega}{s^2 + \omega^2}$$

通过拉普拉斯反变换得出电路的输出全响应为

$$u_o(t) = \frac{U_i T\omega}{1 + T^2\omega^2} e^{-\frac{t}{T}} + \frac{U_i}{\sqrt{1 + T^2\omega^2}} \sin(\omega t - \arctan\omega T)$$

式中，右边第一项为输入电压的瞬态分量（系统的自由运动模态），取决于初始条件和系统的极点 $-\frac{1}{T}$；右边第二项为稳态分量，是取决于输入量的受控项。随着时间 $t \to \infty$，瞬态分量将衰减为零，所以系统的稳态响应为

$$u_o(t) = \frac{U_i}{\sqrt{1 + T^2\omega^2}} \sin(\omega t - \arctan\omega T) = U_i A(\omega) \sin[\omega t + \varphi(\omega)]$$

式中，$A(\omega)$ 为 RC 电路的稳态输出与正弦信号（或谐波信号）输入的幅值比，$A(\omega) =$

$\dfrac{1}{\sqrt{1+T^2\omega^2}}$；$\varphi(\omega)$ 为 RC 电路的稳态输出与正弦（或谐波）输入信号的相位差，$\varphi(\omega)=-\arctan\omega T$。它们分别反映 RC 电路在正弦信号作用下，稳态响应的幅值和相位的变化，二者都是输入正弦信号频率 ω 的函数。

由例题结果可知，频率响应是时间响应的一种特例。为了研究系统随频率变化的情况，引入频率特性的概念。

4.1.2 频率特性及其求取方法

综上可知，线性定常系统在谐波输入作用下，其稳态输出与输入的幅值比是输入信号的频率 ω 的函数，称其为系统的幅频特性，记为 $A(\omega)$；其稳态输出与输入信号的相位差是频率 ω 的函数，称其为系统的相频特性，记为 $\varphi(\omega)$。当 $\varphi(\omega)>0$ 时，输出信号的相位超前于输入信号的相位；当 $\varphi(\omega)<0$ 时，输出信号的相位滞后于输入信号的相位。以幅频特性 $A(\omega)$ 为幅值（或模），相频特性 $\varphi(\omega)$ 为相角构成的向量为系统的频率特性，即

$$G(j\omega)=A(\omega)e^{j\varphi(\omega)} \tag{4.1}$$

频率特性一般可通过如下三种方法得到：

1）根据已知系统的微分方程或传递函数，以正弦信号为输入信号，求系统的稳态响应，然后根据频率特性的定义，就可求得频率特性（例4.1中所用的方法）。

2）根据系统的传递函数求得频率特性，系统在稳态时将 $s=j\omega$ 代入系统传递函数 $G(s)$ 中，就可以直接得到系统的频率特性。

线性定常系统的传递函数为

$$G(s)=\frac{L[x_o(t)]}{L[x_i(t)]}=\frac{X_o(s)}{X_i(s)}=\frac{b_m s^m+b_{m-1}s^{m-1}+\cdots+b_1 s+b_0}{a_n s^n+a_{n-1}s^{n-1}+\cdots+a_1 s+a_0}\quad(n\geq m) \tag{4.2}$$

系统在稳态时，将上式中的 s 取为 $s=j\omega$，则有

$$G(j\omega)=\frac{X_o(j\omega)}{X_i(j\omega)}=\frac{b_m(j\omega)^m+b_{m-1}(j\omega)^{m-1}+\cdots+b_1(j\omega)+b_0}{a_n(j\omega)^n+a_{n-1}(j\omega)^{n-1}+\cdots+a_1(j\omega)+a_0}\quad(n\geq m) \tag{4.3}$$

系统的频率特性 $G(j\omega)$ 是一个复变函数，故可在复平面上用复数表示，如图 4.2 所示。将其分解为实部和虚部，即

$$G(j\omega)=U(\omega)+jV(\omega) \tag{4.4}$$

式中，$U(\omega)$ 是 $G(j\omega)$ 的实部，称为实频特性；$V(\omega)$ 是 $G(j\omega)$ 的虚部，称为虚频特性。

$G(j\omega)$ 的模、幅频、相频、实频、虚频之间的关系为

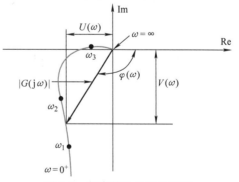

图 4.2 频率特性的极坐标图

$$\begin{cases} A(\omega)=|G(j\omega)|=\sqrt{[U(\omega)]^2+[V(\omega)]^2} \\ \varphi(\omega)=\angle G(j\omega)=\arctan\left[\dfrac{V(\omega)}{U(\omega)}\right] \end{cases} \tag{4.5}$$

$$\begin{cases} U(\omega) = \text{Re}G(j\omega) = A(\omega)\cos\varphi(\omega) \\ V(\omega) = \text{Im}G(j\omega) = A(\omega)\sin\varphi(\omega) \end{cases} \tag{4.6}$$

$$G(j\omega) = A(\omega)e^{j\varphi(\omega)} = A(\omega)\left[\cos\varphi(\omega) + j\sin\varphi(\omega)\right] \tag{4.7}$$

由式（4.7）可得

$$e^{j\varphi(\omega)} = \cos\varphi(\omega) + j\sin\varphi(\omega) \tag{4.8}$$

3）用试验的方法求得频率特性。用试验的方法求得频率特性是对实际系统求得频率特性的一种常用而又重要的方法。因为不知道系统的微分方程或传递函数等数学模型就无法用上面两种方法求取频率特性。在这种情况下，只有通过试验求取频率特性，然后也能求出传递函数，这是频率特性的一个极为重要的作用。

根据频率特性的定义，首先改变输入谐波信号的频率 ω，并测出与此相应的稳态响应的幅值和相位。然后作出输出与输入幅值比对频率 ω 的函数曲线，此即幅频特性曲线；作出相位对频率 ω 的函数曲线，此即相频特性曲线。

频率特性、传递函数和微分方程一样，表征了系统的运动规律，因此频率特性也是数学模型的一种。它是频域的数学模型，传递函数是复频域的数学模型，微分方程是时域的数学模型。

4.1.3 频率特性的图形表示法

频率特性除数学表达式外，还有图形表示法。图形比数学式更形象，使用也更方便。下面介绍两种频率特性的图形表示法。

1. 极坐标图（奈奎斯特图或 Nyquist 图）

前面已说明系统的频率特性 $G(j\omega)$ 是一个向量，其端点的轨迹即为频率特性的极坐标图，如图 4.2 所示。频率特性的极坐标图也称为幅相频特性图，当频率 ω 取不同值时，可以算出相应的幅频特性和相频特性的值。这样就可以在极坐标复平面上画出 ω 由 $-\infty\to\infty$ 时的 $G(j\omega)$ 向量曲线图。完整的幅相频特性图是以实轴（横坐标轴）为对称轴的封闭曲线。即 $G(j\omega)$ 向量曲线图在 $\omega = 0^- \to -\infty$ 时的曲线与 $G(j\omega)$ 在 $\omega = 0^+ \to +\infty$ 时的曲线完全对称于实轴，因此只需要画出 $\omega = 0 \to \infty$ 时的极坐标曲线，就可以根据对称性画出完整的极坐标曲线。

2. Bode 图（伯德图或对数频率特性图）

Bode 图是由对数幅频特性图和对数相频特性图两张图组成的。对数幅频特性和对数相频特性定义为

$$\begin{cases} L(\omega) = 20\lg A(\omega) \\ \varphi(\omega) = \arctan\dfrac{V(\omega)}{U(\omega)} \end{cases} \tag{4.9}$$

对数幅频特性图的横坐标是频率 ω，并按 ω 的对数值 $\lg\omega$ 进行分度，标注时只标频率值。当频率变化十倍时，称为一个十倍频程，对应横坐标的间隔距离为一个单位。频率 ω 的单位为 rad/s。对数幅频特性图的纵坐标是以对数幅值 $L(\omega) = 20\lg A(\omega)$ 表示，单位是分贝（dB）；对数相频特性图的横坐标与对数幅频特性图的横坐标相同，纵坐标采用线性分度，坐标表示 $\varphi(\omega)$ 的值，单位是度（°），如图 4.3 所示。

3. 极坐标图与 Bode 图之间的对应关系

如图 4.4 所示，不难看出极坐标图与 Bode 图之间有如下关系：

1）极坐标图上的单位圆 $[A(\omega)=1]$ 对应于 Bode 图的 0dB 线，即对数幅频特性图的横轴 $L(\omega)=20\lg A(\omega)=0$；单位圆内 $(A(\omega)<1)$ 对应于 Bode 图 $L(\omega)=20\lg A(\omega)<0$ 的部分；单位圆外 $[A(\omega)>1]$ 对应于 Bode 图 $L(\omega)=20\lg A(\omega)>0$ 的部分。定义极坐标曲线 $G(j\omega)$ 与其单位圆交点处的频率为 ω_c，即 $L(\omega_c)=0$（或 $A(\omega_c)=1$）的频率，称为幅值穿越频率或截止频率。

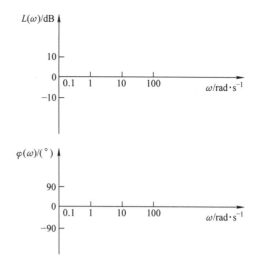

图 4.3　Bode 图坐标系

2）极坐标图上的负实轴对应于 Bode 图上的 $-180°$ 相位线。定义极坐标曲线 $G(j\omega)$ 与负实轴相交处的频率为 ω_g，或 Bode 图中的相频特性曲线与 $-180°$ 水平线交点处的频率为相频穿越频率（或相位交点频率），即 $\varphi(\omega_g)=-180°$。

3）Bode 图只对应于 $\omega=0^+\to+\infty$ 变化的极坐标图，而极坐标图中可以绘出 $\omega=-\infty\to+\infty$ 的封闭完整的极坐标曲线，$\omega=0\to+\infty$ 的极坐标曲线与 $\omega=0\to-\infty$ 的极坐标曲线完全对称于实轴（横坐标轴）Re。

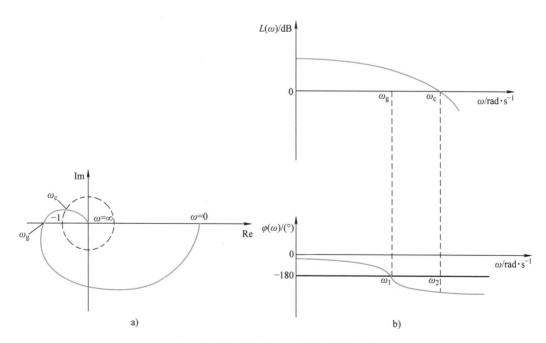

图 4.4　极坐标图与 Bode 图之间的关系

4.2 典型环节的频率特性

通常控制系统由 若干典型环节组成，故系统频率特性也是由典型环节频率特性组成的。下面介绍一些典型环节的频率特性。

4.2.1 比例环节

比例环节的频率特性与传递函数一样，为

$$G(j\omega) = K \tag{4.10}$$

式中，K 为比例系数。显然，依据式（4.10），比例环节的幅频特性、对数幅频特性和相频特性分别为

$$\begin{cases} A(\omega) = |G(j\omega)| = K \\ L(\omega) = 20\lg A(\omega) = 20\lg K \\ \varphi(\omega) = \angle G(j\omega) = 0° \end{cases} \tag{4.11}$$

比例环节的极坐标图为实轴上的一定点，如图 4.5 所示。

比例环节的对数幅频特性图为幅值等于 $20\lg K\mathrm{dB}$ 的一条水平直线，对数相频特性图是与 $0°$ 重合的一条直线，如图 4.6 所示。

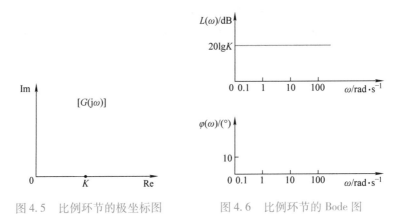

图 4.5 比例环节的极坐标图　　图 4.6 比例环节的 Bode 图

4.2.2 积分环节和微分环节

1. 积分环节

积分环节的频率特性为

$$G(j\omega) = \frac{1}{j\omega} = -j\frac{1}{\omega} \tag{4.12}$$

相应地，积分环节的幅频特性、对数幅频特性和相频特性分别为

$$\begin{cases} A(\omega) = |G(j\omega)| = \dfrac{1}{\omega} \\ L(\omega) = 20\lg A(\omega) = -20\lg\omega \\ \varphi(\omega) = \angle G(j\omega) = -90° \end{cases} \tag{4.13}$$

积分环节的极坐标图为负虚轴，且由负无穷远处指向原点，如图4.7所示。

当 $\omega = 1$ 时，$L(\omega) = -20\lg\omega = -20\lg1 = 0$。由此可见，积分环节的对数幅频特性图为过点（1，0）、斜率为 -20dB/dec 的一条直线，对数相频特性图为 $-90°$ 的水平直线，如图4.8所示。

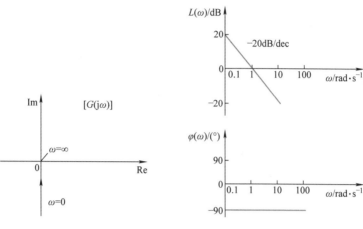

图4.7 积分环节的极坐标图　　图4.8 积分环节的 Bode 图

2. 微分环节

微分环节的频率特性为

$$G(j\omega) = j\omega \tag{4.14}$$

则对应的幅频特性、对数幅频特性和相频特性分别为

$$\begin{cases} A(\omega) = |G(j\omega)| = \omega \\ L(\omega) = 20\lg A(\omega) = 20\lg\omega \\ \varphi(\omega) = \angle G(j\omega) = 90° \end{cases} \tag{4.15}$$

微分环节的极坐标图为正虚轴，且由原点指向正无穷远处，如图4.9所示。

当 $\omega = 1$ 时，$L(\omega) = 20\lg\omega = 20\lg1 = 0$。由此可见，微分环节的对数幅频特性图为过点（1，0）、斜率为 20dB/dec 的一条直线，对数相频特性图为 $90°$ 水平直线，如图4.10所示。

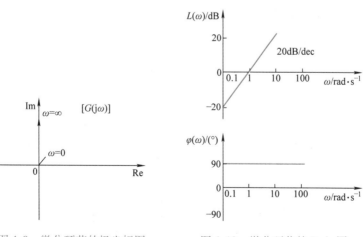

图4.9 微分环节的极坐标图　　图4.10 微分环节的 Bode 图

4.2.3　惯性环节和一阶微分环节

1. 惯性环节

惯性环节的传递函数和相应的频率特性为

$$\begin{cases} G(s) = \dfrac{1}{Ts + 1} \\ G(j\omega) = \dfrac{1}{j\omega T + 1} = \dfrac{1}{1 + \omega^2 T^2} - j\dfrac{\omega T}{1 + \omega^2 T^2} \end{cases} \tag{4.16}$$

则对应的实频特性和虚频特性分别为

$$\begin{cases} U(\omega) = \dfrac{1}{1 + \omega^2 T^2} \\ V(\omega) = -\dfrac{\omega T}{1 + \omega^2 T^2} \end{cases} \tag{4.17}$$

幅频特性、对数幅频特性、相频特性分别为

$$\begin{cases} A(\omega) = |G(j\omega)| = \dfrac{1}{\sqrt{1 + \omega^2 T^2}} \\ L(\omega) = 20\lg A(\omega) = 20\lg \dfrac{1}{\sqrt{T^2\omega^2 + 1}} \\ \varphi(\omega) = \angle G(j\omega) = -\arctan\omega T \end{cases} \tag{4.18}$$

当 $\omega = 0$ 时，$A(\omega) = 1$，相位角为 $\varphi(\omega) = 0°$；当 $\omega = \dfrac{1}{T}$ 时，$A(\omega) = \dfrac{1}{\sqrt{2}}$，相位角为 $\varphi(\omega) = -45°$；当 $\omega = \infty$ 时，$A(\omega) = 0$，相位角为 $\varphi(\omega) = -90°$。

实频特性和虚频特性又满足

$$\left(U(\omega) - \dfrac{1}{2}\right)^2 + V^2(\omega) = \left(\dfrac{1}{2}\right)^2$$

上式表明，当 ω 从 $0 \to \infty$ 时，惯性环节的极坐标图为一个圆心在 $\left(\dfrac{1}{2}, j0\right)$，半径为 $\dfrac{1}{2}$ 的下半圆，如图 4.11 所示。

当 ω 从 $0 \to \infty$ 时，可以计算出相应的 $L(\omega)$ 和 $\varphi(\omega)$，画出对数幅频特性图和对数相频特性图。在工程上常采用近似制图法，即用渐近线表示对数幅频特性图。通常称相邻两条渐近线之间相交处的频率 $\omega_T = \dfrac{1}{T}$ 为转折频率或转角频率。

当 $\omega \ll \omega_T$ 时，$L(\omega) = 20\lg A(\omega) = -20\lg\sqrt{T^2\omega^2 + 1} \approx -20\lg 1\,\mathrm{dB} = 0\,\mathrm{dB}$，即对数幅频特性在低频段近似为 0dB 水平线，称为低频渐近线。

当 $\omega \gg \omega_T$ 时，$L(\omega) = 20\lg A(\omega) = -20\lg\sqrt{T^2\omega^2 + 1} \approx -20\lg\omega T$，即对数幅频特性在高频段近似是一条直线，它始于点 $(\omega_T, 0)$，斜率为 $-20\mathrm{dB/dec}$，此斜线称为高频渐近线。

归纳上述分析可得惯性环节的渐近线分段函数关系式为

$$L(\omega) = -20\lg\sqrt{T^2\omega^2 + 1} \approx \begin{cases} 0 & 0 < \omega < \dfrac{1}{T} \\ 20\lg\dfrac{1}{\omega T} & \dfrac{1}{T} < \omega < \infty \end{cases} \tag{4.19}$$

惯性环节的对数相频特性图因为相角是用反正切函数来表示，所以对数相频特性图是关于在（$1/T$，$-45°$）拐点斜对称的反正切曲线，如图 4.12 所示。

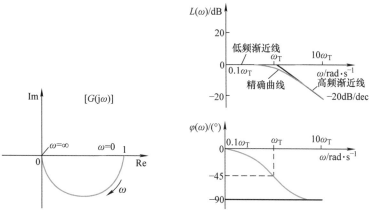

图 4.11 惯性环节的极坐标图   图 4.12 惯性环节的 Bode 图

用渐近线作图简单方便，且接近其精确曲线，在系统初步设计阶段经常采用。若需要精确的对数幅频特性曲线，可以参照图 4.13 的误差曲线对渐近线进行修正。最大误差在转折频率 $\omega = \omega_T$ 处，其误差值近似为 3dB。

由对数幅频特性图可看出，惯性环节具有低通滤波特性，对于高频信号，其对数幅值迅速衰减。

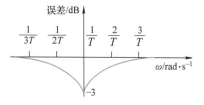

图 4.13 惯性环节的误差曲线

2. 一阶微分环节

一阶微分环节的传递函数和相应的频率特性为

$$\begin{cases} G(s) = 1 + Ts \\ G(j\omega) = 1 + j\omega T \end{cases} \tag{4.20}$$

则对应的幅频特性、对数幅频特性及相频特性为

$$\begin{cases} A(\omega) = |G(j\omega)| = \sqrt{1 + \omega^2 T^2} \\ L(\omega) = 20\lg A(\omega) = 20\lg\sqrt{T^2\omega^2 + 1} \\ \varphi(\omega) = \angle G(j\omega) = \arctan\omega T \end{cases} \tag{4.21}$$

根据频率特性公式，当 $\omega = 0$ 时，$A(\omega) = 1$，相位角为 $\varphi(\omega) = 0°$；当 $\omega = \infty$ 时，$A(\omega) = \infty$，相位角为 $\varphi(\omega) = 90°$。

当 ω 从 $0 \to \infty$ 时，一阶微分环节的极坐标图为始于点（1，j0）、平行于虚轴、在第一象限的一条垂线，如图 4.14 所示。

一阶微分环节的对数幅频特性渐近线分段函数为

$$L(\omega) = 20\lg\sqrt{T^2\omega^2 + 1} \approx \begin{cases} 0 & 0 < \omega < \dfrac{1}{T} \\ 20\lg\omega T & \dfrac{1}{T} < \omega < \infty \end{cases} \tag{4.22}$$

显然，一阶微分环节与惯性环节的对数频率特性比较，仅相差一个符号。所以一阶微分环节的 Bode 图与惯性环节的 Bode 图呈镜像关系对称于 ω 轴，如图 4.15 所示。

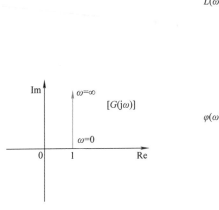

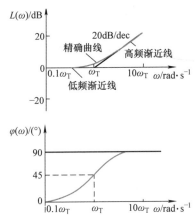

图 4.14　一阶微分环节的极坐标图　　　图 4.15　一阶微分环节的 Bode 图

4.2.4　二阶振荡环节和二阶微分环节

1. 二阶振荡环节

二阶振荡环节的传递函数和相应的频率特性为

$$\begin{cases} G(s) = \dfrac{\omega_n^2}{s^2 + 2\xi\omega_n s + \omega_n^2} & (0 < \xi < 1) \\ G(j\omega) = \dfrac{1}{(j\omega/\omega_n)^2 + 2\xi(j\omega/\omega_n) + 1} = \dfrac{1}{(1 - (\omega/\omega_n)^2) + j2\xi(\omega/\omega_n)} \end{cases} \tag{4.23}$$

其幅频特性、对数幅频特性和相频特性为

$$\begin{cases} A(\omega) = |G(j\omega)| = \dfrac{1}{\sqrt{[1 - (\omega/\omega_n)^2]^2 + [2\xi(\omega/\omega_n)]^2}} \\ L(\omega) = -20\lg\sqrt{[1 - (\omega/\omega_n)^2]^2 + [2\xi(\omega/\omega_n)]^2} \\ \varphi(\omega) = \angle G(j\omega) = -\arctan\dfrac{2\xi(\omega/\omega_n)}{1 - (\omega/\omega_n)^2} \end{cases} \tag{4.24}$$

根据频率特性公式，当 $\omega = 0$ 时，$A(\omega) = 1$，相位角为 $\varphi(\omega) = 0°$；当 $\omega = \omega_n$ 时，$A(\omega) = \dfrac{1}{2\xi}$，相位角为 $\varphi(\omega) = -90°$；当 $\omega = \infty$ 时，$A(\omega) = 0$，相位角为 $\varphi(\omega) = -180°$。

二阶振荡环节的极坐标图与阻尼比 ξ 有关，对应于不同的 ξ 值，形成一簇极坐标曲线，如图 4.16 所示。由图可知，当 ω 从 $0 \to \infty$ 时，不论 ξ 值如何，极坐标曲线均从点 $(1, j0)$ 开始，到 $(0, j0)$ 结束，相位角相应从 $0°$ 变到 $-180°$。当 $\omega = \omega_n$ 时，极坐标曲线均交于负虚轴，其相位角为 $-90°$，幅值为 $\dfrac{1}{2\xi}$。对于欠阻尼系统（$\xi < 1$），系统会出现谐振峰值，记作 M_r，出现该谐振峰值的频率称为谐振频率 ω_r。

二阶振荡环节的对数幅频特性渐近线分段函数为

$$L(\omega) = 20\lg \frac{1}{\sqrt{[1 - (\omega/\omega_n)^2]^2 + [2\xi(\omega/\omega_n)]^2}}$$

$$\approx \begin{cases} 0 & 0 < \omega < \dfrac{1}{T} \\ 20\lg \dfrac{1}{\omega^2 T^2} & \dfrac{1}{T} < \omega < \infty \end{cases} \tag{4.25}$$

式中，其转折频率 $\omega_T = \dfrac{1}{T} = \omega_n$，由此可算出其对数幅频特性图的渐近线。当 $\omega \ll \omega_n$ 时，$L(\omega) = 20\lg A(\omega) \approx -20\lg 1\,\mathrm{dB} = 0\,\mathrm{dB}$，即对数幅频特性在低频段近似为 0dB 水平线；当 $\omega \gg \omega_n$ 时，$L(\omega) = 20\lg A(\omega) \approx -20\lg \dfrac{\omega^2}{\omega_n^2} = 40\lg\omega_n - 40\lg\omega$，即对数幅频特性在高频段近似是一条斜直线，它始于点 $(\omega_n, 0)$，斜率为 $-40\,\mathrm{dB/dec}$。二阶振荡环节的对数相频特性图因为相角是用反正切函数来表示的，所以对数相频特性图是关于在 $(\omega_n, -90°)$ 拐点斜对称的反正切曲线，如图 4.17 所示。

用渐近线近似表示二阶振荡环节的对数幅频特性图时，必然会产生误差，在频率 $\omega = \omega_n$ 处，其误差值为 $-20\lg 2\xi$。根据阻尼比 ξ 的不同取值，最大误差修正表见表 4.1。由此可见，当 $0.4 < \xi < 0.7$ 时，最大误差小于 3dB，这时允许不对渐近线进行修正；当 $\xi < 0.4$ 或 $\xi > 0.7$ 时，误差增大，要求必须对渐近线进行修正。

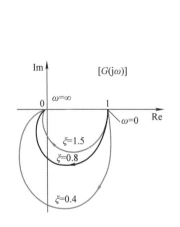 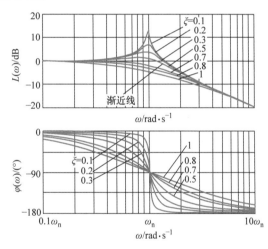

图 4.16　二阶振荡环节的极坐标图　　　图 4.17　振荡环节的 Bode 图

表 4.1　误差修正表（$\omega = \omega_n$ 时）

阻尼比 ξ	0.1	0.15	0.2	0.25	0.3	0.4	0.5	0.6	0.7	0.8	1.0
最大误差/dB	14.0	10.4	8.0	6.0	4.4	2.0	0	-1.6	-3.0	-4.0	-6.0

2. 二阶微分环节

二阶微分环节的传递函数和相应的频率特性为

$$\begin{cases} G(s) = \dfrac{s^2}{\omega_n^2} + 2\xi\dfrac{s}{\omega_n} + 1 \\ G(j\omega) = \left(1 - \dfrac{\omega^2}{\omega_n^2}\right) + j2\xi\dfrac{\omega}{\omega_n} \end{cases} \tag{4.26}$$

其幅频特性、对数幅频特性和相频特性为

$$
\begin{cases}
A(\omega) = \sqrt{\left[1 - (\omega/\omega_n)^2\right]^2 + \left[2\xi(\omega/\omega_n)\right]^2} \\
L(\omega) = 20\lg\sqrt{\left[1 - (\omega/\omega_n)^2\right]^2 + \left[2\xi(\omega/\omega_n)\right]^2} \\
\varphi(\omega) = \arctan\dfrac{2\xi(\omega/\omega_n)}{1 - (\omega/\omega_n)^2}
\end{cases}
\tag{4.27}
$$

根据频率特性公式，当 $\omega = 0$ 时，$A(\omega) = 1$，相位角为 $\varphi(\omega) = 0°$；当 $\omega = \omega_n$ 时，$A(\omega) = 2\xi$，相位角为 $\varphi(\omega) = 90°$；当 $\omega = \infty$ 时，$A(\omega) = \infty$，相位角为 $\varphi(\omega) = 180°$。

二阶微分环节的极坐标图也与阻尼比 ξ 有关，对应于不同的 ξ 值，形成一簇极坐标曲线，如图 4.18 所示。由图可知，当 ω 从 $0 \to \infty$ 时，不论 ξ 值如何，极坐标曲线均从点（1，$j0$）开始，指向无穷远处，相位角相应从 $0°$ 变到 $180°$。当 $\omega = \omega_n$ 时，极坐标曲线均交于正虚轴，其相位角为 $90°$，幅值为 2ξ。

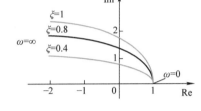

图 4.18　二阶微分环节的极坐标图

二阶微分环节的对数幅频特性和对数相频特性分别为

$$
\begin{aligned}
L(\omega) &= 20\lg\sqrt{\left(1 - \frac{\omega^2}{\omega_n^2}\right)^2 + \left(2\xi\frac{\omega}{\omega_n}\right)^2} \\
&\approx
\begin{cases}
0 & 0 < \omega < \dfrac{1}{T} = \omega_n \\
20\lg\dfrac{\omega^2}{\omega_n^2} & \dfrac{1}{T} < \omega < \infty
\end{cases}
\end{aligned}
\tag{4.28}
$$

显然，二阶微分环节与振荡环节的对数频率特性比较，仅相差一个符号。所以二阶微分环节的 Bode 图与二阶振荡环节的 Bode 图呈镜像关系对称于 ω 轴，如图 4.19 所示。

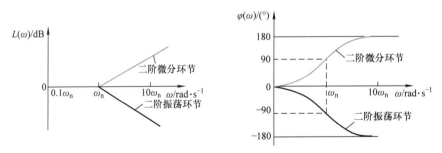

图 4.19　二阶环节的 Bode 图比较

4.2.5　延时环节

延时环节的传递函数和频率特性分别为

$$
\begin{cases}
G(s) = e^{-\tau s} \\
G(j\omega) = e^{-j\omega\tau} = \cos\omega\tau + j(-\sin\omega\tau)
\end{cases}
\tag{4.29}
$$

其相应的实频特性和虚频特性为

$$\begin{cases} U(\omega) = \cos\omega\tau \\ V(\omega) = -\sin\omega\tau \end{cases} \tag{4.30}$$

其幅频特性、对数幅频特性和相频特性为

$$\begin{cases} A(\omega) = |G(j\omega)| = 1 \\ L(\omega) = 20\lg A(\omega) = 0 \\ \varphi(\omega) = \angle G(j\omega) = -\tau\omega \end{cases} \tag{4.31}$$

延时环节的极坐标图为单位圆。其幅值恒为 1，而相位 $\varphi(\omega)$ 则随频率 ω 顺时针方向的变化呈正比变化，即端点在单位圆上无限循环，如图 4.20 所示。延时环节的对数幅频特性图为一条 0dB 线，对数相频特性为 $\varphi(\omega)$ 随频率 ω 增加呈线性增加，如图 4.21 所示。

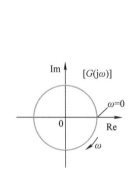

图 4.20 延时环节的极坐标图

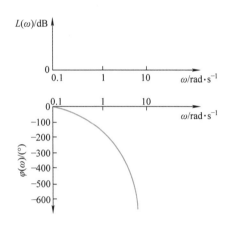

图 4.21 延时环节的 Bode 图

4.3 控制系统的开环频率特性

4.3.1 系统的开环极坐标图

任何一个系统都是由前面分析的典型环节组成的，下面就典型环节组成的各种较为复杂的系统进行频率特性极坐标图分析。绘制系统极坐标图的一般步骤为：

1）根据系统的传递函数写出系统的频率特性。

2）由系统的频率特性求出其实频特性、虚频特性、幅频特性、相频特性的表达式。

3）分别求出若干个特征点，如起点（$\omega = 0$）、终点（$\omega = \infty$）、与实轴的交点、与虚轴的交点等，并标注在极坐标图上。

4）补充必要的特征点，根据已知点和实频特性、虚频特性、幅频特性、相频特性的变化规律，绘制极坐标图的大致形状。

5）补充不连续点的极坐标曲线，绘出完整的极坐标曲线图。

1. 不同类型系统的频率特性

若系统的开环传递函数为

$$G_k(s) = K \frac{\prod_{k=1}^{p}(T_k s + 1) \prod_{l=1}^{q}(T_l^2 s^2 + 2\xi_l T_l s + 1)}{s^v \prod_{i=1}^{g}(T_i s + 1) \prod_{j=1}^{h}(T_j^2 s^2 + 2\xi_j T_j s + 1)}$$

$$(p + 2q = m, v + g + 2h = n, n \geq m) \tag{4.32}$$

式中，K 为开环增益；v 为串联积分环节的个数。

将 $s = j\omega$ 代入式（4.32），可得系统的开环频率特性为

$$G_k(j\omega) = \frac{K \prod_{k=1}^{p}(1 + j\omega T_k) \prod_{l=1}^{q}[(1 - T_l^2 \omega^2) + j2\xi_l \omega T_l]}{(j\omega)^v \prod_{i=1}^{g}(1 + j\omega T_i) \prod_{j=1}^{h}[(1 - T_j^2 \omega^2) + j2\xi_j \omega T_j]}$$

$$(p + 2q = m, v + g + 2h = n, n \geq m) \tag{4.33}$$

由上式对系统的类型加以定义：$v = 0$，1，2，…时，系统分别称为 0 型、Ⅰ 型、Ⅱ 型、……系统。对于不同的系统其开环极坐标图的一般形状为

（1）系统 $v = 0$ 时，即 0 型系统

当 $\omega = 0$ 时，$\angle G_k(j\omega) = 0°$，$|G_k(j\omega)| = K$；

当 $\omega = \infty$ 时，$\angle G_k(j\omega) = (m - n) \times 90°$，$|G_k(j\omega)| = \begin{cases} 0 & n > m \\ \text{const} & n = m \end{cases}$。

由此可见，0 型系统极坐标图始于正实轴上的 K 点，在 $n > m$ 时高频段趋于原点，由第几象限趋于原点取决于 $(m - n) \times 90°$；在 $n = m$ 时高频段趋于实轴上某点（常数值）。

（2）系统 $v > 0$ 时，即 Ⅰ 型及以上的系统

当 $\omega = 0$ 时，$\angle G_k(j\omega) = -v \times 90°$，$|G_k(j\omega)| = \infty$；

当 $\omega = \infty$ 时，$\angle G_k(j\omega) = (m - n) \times 90°$，$|G_k(j\omega)| = \begin{cases} 0 & n > m \\ \text{const} & n = m \end{cases}$。

由此可见，Ⅰ 型及以上系统的极坐标图在低频段的渐近线与 $\angle G_k(j\omega) = -v \times 90°$ 角度的虚轴或实轴平行，在高频段趋于原点（$n > m$）或实轴上某点（$n = m$，常数值），由第几象限趋于原点取决于 $(m - n) \times 90°$。

综上所述，开环系统极坐标图的低频部分是由因式 $K/(j\omega)^v$ 确定的。对于 0 型系统，$G_k(j0) = K \angle 0°$，而对于 Ⅰ 型、Ⅱ 型及以上的 v 型系统，$G_k(j0) = \infty \angle -90°v$，如图 4.22a 所示。对于开环系统的高频部分，在 $n > m$ 时，当 $\omega \to \infty$ 时，$G_k(j\infty) = 0 \angle -90°(n - m)$，$G_k(j\omega)$ 曲线以顺时针方向按 $-90°(n - m)$ 的角度趋向于坐标原点。如果 $(n - m)$ 是偶数，则曲线与实轴相切；反之，若是奇数，则曲线与虚轴相切，如图 4.22b 所示。

（3）$v > 0$ 时系统在 $\omega = 0$ 处的极坐标曲线　开环极坐标曲线 $G_k(j\omega)$ 对应于 $\omega = -\infty \to +\infty$ 的必须为全封闭曲线，但当系统的型次 $v \neq 0$，即开环传递函数中存在积分环节时，在 $\omega = 0$ 处，其幅频特性 $|G_k(j0)| \to \infty$，于是极坐标曲线 $G_k(j\omega)$ 轨迹将不连续。因此，必须补充不连续部分的极坐标轨迹线构成完整的封闭曲线。

将系统的开环频率特性表示为

$$G_k(j\omega) = \frac{K}{(j\omega)^v} \cdot G_0(j\omega) \tag{4.34}$$

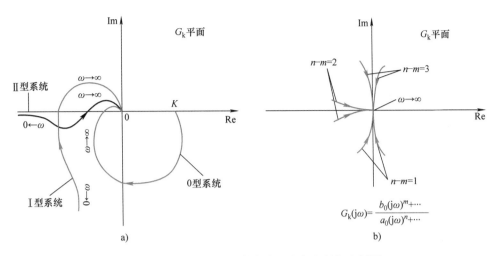

图 4.22 不同类型系统低频段和高频段的极坐标图

式中，

$$G_0(\mathrm{j}\omega) = \frac{\displaystyle\prod_{k=1}^{p}(1 + \mathrm{j}\omega T_k)\prod_{l=1}^{q}\big[(1 - T_l^2\omega^2) + \mathrm{j}2\xi_l\omega T_l\big]}{\displaystyle\prod_{i=1}^{g}(1 + \mathrm{j}\omega T_i)\prod_{j=1}^{h}\big[(1 - T_j^2\omega^2) + \mathrm{j}2\xi_j\omega T_j\big]}$$

系统在 $\omega = 0$ 处的频率特性为

$$G_k(\mathrm{j}0) = \lim_{\omega \to 0}\frac{K}{(\mathrm{j}\omega)^v}\cdot G_0(\mathrm{j}\omega) = \lim_{\omega \to 0}\frac{K}{(\mathrm{j}\omega)^v} \tag{4.35}$$

由此可得 $\omega = 0^- \to 0^+$（$\omega = 0$）处的开环幅频特性和相频特性分别为

$$\begin{cases} A(0) = |G_k(\mathrm{j}0)| = \left|\dfrac{K}{(\mathrm{j}\omega)^v}\right|_{\omega = 0^- \to 0^+} = \infty \\[2mm] \varphi(0) = \angle G_k(\mathrm{j}0) = \begin{cases} v \times 90° & \omega \to 0^- \\ -v \times 90° & \omega \to 0^+ \end{cases} \end{cases} \tag{4.36}$$

当 $\omega = 0^- \to 0^+$（$\omega = 0$）时，$G_k(\mathrm{j}\omega)$ 曲线的相角变化量为

$$\Delta\mathrm{Arg}[G_k(\mathrm{j}0)] = \angle G_k(\mathrm{j}0^+) - \angle G_k(\mathrm{j}0^-)$$

$$= \varphi(0^+) - \varphi(0^-) = -v\frac{\pi}{2} - v\frac{\pi}{2} = -v\pi \tag{4.37}$$

由以上分析可知，当系统的型次 $v \neq 0$ 时，系统在 $\omega = 0$（即 $\omega = 0^- \to 0^+$）的开环极坐标曲线 $G_k(\mathrm{j}\omega)$ 是以半径（幅值）为无穷大、相角变化为 $-v\pi$ 的圆弧轨迹线，即 $G_k(\mathrm{j}\omega)$ 是以无穷大为半径随 $\omega = 0^- \to 0^+$ 从 $v\dfrac{\pi}{2}$ 顺时针变化到 $-v\dfrac{\pi}{2}$ 的 $v\pi$ 相角值对应的圆弧线。在实际绘制极坐标图时，通常用虚线或细点画线等表示。对于 I 型系统和 II 型系统，开环幅频特性在 $\omega = 0$ 时的相角变化情况如图 4.23 所示。

例 4.2 试绘制下列 0 型系统开环传递函数的极坐标图：

$$G_k(s) = \frac{10}{(s + 1)(0.1s + 1)}$$

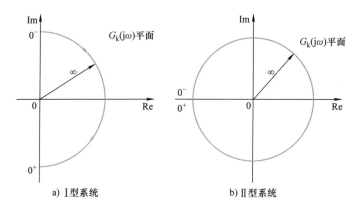

图 4.23　当 $\omega = 0^- \rightarrow 0^+$（$\omega = 0$）时，开环幅频特性 $G_k(j\omega)$ 的相角变化情况

解： 由传递函数知，系统为 0 型系统，求得其频率特性为

$$A(\omega) = |G_k(j\omega)| = \frac{10}{\sqrt{1 + \omega^2}\sqrt{1 + (0.1\omega)^2}}; \varphi(\omega) = \angle G_k(j\omega) = -\arctan\omega - \arctan(0.1\omega)$$

$$U(\omega) = \frac{10(1 - 0.1\omega^2)}{(1 + \omega^2)(1 + 0.01\omega^2)}; V(\omega) = -\frac{11\omega}{(1 + \omega^2)(1 + 0.01\omega^2)}$$

1）当 $\omega = 0$ 时，$A(\omega) = 10$，$\varphi(\omega) = 0°$，$U(\omega) = 10$，$V(\omega) = 0$。

2）当 $\omega = \infty$ 时，$A(\omega) = 0$，$\varphi(\omega) = -180°$（进入坐标原点处的切线），$U(\omega) = 0$，$V(\omega) = 0$。

3）当 $U(\omega) = 0$ 时，$1 - 0.1\omega^2 = 0$，解得极坐标曲线与虚轴交点的频率为 $\omega = \pm\sqrt{10}$，故

$$V(\pm\sqrt{10}) = \pm 2.9$$

绘出极坐标图如图 4.24 所示。

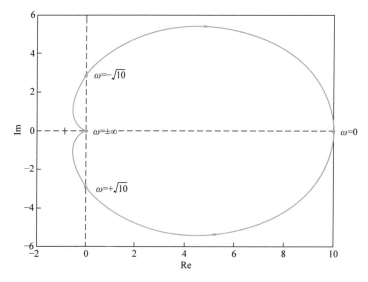

图 4.24　例 4.2 的极坐标图

例 4.3　试绘制下列 I 型系统开环传递函数的极坐标图：

$$G_k(s) = \frac{10}{s(s+1)}$$

解：由传递函数知，系统为 I 型系统，求得其频率特性为

$$A(\omega) = |G_k(j\omega)| = \frac{10}{\omega\sqrt{1+\omega^2}}; \varphi(\omega) = \angle G_k(j\omega) = -90° - \arctan\omega$$

$$U(\omega) = -\frac{10}{1+\omega^2}; V(\omega) = -\frac{10}{\omega(1+\omega^2)}$$

1）当 $\omega = 0$ 时，$A(\omega) = \infty$，$\varphi(\omega) = -90°$（起点的渐近线），$U(\omega) = -10$，$V(\omega) = -\infty$。

2）当 $\omega = \infty$ 时，$A(\omega) = 0$，$\varphi(\omega) = -180°$（进入坐标原点处的切线），$U(\omega) = 0$，$V(\omega) = 0$。

3）因 $v = 1$（ I 型系统），故当 $\omega = 0^- \to 0^+$ 时，

$$\Delta\text{Arg}[G_k(j0)] = \varphi(0^+) - \varphi(0^-) = -180°$$

绘出极坐标图如图 4.25 所示。

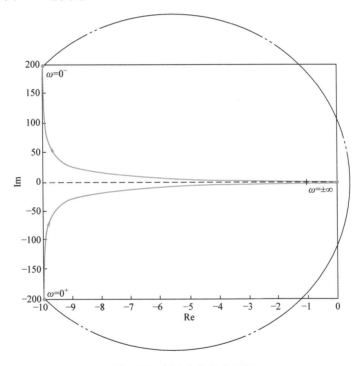

图 4.25　例 4.3 的极坐标图

例 4.4　试绘制下列 II 型系统开环传递函数的极坐标图：

$$G_k(s) = \frac{10}{s^2(s+1)}$$

解：由传递函数知，系统为 II 型系统，求得其频率特性为

$$A(\omega) = |G_k(j\omega)| = \frac{10}{\omega^2\sqrt{1+\omega^2}}; \varphi(\omega) = \angle G_k(j\omega) = -180° - \arctan\omega$$

$$U(\omega) = -\frac{10}{\omega^2(1+\omega^2)};V(\omega) = \frac{10}{\omega(1+\omega^2)}$$

1）当 $\omega = 0$ 时，$A(\omega) = \infty$，$\varphi(\omega) = -180°$（起点渐进线），$U(\omega) = -\infty$，$V(\omega) = \infty$。

2）当 $\omega = \infty$ 时，$A(\omega) = 0$，$\varphi(\omega) = -270°$（进入坐标原点处的切线），$U(\omega) = 0$，$V(\omega) = 0$。

3）因 $v = 2$（Ⅱ型系统），故当 $\omega = 0^- \rightarrow 0^+$ 时，

$$\Delta\mathrm{Arg}[G_k(j0)] = \varphi(0^+) - \varphi(0^-) = -360°$$

绘出极坐标图如图4.26所示。

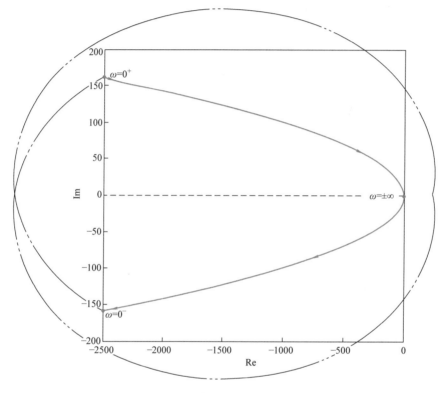

图4.26　例4.4的极坐标图

2. 非最小相位系统的频率特性

（1）最小相位系统与非最小相位系统　以上是针对系统开环传递函数中无非最小相位环节情况讨论的。非最小相位环节就是传递延迟环节或不稳定环节，即在 s 复平面右半平面存在零或极点的环节。有时两个系统的幅频特性完全相同，而相频特性却相异，若系统传递函数不包含非最小相位环节，则称之为最小相位传递函数。即最小相位传递函数的所有零点与极点全部位于 s 复平面的左半平面。具有最小相位开环传递函数的系统，称为最小相位系统；若系统传递函数包含非最小相位环节，即在 s 平面的右半平面上有一个或多个极点或零点，则称为非最小相位传递函数。具有非最小相位开环传递函数的系统，称为非最小相位系统。

在具有相同幅频特性的系统中，ω 由 $0 \rightarrow \infty$ 时，最小相位系统（传递函数）的相角范围在所有这类系统中是最小的，而任何非最小相位系统（传递函数）的相角范围，都大于最

小相位传递函数的相角范围。最小相位系统的对数幅频特性与对数相频特性之间具有确定的单值对应关系，而非最小相位系统却不成立。因此，根据最小相位系统的对数幅频特性的渐近线就能确定其相频特性和传递函数，反之亦然。当利用坐标图对系统进行分析和校正时，最小相位系统只需画出对数幅频特性图（或对数相频特性图）即可。

例如，两个系统的传递函数为

$$G_1(s) = \frac{1 + \tau s}{1 + Ts}, \quad G_2(s) = \frac{1 - \tau s}{1 + Ts} \quad (0 < \tau < T)$$

这两个系统具有相同的幅频特性，但却有不同的相频特性，如图 4.27 所示。显然，根据最小相位系统的定义，具有 $G_1(s)$ 的系统为最小相位系统，它的相角变化范围最小。具有 $G_2(s)$ 的系统为非最小相位系统。

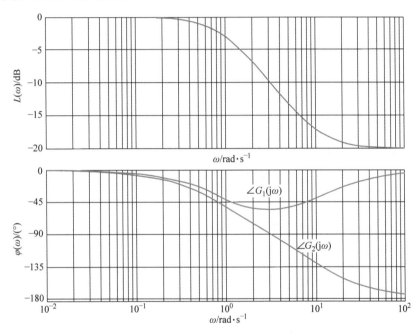

图 4.27　最小相位系统与非最小相位系统的相频特性

为了确定是否为最小相位系统，即需要检查对数幅频特性图高频渐近线的斜率，也要检查在 $\omega = \infty$ 时的相角。当 $\omega = \infty$ 时，对数幅频特性图的斜率为 $20 \times (m - n)$ dB/dec（其中 n、m 分别为传递函数中分母、分子多项式的阶数），其相角等于 $90° \times (m - n)$ 为最小相位系统，否则为非最小相位系统。

（2）常见非最小相位环节　非最小相位一般由两种情况产生：系统内包含非最小相位环节（如延迟因子）和内环不稳定。传递延迟（延迟环节因子）是一种非最小相位特性，高频时将造成严重的相位滞后。

可将延时环节 $G(s) = e^{-\tau s}$，展开成幂级数，得

$$e^{-\tau s} = 1 - \tau s + \frac{1}{2}\tau^2 s^2 - \frac{1}{3}\tau^3 s^3 + \cdots$$

因为式中有些项的系数为负，故可写成：

$$G(s) = (s + a)(s - b)(s + c)\cdots$$

式中, a、b、c、…均为正值。若延时环节串联在系统中, 则传递函数 $G(s)$ 有正根, 表示延时环节使系统有零点位于复平面 s 的右半平面, 也就是使系统成为非最小相位系统。其他不稳定的一阶环节和二阶坏节见表 4.2。

表 4.2 不稳定环节的相角变化

传递函数	$\omega = 0 \rightarrow \infty$ 的相角变化
$Ts - 1$	$-180° \rightarrow -270°$
$1 - Ts$	$0° \rightarrow -90°$
$\dfrac{1}{Ts - 1}$	$-180° \rightarrow -90°$
$\dfrac{1}{1 - Ts}$	$0° \rightarrow 90°$
$\dfrac{s^2}{\omega_n^2} - \dfrac{2\xi}{\omega_n}s + 1$	$0° \rightarrow -180°$
$\dfrac{1}{\dfrac{s^2}{\omega_n^2} - \dfrac{2\xi}{\omega_n}s + 1}$	$0° \rightarrow 180°$
$-K$	$-180°$

例 4.5 已知两个系统的传递函数分别为

$$G_1(s) = \frac{1 + s}{1 + 2s}, \quad G_2(s) = \frac{1 - s}{1 + 2s}$$

试绘制两系统的极坐标图。

解: 由定义知 $G_1(s)$ 对应的系统为最小相位系统, $G_2(s)$ 对应的系统为非最小相位系统。对应的频率特性分别为

$$G_1(j\omega) = \frac{1 + j\omega}{1 + 2j\omega}, \quad G_2(j\omega) = \frac{1 - j\omega}{1 + 2j\omega}$$

则对应的幅频特性、相频特性分别为

$$A_1(\omega) = |G_1(j\omega)| = \sqrt{\frac{1 + \omega^2}{1 + 4\omega^2}}, \quad \varphi_1(\omega) = \angle G_1(j\omega) = \arctan\omega - \arctan2\omega$$

当 $\omega = 0$ 时, $A_1(\omega) = 1$, 相位角为 $\varphi_1(\omega) = 0°$。

当 $\omega = \infty$ 时, $A_1(\omega) = 0.5$, 相位角为 $\varphi_1(\omega) = 0°$。

$$A_2(\omega) = |G_2(j\omega)| = \sqrt{\frac{1 + \omega^2}{1 + 4\omega^2}}, \quad \varphi_2(\omega) = \angle G_2(j\omega) = \arctan(-\omega) - \arctan2\omega$$

当 $\omega = 0$ 时, $A_2(\omega) = 1$, 相位角为 $\varphi_2(\omega) = 0°$。

当 $\omega = \infty$ 时, $A_2(\omega) = 0.5$, 相位角为 $\varphi_2(\omega) = -180°$。

两系统的幅频特性是相同的, 相频特性是不同的, 且 $G_1(s)$ 比 $G_2(s)$ 有更小的相位角。两系统的极坐标图如图 4.28 所示。

例 4.6 试绘制下列系统开环传递函数的极坐标图:

$$G_k(s) = \frac{K(s + 3)}{s(s - 1)}$$

解: 由系统开环传递函数可知此系统为非最小相位的 I 型系统 ($\nu = 1$), 其频率特性为

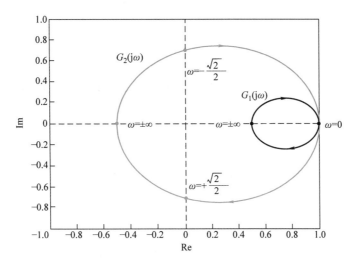

图 4.28 例 4.5 的极坐标图

$$G_k(j\omega) = \frac{K(j\omega + 3)}{j\omega(j\omega - 1)} = -\frac{4K}{1 + \omega^2} + j\frac{3 - \omega^2}{\omega(1 + \omega^2)}$$

实频特性和虚频特性分别为

$$U(\omega) = -\frac{4K}{1 + \omega^2}, \quad V(\omega) = \frac{3 - \omega^2}{\omega(1 + \omega^2)}$$

幅频特性和相频特性分别为

$$|G_k(j\omega)| = \frac{\sqrt{9 + \omega^2}}{\omega\sqrt{1 + \omega^2}}, \quad \angle G_k(j\omega) = \arctan\left(\frac{\omega}{3}\right) - 90° - \arctan\left(\frac{\omega}{-1}\right)$$

根据频率特性公式，求出若干个特征点的值为

当 $\omega = 0$ 时，$|G_k(j\omega)| = \infty$，$\angle G_k(j\omega) = -270°$，$U(\omega) = -4K$，$V(\omega) = +\infty$。

当 $\omega = \infty$ 时，$|G_k(j\omega)| = 0$，$\angle G_k(j\omega) = 270°$，$U(\omega) = 0$，$V(\omega) = 0$；

当 $V(\omega) = 0$ 时，$3 - \omega^2 = 0$，解得与实轴交点的频率为 $\omega = \pm\sqrt{3}$，所以

$$U(\pm\sqrt{3}) = -K$$

绘制极坐标曲线的大致形状如图 4.29 所示。

由此可见，此系统开环极坐标图在低频段渐近线与正虚轴平行，在高频段沿负虚轴趋于原点。

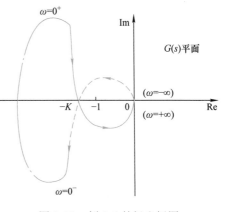

图 4.29 例 4.6 的极坐标图

4.3.2 系统的开环 Bode 图

如果系统的开环传递函数由若干环节串联而成，则对应的对数幅频特性和相频特性分别为

$$\begin{cases} L(\omega) = 20\lg|G_k(j\omega)| = 20\lg|G_{k1}(j\omega)| + 20\lg|G_{k2}(j\omega)| + \cdots + 20\lg|G_{kn}(j\omega)| \\ \qquad = L_1(\omega) + L_2(\omega) + \cdots + L_3(\omega) \\ \varphi(\omega) = \angle G_k(j\omega) = \angle G_{k1}(j\omega) + \angle G_{k2}(j\omega) + \cdots + \angle G_{kn}(j\omega) \end{cases} \tag{4.38}$$

因此，只要绘制出 $G_k(j\omega)$ 所包含各环节的对数幅频和相频特性曲线，然后对它们分别进行代数相加，就能求得开环系统的 Bode 图。

1. 绘制系统 Bode 图的基本步骤

下面介绍快速绘制系统 Bode 图的基本步骤。

1）根据系统的传递函数写出系统的频率特性，并将其化为若干典型环节频率特性相乘的形式。

2）确定各典型环节的转折频率。

3）绘出各典型环节的对数幅频特性的渐近线。

4）根据误差修正值对渐近线进行修正，得出各环节的对数幅频特性的精确曲线。

5）将各环节的对数幅频特性叠加，得到系统的对数幅频特性。

6）绘出各典型环节的对数相频特性，然后叠加得到系统的对数相频特性。

线性定常系统的 Bode 图有如下几何特点：

1）对数幅频特性图的起始段渐近线与系统类型之间存在相应的对应关系，即起始段渐近线为水平线的系统对应于 0 型系统；起始段渐近线斜率为 –20dB/dec 的系统对应于 I 型系统；起始段渐近线斜率为 –40dB/dec 的系统对应于 II 型系统；依此类推。

2）对数幅频特性图各段渐近线的斜率变化取决于对应转折频率的典型环节类型，即若为惯性环节，则在转折频率之后渐近线的斜率下降 20dB/dec；若为振荡环节，则在转折频率之后渐近线的斜率下降 40dB/dec；若为一阶微分环节，则在转折频率之后渐近线的斜率增加 20dB/dec；若为二阶微分环节，则在转折频率之后渐近线的斜率增加 40dB/dec。

2. 绘制系统开环 Bode 图举例

例 4.7 已知系统的开环传递函数

$$G_k(s) = \frac{1000}{s(s+10)}$$

试绘制其 Bode 图。

解：1）此系统为 I 型系统，写出频率特性，并将其化为若干典型环节频率特性相乘的形式。

$$G_k(j\omega) = \frac{1000}{j\omega(j\omega+10)} = \frac{100}{j\omega(j0.1\omega+1)}$$

系统的开环传递函数是由一个比例环节、一个积分环节、一个惯性环节串联组成的。

2）确定各典型环节的转折频率。

惯性环节 $\dfrac{1}{j0.1\omega+1}$ 的转折频率为 $\omega_{T1} = 10$。

3）绘出各典型环节的对数幅频特性的渐近线。

4）根据误差修正值对渐近线进行修正，得出各环节的对数幅频特性的精确曲线（本例题省略这一步）。

5）将各环节的对数幅频特性叠加，得到系统的对数幅频特性，如图 4.30 所示。

6）绘出各典型环节的对数相频特性，然后叠加得到系统的对数相频特性，如图 4.30 所示。

例 4.8　已知一反馈控制系统的开环传递函数为

$$G_k(s) = \frac{10(1 + 0.1s)}{s(1 + 0.5s)}$$

试绘制系统的开环 Bode 图（幅频特性用分段直线表示）。

解：系统的开环频率特性为

$$G_k(j\omega) = \frac{10\left(1 + j\dfrac{\omega}{10}\right)}{j\omega\left(1 + j\dfrac{\omega}{2}\right)}$$

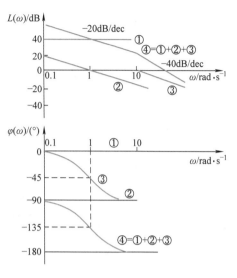

图 4.30　例 4.7 的 Bode 图

系统由比例积分环节、惯性环节以及一阶微分环节组成。各环节的对数幅频特性和相频特性分析如下：

1）比例积分环节。

$$L_1(\omega) = 20\lg\frac{10}{\omega}, \quad 0 < \omega < +\infty, \quad \varphi_1(\omega) = -90°$$

2）惯性环节。

转折频率为

$$\omega_{T1} = \frac{1}{T_1} = 2$$

$$L_2(\omega) = -20\lg\sqrt{1 + \left(\frac{\omega}{2}\right)^2} \approx \begin{cases} 0 & 0 < \omega \leqslant 2 \\ 20\lg\dfrac{2}{\omega} & 2 \leqslant \omega < +\infty \end{cases} \qquad \varphi_2(\omega) = -\arctan\frac{\omega}{2}$$

3）一阶微分环节。

转折频率为

$$\omega_2 = \frac{1}{T_2} = 10$$

对数幅频特性为

$$L_3(\omega) = 20\lg\sqrt{1 + \left(\frac{\omega}{10}\right)^2} \approx \begin{cases} 0 & 0 < \omega \leqslant 10 \\ 20\lg\dfrac{\omega}{10} & 10 \leqslant \omega < +\infty \end{cases} \qquad \varphi_3(\omega) = \arctan\frac{\omega}{10}$$

因此系统总的对数幅频特性和相频特性分别为

$$L(\omega) = L_1(\omega) + L_2(\omega) + L_3(\omega) \approx \begin{cases} 20\lg\dfrac{10}{\omega} & 0 < \omega \leqslant 2 \\ 20\lg\dfrac{10 \times 2}{\omega \times \omega} & 2 \leqslant \omega \leqslant 10 \\ 20\lg\dfrac{10 \times 2 \times \omega}{\omega \times \omega \times 10} & 10 \leqslant \omega < +\infty \end{cases}$$

$$\varphi(\omega) = \varphi_1(\omega) + \varphi_2(\omega) + \varphi_3(\omega) = -90° - \arctan\frac{\omega}{2} + \arctan\frac{\omega}{10}$$

分别绘制出系统的 Bode 图如图 4.31 所示。

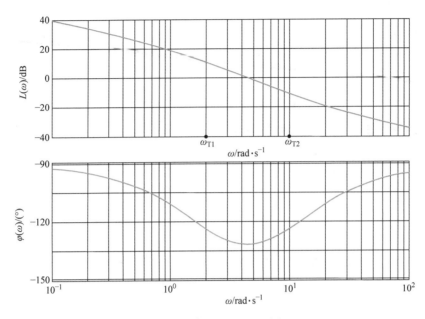

图 4.31　例 4.8 的 Bode 图

3. 由系统开环 Bode 图求系统的开环传递函数

开环传递函数在 s 复平面的右半平面上无极点和零点时，传递函数的幅频特性和相频特性有一一对应的关系（Bode 定理）。此时根据系统的开环 Bode 图可以求出系统的开环传递函数。与上述作图过程相反，在已知系统的开环 Bode 图时，应当能写出系统开环传递函数。其方法为：根据系统开环 Bode 图上每个转折频率处曲线斜率的变化来确定惯性环节、振荡环节、一阶微分环节和二阶微分环节等；由低频段的斜率确定积分环节、微分环节的个数；由起始段（或其延长线）在 $\omega = 1$ 处的纵坐标高度确定开环增益 K。

确定开环增益 K 的大小还可以采用图 4.32 所示的方法。图 4.32a 所示为 I 型系统（$\nu = 1$），起始段频率为 -20，起始段（或其延长线）与 0dB 线相交处的频率等于 K 值，因为 $20\lg\dfrac{K}{\omega} = 0\mathrm{dB}$，故 K 等于交点处的频率。

对于 II 型系统（$\nu = 2$），如图 4.32b 所示，起始段频率为 -40，起始段（或其延长线）与 0dB 线相交处的频率等于 $\sqrt{K}$ 值，因为 $20\lg\dfrac{K}{\omega^2} = 0\mathrm{dB}$。

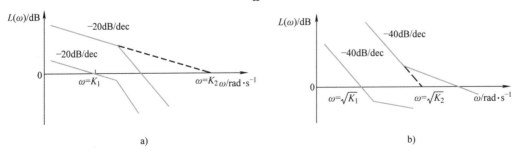

图 4.32　由开环 Bode 图确定开环增益 K

例 4.9 已知系统开环 Bode 图如图 4.33 所示,求系统的开环传递函数 $G_k(s)$。

解:由图 4.33 可知,系统开环 Bode 图的渐近线的斜率变化依次是 $-20 \rightarrow -60 \rightarrow -40$,说明此系统至少包含三个环节:积分环节、振荡环节和一阶微分环节。又因渐近线起始段的延长线不通过 $(1,j0)$ 点,则系统还应包含比例环节。因此,系统的开环传递函数 $G_k(s)$ 表达式为

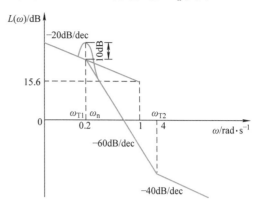

图 4.33 例题 4.9 系统开环对数频率特性图

$$G_k(s) = \frac{K\omega_n^2(1+Ts)}{s(s^2+2\xi\omega_n s+\omega_n^2)}$$

1)求 K。对数幅频特性图的起始段是比例积分环节,当 $\omega=1$ 时,幅值即为 $20\lg K$,因此,由 $20\lg K=15.6$dB,求得 $K=6$。

2)求 ω_n。在图 4.33 中,由积分环节到振荡环节的转折频率为 $\omega_{T1}=0.2$,此即振荡环节的固有频率 $\omega_n=0.2$。

3)求 ξ。当 $\omega=\omega_n$ 时,振荡环节的峰值(最大误差)为 10dB,即

$$20\lg\frac{1}{2\xi}=10 \quad \xi=0.158$$

4)求 T。在图 4.33 中,由振荡环节到一阶微分环节的转折频率为 $\omega_{T2}=4$,所以微分环节的时间常数为 $T=0.25$。

将上述求得的各参数值代入到 $G_k(s)$ 的表达式得

$$G_k(s) = \frac{0.06s+0.24}{s(s^2+0.0632s+0.04)}$$

4.4 控制系统的闭环频率特性

4.4.1 系统的闭环频率特性图

具有单位反馈的控制系统,其闭环传递函数 $\Phi(s)$ 与开环传递函数 $G_k(s)$ 之间的关系为

$$\Phi(s) = \frac{G_k(s)}{1+G_k(s)} \tag{4.39}$$

将 $s=j\omega$ 代入式(4.39)中,则有

$$\Phi(j\omega) = \frac{G_k(j\omega)}{1+G_k(j\omega)} \tag{4.40}$$

由于 $\Phi(j\omega)$、$G_k(j\omega)$ 均是 ω 的复变函数,所以 $\Phi(j\omega)$ 的幅频特性和相频特性可分别写为

$$|\Phi(j\omega)| = \frac{|G_k(j\omega)|}{|1+G_k(j\omega)|} \tag{4.41}$$

$$\angle\Phi(j\omega) = \angle G_k(j\omega) - \angle[1+G_k(j\omega)] \tag{4.42}$$

因此，已知开环频率特性 $G_k(j\omega)$，根据式（4.41）和式（4.42）就可逐点绘制闭环频率特性图。

对于非单位反馈的闭环控制系统，可以按以下方法求取闭环频率特性。

$$\Phi(j\omega) = \frac{G(j\omega)}{1 + G(j\omega)H(j\omega)} = \frac{1}{H(j\omega)} \frac{G(j\omega)H(j\omega)}{1 + G(j\omega)H(j\omega)} \tag{4.43}$$

显然，式（4.43）右边的后一项是单位反馈系统的频率特性，其前向通道的传递函数为 $G(s)H(s)$，故可在求得此项后，在乘以 $\frac{1}{H(j\omega)}$，即得 $\Phi(j\omega)$。因此，将 $G(j\omega)H(j\omega)$ 视为单位反馈系统的 $G_k(j\omega)$ 来加以讨论。

4.4.2 由开环频率特性估计闭环频率特性

一般的实际系统都具有如图 4.34 所示的对数幅频特性。它的主要特点是：①开环频率特性的幅值总是随着频率的增加而降低；②开环幅频特性曲线 $L(\omega)$ 与 0dB 线只有一个交点。将该交点处的频率，即 $L(\omega) = 0$［或 $|G_k(j\omega)| = 1$］的频率，称为开环幅值穿越频率或开环截止频率，用 ω_c 表示。

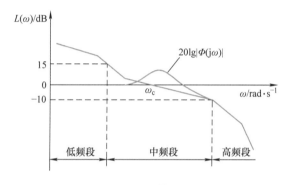

图 4.34　开环对数幅频特性

从闭环频率特性和开环频率特性的关系式（4.43）中，可以画出闭环频率特性图。但在控制工程的实际应用中，常常依据开环频率特性的开环截止频率 ω_c 的大小，将控制系统的整个工作频率分为低频、中频、高频三个频段，然后根据开环频率特性估计闭环频率特性。

1. 低频段（$\omega \ll \omega_c$ 的某一频率范围）

低频段是指开环对数幅频特性在第一个开环截止频率以前的频率区段。因为 $|G_k(j\omega)| \gg 1$，那么有

$$\Phi(j\omega) = \frac{G_k(j\omega)}{1 + G_k(j\omega)} \approx 1$$

即在低频段内，闭环系统的幅频特性近似为 1。这表明对于低频信号输入，系统能无衰减地从输入传递到输出。

2. 高频段（$\omega \gg \omega_c$ 的某一频率范围）

高频段是指开环对数幅频特性在中频段以后的 $\omega \to \infty$ 的频率区段。因为 $|G_k(j\omega)| \ll 1$，那么有

$$\Phi(j\omega) = \frac{G_k(j\omega)}{1 + G_k(j\omega)} \approx G_k(j\omega)$$

即在高频段内，闭环系统的幅频特性曲线几乎与开环幅频特性曲线重合，也就是说 $|\Phi(j\omega)| \ll 1$，这表明对于高频信号输入，系统是极大衰减输入信号。因此，系统开环对

数幅频特性在高频段的幅值直接反映了对输入端高频干扰信号的抑制能力。

3. 中频段（包含 ω_c 的某一频率范围）

中频段是指开环对数幅频特性在截止频率附近的频率区段。在截止频率 ω_c 处，有 $|G_k(j\omega_c)| = 1$，如图 4.35 所示，A 点的频率为截止频率 ω_c，则 $|\overrightarrow{OA}| = |\overrightarrow{OP}| = 1$，所以图 4.35 中 $\triangle OPA$ 是等腰三角形，从而对应的闭环幅频特性值为

$$|G_B(j\omega_c)| = \frac{|\overrightarrow{OA}|}{|\overrightarrow{PA}|} = \frac{1}{|\overrightarrow{PA}|} = \frac{1}{2}\arcsin\left(\frac{\angle AOP}{2}\right)$$

求出 $|G_B(j\omega_c)|$ 后，根据前面给出的 $G_B(j\omega)$ 在低频段和高频段的幅频特性曲线，就可大致勾画出闭环系统的幅频特性曲线。在中频段内，闭环系统的幅频特性曲线与开环幅频特性曲线相差悬殊。

应当指出，以上三个频段的划分不是绝对的。通常将控制系统的开环幅频特性在 15 ~ −10dB 的一段频率范围作为中频段。

4.4.3 系统的闭环频域性能指标

1. 闭环频域性能指标

图 4.36 所示为闭环系统的闭环幅频特性图。从图上可看出幅频特性随着频率 ω 的变化特征，这些特征可用特征量加以描述，这些特征量构成了闭环频域性能指标。

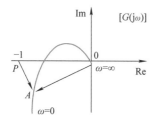

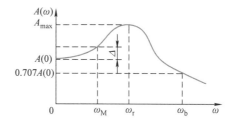

图 4.35 由开环频率特性确定闭环频率特性   图 4.36 闭环幅频特性图

（1）零频幅值 $A(0)$ 零频幅值 $A(0)$ 表示当频率接近零时，闭环系统输出的幅值与输入的幅值之比。在频率 $\omega \to 0$ 时，若 $A(0) = 1$，则输出幅值能完全准确地反映输入幅值。$A(0)$ 越接近于 1，系统稳态误差越小。

（2）复现频率 ω_M 与复现带宽 $0 \sim \omega_M$ 若事先规定一个 Δ 作为反映低频输入信号的允许误差，那么 ω_M 就是幅频特性与 $A(0)$ 之差第一次达到 Δ 时的频率值。当 $\omega > \omega_M$ 时，输出就不能准确"复现"输入。所以 $0 \sim \omega_M$ 频率范围称为复现带宽。根据 Δ 确定的 ω_M 越大，则表明系统能以规定精度复现输入信号的频带越宽。反之，若 ω_M 已给定，由 ω_M 确定的允许误差 Δ 越小，说明系统反映低频输入信号的精度越高。

（3）谐振频率 ω_r 及谐振峰值 $M_r\left(\dfrac{A_{max}}{A(0)}\right)$ 幅频特性 $A(\omega)$ 出现最大值 A_{max} 时的频率称为谐振频率 ω_r。当 $\omega = \omega_r$ 时的幅值 $A(\omega_r) = A_{max}$ 与 $\omega = 0$ 时的零频幅值 $A(0)$ 之比 $\dfrac{A_{max}}{A(0)}$ 称为谐振峰值 M_r。谐振峰值 M_r 反映了系统瞬态响应的速度和相对稳定性，其值越大，则闭环系统的振荡越严重，因而稳定性就越差。

（4）截止频率 ω_b 及截止带宽 $0 \sim \omega_b$　　截止频率 ω_b 是指系统闭环频率特性的幅值由 $A(0)$ 下降到 $0.707A(0)$，也就是下降 3dB 时的频率。频率 $0 \sim \omega_b$ 的范围称为系统的截止带宽，其值越大，闭环系统对输入的响应就越快，即瞬态过程的过渡过程时间越短。它反映了闭环系统响应的快慢。

2. 典型系统的闭环频域性能分析

下面根据上述闭环系统频域指标对一阶系统和二阶系统进行性能分析。

（1）一阶系统　　对于具有单位反馈的一阶系统，其闭环频率特性为

$$\Phi(j\omega) = \frac{1}{j\omega T + 1}$$

令 $|\Phi(j\omega_b)| = \frac{\sqrt{2}}{2} |\Phi(j0)| = \frac{\sqrt{2}}{2}$，即

$$\frac{1}{\sqrt{1 + T^2 \omega_b^2}} = \frac{\sqrt{2}}{2}$$

解得一阶系统的截止频率为 $\omega_b = \frac{1}{T}$。

可见，截止频率与一阶系统的时间常数成反比，即频带越宽，惯性越小，响应的快速性越好。

（2）二阶系统　　二阶系统的闭环传递函数为

$$\Phi(s) = \frac{\omega_n^2}{s^2 + 2\xi\omega_n s + \omega_n^2}$$

闭环系统的幅频特性为

$$A(\omega) = |\Phi(j\omega)| = \frac{1}{\sqrt{\left(1 - \frac{\omega^2}{\omega_n^2}\right)^2 + \left(2\xi \frac{\omega}{\omega_n}\right)^2}}$$

令 $\frac{dA(\omega)}{d\omega} = 0$，可得当 $0 \leqslant \xi < 0.707$ 时，系统的谐振频率 ω_r 及谐振峰值 M_r 分别为

$$\omega_r = \omega_n \sqrt{1 - 2\xi^2} \qquad (4.44)$$

$$M_r = \frac{1}{2\xi \sqrt{1 - \xi^2}} \qquad (4.45)$$

由此可见，当阻尼比 ξ 为常数时，谐振频率 ω_r 与系统的无阻尼固有频率 ω_n 成正比，表示 ω_r 值越大，ω_n 值也越大，系统响应速度越快；谐振峰值 M_r 随着阻尼比 ξ 的增大而减小。其物理意义在于：当闭环幅频特性有谐振峰值时，系统输入信号的频谱在 $\omega = \omega_r$ 附近的谐波分量通过系统后显著增强，从而引起振荡。

又令 $A(\omega) = 0.707A(0) = 0.707$，可求得二阶系统的截止频率 ω_b 为

$$\omega_b = \omega_n \sqrt{1 - 2\xi^2 + \sqrt{2 - 4\xi^2 + 4\xi^4}}$$

由此可见，当阻尼比 ξ 确定后，截止频率 ω_b 与调整时间 ω_n 成正比关系，即 ω_b 越大，带宽越宽，系统的响应速度越快。但带宽过大，系统抗高频干扰的能力就会下降，带宽大的系统实现起来也有困难。

习　　题

4.1　什么是频率特性？若系统输入不同频率的正弦信号 $A\sin\omega t$，其相应的稳态输出为 $B\sin(\omega t + \varphi)$，试写出系统的频率特性。

4.2　已知系统的传递函数 $G(s) = \dfrac{K(\tau s + 1)}{Ts + 1}$，试求系统对正弦输入信号 $x_i(t) = A\sin\omega t$ 的稳态响应。

4.3　已知系统的传递函数 $G(s) = \dfrac{4}{10s + 1}$，试求系统的幅频特性 $A(\omega)$、相频特性 $\varphi(\omega)$、实频特性 $U(\omega)$ 和虚频特性 $V(\omega)$。

4.4　已知系统的传递函数框图如图 4.37 所示，现作用于系统的输入信号为 $x_i(t) = \sin 2t$，试求系统的稳态输出。系统的传递函数如下：

（1）$G(s) = \dfrac{5}{s + 1}$，$H(s) = 1$。

（2）$G(s) = \dfrac{5}{s}$，$H(s) = 1$。

（3）$G(s) = \dfrac{5}{s + 1}$，$H(s) = 2$。

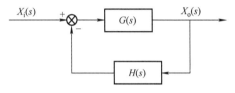

图 4.37　题 4.4 图

4.5　试绘制下列开环传递函数在频率 $\omega = -\infty \to +\infty$ 变化范围内的极坐标图，并求其幅值穿越频率和相频穿越频率。

（1）$G_k(s) = \dfrac{1}{(s + 1)(2s + 1)}$；

（2）$G_k(s) = \dfrac{1}{s(s + 1)(2s + 1)}$

（3）$G_k(s) = \dfrac{10s}{(s + 1)(0.05s + 1)}$；

（4）$G_k(s) = \dfrac{10(0.5s + 1)}{s^2(s + 1)}$

（5）$G_k(s) = \dfrac{10s}{(s + 1)(0.05s - 1)}$；

（6）$G_k(s) = \dfrac{se^{-0.2s}}{2s + 1}$

4.6　试绘制下列开环传递函数的 Bode 图，要求幅值穿越频率 $\omega_c = 5\text{rad/s}$，求各自的增益 K。

（1）$G_k(s) = \dfrac{Ks}{(0.1s + 1)(s + 1)}$；　　（2）$G_k(s) = \dfrac{K(s + 5)}{s(0.1s + 1)}$

（3）$G_k(s) = \dfrac{Ke^{-0.1s}}{s(s^2 + s + 1)(s + 1)}$；　　（4）$G_k(s) = \dfrac{K(s + 0.2)}{s^2(s + 1)}$

4.7　已知最小相位系统的对数幅频特性如图 4.38 所示，试写出系统的开环传递函数。

4.8　已知系统在 s 平面的右半平面无开环零点，频率 $\omega = 0 \to +\infty$ 的开环频率特性极坐标图如图 4.39 所示，其中 N_p 表示开环系统在右半平面的极点数。

1）试判断系统的型次。

2）找出极坐标曲线起点（$\omega = 0$）和终点（$\omega = \infty$）的位置。

3）画出 $\omega = -\infty \to +\infty$ 的极坐标图。

4.9　已知单位反馈系统的开环传递函数为 $G_k(s) = \dfrac{10}{s(0.1s + 1)(0.05s + 1)}$，试求系统的谐振频率 ω_r 和谐振峰值 M_r。

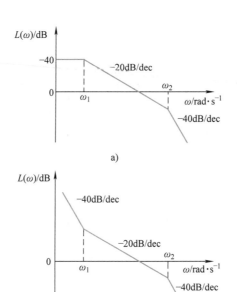

图 4.38　题 4.7 图

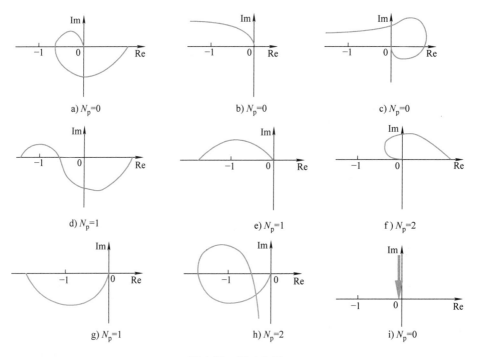

图 4.39　题 4.8 图

第5章　控制系统的根轨迹分析法

　　闭环极点即为闭环特征方程的根，其在 s 平面内的位置对系统性能具有重要的影响，根轨迹分析方法是一种简单、实用地求解系统特征方程根的图解分析方法，是经典控制理论的基本方法之一。它不仅适用于线性定常连续系统，也适用于线性定常离散系统，同时还适用于单环路系统和多环路系统。本章主要介绍根轨迹的基本概念，绘制根轨迹的一般规则，并用这种方法分析控制系统。

5.1　根轨迹的基本概念

　　控制系统的稳定性由闭环特征方程的根（闭环传递函数的极点）决定，而系统瞬态响应的基本性能则取决于闭环传递函数的极点和零点的分布。当系统的某个参数变化时，上述特征方程的根随之在复平面上移动，系统的性能也随之变化。于是可以根据特征根在复平面上的位置来分析系统的性能，也可以根据对系统性能的要求来确定根的位置，进而反推出系统的参数。根轨迹分析法就是研究复平面上根的位置随系统参数变化的规律及其与系统性能的关系。1948 年，伊文思（W. R. Evans）首先提出了求解特征方程根的根轨迹法，随后此方法迅速发展并被广泛应用。

5.1.1　根轨迹的概念

　　根轨迹是指当系统的某个参数从零变到无穷时，闭环极点在复平面上移动的轨迹。考虑如图 5.1 所示的单位负反馈系统，分析系统特征方程的根（闭环极点）随着开环增益 K 的变化，在 s 平面上的位置变化情况，以及开环增益 K 对系统的影响。

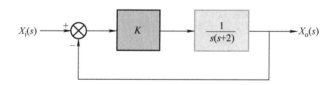

图 5.1　单位负反馈系统结构图

　　闭环系统的传递函数为

$$\frac{X_o(s)}{X_i(s)} = \frac{K}{s^2 + 2s + K}$$

　　闭环系统的特征方程为

$$1 + \frac{K}{s(s+2)} = s^2 + 2s + K = 0$$

　　闭环系统极点即为特征方程的根：

$$s_1, \ s_2 = -1 \pm \sqrt{1-K}$$

　　通过改变开环增益 K，求得相应的特征根见表 5.1，根据此表绘制出 s 平面上随 K 变化的根轨迹如图 5.2 所示，图中箭头指向为 K 增大时，特征根的移动方向。

表 5.1　开环增益 K 与特征根的关系

K	s_1	s_2	特征根的特点
0	0	-2	实轴上的不同点
$0 \sim 1$	$-1 + \sqrt{1-K}$	$-1 - \sqrt{1-K}$	实轴上的不同点，随着 K 增大而相互靠近
1	-1	-1	实轴上的相同点
$1 \sim +\infty$	$-1 + \sqrt{1-K}$	$-1 - \sqrt{1-K}$	实部保持为 -1，虚部从 0 分别趋向 $+\infty$ 和 $-\infty$

由图 5.2 可知，当参数 K 由零变到无穷大时，闭环特征根的位置随之改变，导致控制系统的性能也发生改变，由该单位负反馈系统可以发现：

1）位于 s 复平面的左半平面上的特征根实部为负，对应着稳定极点；位于 s 复平面的右半平面上的根实部为正，对应着不稳定极点；位于虚轴上的根实部为零，对应着临界稳定极点。

2）当 $0 < K < 1$ 时，此系统有两个不相等的实数根，此二阶系统呈过阻尼状态。

3）当 $K = 1$ 时，特征根为两个相等的实数根，此二阶系统呈临界阻尼状态。

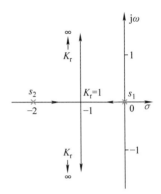

图 5.2　根轨迹图

4）当 $1 < K < \infty$ 时，特征根为两个实部为负的共轭复根，此二阶系统呈欠阻尼状态，即输出呈衰减振荡形式。

综上所述，由于闭环特征方程根的位置与控制系统的性能密切相关，当系统的某个参数发生变化时，特征方程的根在复平面上的位置和系统的性能将随之改变，分析这种变化规律就是根轨迹法的基本思路。

5.1.2　根轨迹方程——幅值条件与相角条件

以图 5.3 所示的控制系统为例，其闭环传递函数为

$$\frac{X_o(s)}{X_i(s)} = \frac{G(s)}{1 + G(s)H(s)} \qquad (5.1)$$

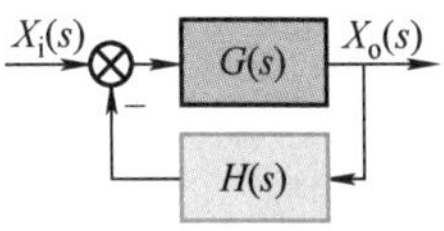

特征方程为

$$1 + G(s)H(s) = 0$$

即

$$G(s)H(s) = -1 \qquad (5.2)$$

图 5.3　负反馈系统框图

凡是满足上式的 s 值，就是系统的特征根，也就是根轨迹的一个点。因为 s 是复数，所以式 (5.2) 等号左端 $G(s)H(s)$ 也必然为复数，右端值 -1 可以改写为复数形式 $(-1, j0)$，而 $(-1, j0)$ 幅值为 $|-1 + j0| = 1$，相角为 $\pm(2k+1)\pi$，式 (5.2) 左右两端两复数相等时，其幅值和相角对应相等，于是得到

$$|G(s)H(s)| = 1 \qquad (5.3)$$

$$\angle G(s)H(s) = \pm(2k+1)\pi \qquad (k = 0,1,2,\cdots) \qquad (5.4)$$

式 (5.3)、式 (5.4) 分别是满足系统特征方程的幅值条件和相角条件，在 s 平面内，可以同时满足上述幅值条件和相角条件的点，就是系统特征方程的根，也必定在根轨迹曲线

上，因此它们是绘制根轨迹的重要依据。

分子阶次为 m，分母阶次为 n 的控制系统开环传递函数可表示为

$$G(s)H(s) = \frac{K\prod\limits_{j=1}^{m}(\tau_j s + 1)}{\prod\limits_{i=1}^{n}(T_i s + 1)} \quad (n > m) \tag{5.5}$$

式中，K 为系统开环增益（规范化开环增益）；τ_j 和 T_i 为时间常数。若将系统开环传递函数写成零、极点的形式有

$$G(s)H(s) = \frac{K_g\prod\limits_{j=1}^{m}(s - z_j)}{\prod\limits_{i=1}^{n}(s - p_i)} \quad (n > m) \tag{5.6}$$

式中，z_j 为开环零点；p_i 为开环极点；K_g 为开环根轨迹增益，它与开环增益 K 之间仅相差一个比例常数。令式（5.5）和式（5.6）中 $s = 0$ 得

$$K = K_g \frac{\prod\limits_{j=1}^{m}(-z_j)}{\prod\limits_{i=1}^{n}(-p_i)} \quad (n > m) \tag{5.7}$$

用式（5.6）以零点、极点形式所表示的开环传递函数绘制根轨迹是比较方便的，式（5.5）所示的以时间常数形式所表示的开环传递函数用于绘制 Bode 图比较方便。将式（5.6）代入式（5.2）中，可以写成如下形式：

$$\frac{K_g\prod\limits_{j=1}^{m}(s - z_j)}{\prod\limits_{i=1}^{n}(s - p_i)} = -1 \quad (n > m) \tag{5.8}$$

定义式（5.8）为根轨迹方程。将式（5.6）代入根轨迹的幅值条件式（5.3），则有

$$\frac{|K_g|\prod\limits_{j=1}^{m}|s - z_j|}{\prod\limits_{i=1}^{n}|s - p_i|} = 1 \quad (n > m)$$

即

$$|K_g| = \frac{\prod\limits_{i=1}^{n}|s - p_i|}{\prod\limits_{j=1}^{m}|s - z_j|} \quad (n > m) \tag{5.9}$$

将式（5.6）代入根轨迹的相角条件式（5.4），则有

$$\sum\limits_{j=1}^{m}\angle(s - z_j) - \sum\limits_{i=1}^{n}\angle(s - p_i) = \pm(2k+1)\pi \quad (k = 0,1,2,\cdots) \tag{5.10}$$

由上面推导可知，在 s 平面内的点，如果满足式（5.3）和式（5.4），也必然满足式（5.9）

和式（5.10），因此式（5.9）和式（5.10）也分别为根轨迹的幅值条件和相角条件。

通常把根轨迹增益 K_g 从 $0 \to +\infty$ 变化时的根轨迹称为**常规根轨迹**，又称为180°根轨迹。根轨迹的幅值条件和相角条件是根轨迹上的点应满足的两个条件，也就可以完全确定 s 复平面上的根轨迹及根轨迹上各点对应的 K_g 值。由于幅值条件与 K_g 有关，而相角条件与 K_g 无关，所以满足相角条件的任一点，代入幅值条件总可以求出一个相应的 K_g 值，也就是必然可以找到一个 K_g 值，使得该 s 满足幅值方程，因此，所有满足相角方程的 s 就构成了闭环特征方程式根的轨迹，这样无需对闭环方程式求解，只要寻找满足相角方程的 s，便可以找到系统的闭环根轨迹。总之，**相角条件是确定 s 复平面上根轨迹的充要条件**，绘制根轨迹时，只有当需要确定根轨迹上各点对应的 K_g 值时，才使用幅值条件。

5.2 绘制根轨迹的基本法则

根轨迹的绘制方法主要包括：机器作图法，即在计算机上，利用数值求解法求解系统的闭环特征方程，然后求得特征根，并在 s 复平面上画出来以形成根轨迹，可以采用 MATLAB 实现；另一种为人工作图法，虽然此方法只是一种近似作图法，但由于这种方法基于根轨迹的基本特征，而这些特征对于进行根轨迹分析又是很重要的，因此本节介绍利用人工作图法绘制常规根轨迹，以及根轨迹的基本特征。当根轨迹增益 $K_g = 0 \to +\infty$ 时，直接采用人工作图法绘制根轨迹是比较困难的，但若从相角条件和幅值条件出发，找到根轨迹的基本特征和关键点，就能比较方便地近似绘制出根轨迹。下面介绍具体的绘制法则。

5.2.1 根轨迹的起点和终点

根轨迹的起点是指 $K_g = 0$ 时闭环极点在 s 复平面上的分布位置；根轨迹的终点是指 $K_g \to +\infty$ 时，闭环极点在 s 复平面上的分布位置。根据式（5.8）根轨迹方程可以写成如下形式：

$$\frac{\prod\limits_{j=1}^{m}(s-z_j)}{\prod\limits_{i=1}^{n}(s-p_i)} = -\frac{1}{K_g} \quad (n>m) \tag{5.11}$$

式中，K_g 可以从零变为无穷。在根轨迹起点处，$K_g = 0$，由式（5.11）可得 $s = p_i$，即 n 条根轨迹起始于开环传递函数的 n 个极点；当 $K_g \to +\infty$ 时，由式（5.11）可得 $s = z_j$，即 m 条根轨迹终止于开环传递函数的零点。对于实际的物理系统，开环零点数 m 一般小于等于开环极点数 n，因而还有 $(n-m)$ 条根轨迹的终点需要再判断。因为当 $s \to \infty$ 时，有

$$K_g = \lim_{s\to\infty} \frac{\prod\limits_{i=1}^{n}(s-p_i)}{\prod\limits_{j=1}^{m}(s-z_j)} = \lim_{s\to\infty} s^{n-m} \to \infty \tag{5.12}$$

这符合终点处（$s \to \infty$，$K_g \to \infty$）的根轨迹方程，可知另外的 $(n-m)$ 条根轨迹终止于无穷远处。

【规则一】根轨迹的起点和终点：在开环极点数 n 大于开环零点数 m 时，根轨迹起始于系统的 n 个开环极点，其中 m 条终止于系统的开环零点，$(n-m)$ 条终止于无穷远处。

5.2.2 根轨迹的分支数、对称性和连续性

根轨迹是开环系统某一参数（K_g）从零变化到无穷时，闭环特征根在 s 复平面上变化的轨迹，因此根轨迹的分支数必与闭环特征根的个数一致，而特征根的数目就等于闭环特征方程的阶数，即为开环零点数 m 和开环极点数 n 中的较大者。

闭环特征根如果是实数根，则分布在 s 平面的实轴上；如果是复数根，则成对出现，实部相等，虚部大小相等，符号相反。因此形成的根轨迹必定对称于实轴。

控制系统根轨迹特征方程式的某些系数是根轨迹增益 K_g 的函数，所以当 K_g 在零到无穷之间连续变化时，这些系数也随之连续变化，因此，闭环特征根的变化也是连续的，即根轨迹是连续的。

【规则二】根轨迹的分支数与开环零点数 m 和开环极点数 n 中的大者相等，根轨迹是连续的并且对称于实轴。

5.2.3 实轴上的根轨迹

根据根轨迹方程的相角条件来确定实轴上某一区域是否为根轨迹。设系统的开环零、极点分布如图 5.4 所示。在实轴上取一点 s_0，各开环零、极点向 s_0 引向量，如图中的箭头所示。由图可知共轭复数极点（或零点）p_3 和 p_4 到这一点的向量相角和为 2π，而位于考察点 s_0 左侧的开环实数零、极点到这一点的向量的相角均为零，故它们均不影响根轨迹方程的相角条件。因此，在确定实轴上根轨迹时，只需考虑试验点 s_0 右侧实轴上的开环零、极点。

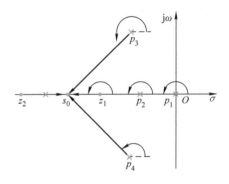

图 5.4　实轴上的根轨迹

s_0 点右侧开环实数零、极点到 s_0 点的向量相角均等于 π，如果令 $\sum \varphi_j$ 代表 s_0 点右侧所有开环实数零点到 s_0 点的向量相角和，$\sum \theta_i$ 代表 s_0 点右侧所有开环实数极点到 s_0 点的向量相角和，则 s_0 点位于根轨迹上的充要条件是

$$\sum \varphi_j - \sum \theta_i = \pm (2k + 1)\pi \qquad (5.13)$$

由于 φ_j 与 θ_i 中的每一个相角都等于 π，而 π 与 $-\pi$ 代表相同的角度，因此减去 π 角就等于加上 π 角，于是 s_0 点位于根轨迹上的充要条件可以等效为

$$\sum \varphi_j + \sum \theta_i = \pm (2k + 1)\pi \qquad (5.14)$$

若使式（5.14）成立，应有 $i + j = 2k + 1$（$2k + 1$ 为奇数）。

【规则三】实轴上的根轨迹：判断实轴上的某一区域是否为根轨迹的一部分，就是要看其右边开环实数零、极点个数之和是否为奇数。若为奇数，则该区域必是根轨迹，反之该区域不是根轨迹。

5.2.4 根轨迹的渐近线

根据规则一可知，当开环零点数 m 小于开环极点数 n，且当增益 $K_g \to \infty$ 或 $s \to \infty$ 时，有

（$n-m$）条根轨迹终止于s复平面的无穷远处。下面介绍这（$n-m$）条根轨迹是沿何方向趋于无穷远处的，即渐近线方向，渐近线可以认为是$K_g \to \infty$或$s \to \infty$时的根轨迹。

设实验点s是位于无穷远处根轨迹上的一点，则它到各开环零、极点的向量与实轴方向的夹角可以看成是相等的，记为θ_a，则有

$$\theta_a = \frac{\pm(2k+1)\pi}{(n-m)}(k=0,1,2,\cdots) \tag{5.15}$$

以零点和极点表示的闭环特征方程为

$$K_g \frac{(s-z_1)(s-z_2)\cdots(s-z_m)}{(s-p_1)(s-p_2)\cdots(s-p_n)} = -1 \tag{5.16}$$

当$s \to \infty$时，可以认为分子、分母中各一次项相等，对于渐近线上各点，有

$$s-z_1 = \cdots s-z_m = s-p_1 = \cdots s-p_n = s-\sigma_a \tag{5.17}$$

式中，σ_a为渐近线与实轴的交点，为实数。将式（5.17）代入式（5.16），则有

$$(s-\sigma_a)^{n-m} = -K_g \tag{5.18}$$

式（5.18）就是渐近线应满足的方程，由此式可得

$$(n-m)\angle(s-\sigma_a) = \pm(2k+1)\pi \tag{5.19}$$

所以可以得到

$$\theta_a = \angle(s-\sigma_a) = \frac{\pm(2k+1)\pi}{n-m}(k=0,1,2,\cdots,n-m-1) \tag{5.20}$$

式（5.20）就是渐近线与实轴正方向的夹角，记为θ_a。由于当k值变化时，θ_a值重复出现，所以在实际应用时，常将此式中的"$\pm$"去掉。

下面求交点σ_a，利用多项式乘法和除法，由式（5.16）可得

$$-K_g = \frac{\prod\limits_{i=1}^{n}(s-p_i)}{\prod\limits_{j=1}^{m}(s-z_j)} = \frac{s^n - (\sum\limits_{i=1}^{n}p_i)s^{n-1} + \cdots}{s^m - (\sum\limits_{j=1}^{m}z_j)s^{m-1} + \cdots} = s^{n-m} + (\sum\limits_{j=1}^{m}z_j - \sum\limits_{i=1}^{n}p_i)s^{n-m+1} + \cdots$$

$$\tag{5.21}$$

将式（5.17）代入式（5.21）可得

$$(s-\sigma_a)^{n-m} = s^{n-m} + (\sum\limits_{j=1}^{m}z_j - \sum\limits_{i=1}^{n}p_i)s^{n-m+1} + \cdots \tag{5.22}$$

利用二项式定理将上式左边展开后可得

$$s^{n-m} - (n-m)\sigma_a s^{n-m+1} + \cdots = s^{n-m} + (\sum\limits_{j=1}^{m}z_j - \sum\limits_{i=1}^{n}p_i)s^{n-m+1} + \cdots \tag{5.23}$$

式（5.23）等号两边的s^{n-m+1}项系数应相等，于是有

$$\sigma_a = \frac{\sum\limits_{i=1}^{n}p_i - \sum\limits_{j=1}^{m}z_j}{n-m} \tag{5.24}$$

【规则四】根轨迹的渐近线：当开环极点数n大于开环零点数m时，有（$n-m$）条根轨迹分支沿着与实轴夹角为θ_a，交点为σ_a的一组渐近线趋于无穷远处，且有

$$\theta_{\text{a}} = \frac{\pm (2k+1)\pi}{n-m}(k = 0,1,2,\cdots,n-m-1), \quad \sigma_{\text{a}} = \frac{\sum\limits_{i=1}^{n} p_i - \sum\limits_{j=1}^{m} z_j}{n-m} \tag{5.25}$$

5.2.5 根轨迹的分离点和会合点

两条或两条以上的根轨迹分支在 s 复平面内的交点称为分离点或会合点。当根轨迹分支在实轴上相交后而走向复平面时,该交点称为根轨迹的分离点(如图 5.5 中的 A 点所示);反之,当两根轨迹的分支由复平面走向实轴时,它们在实轴上的交点称为会合点(如图 5.5 中的 B 点所示)。常见的分离点和会合点一般都位于实轴上,也可能产生于共轭复数对中(如图 5.6 所示)

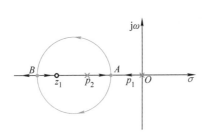

图 5.5 根轨迹的分离点与会合点   图 5.6 根轨迹的复数分离点

根轨迹的分离点和会合点,实质上是特征方程的重根,因而可以利用求解方程重根的方法确定它们在 s 平面上的位置。设开环传递函数为

$$G(s)H(s) = K_{\text{g}} \frac{Q(s)}{P(s)} \tag{5.26}$$

式中,

$$Q(s) = \prod_{j=1}^{m} (s - z_j), P(s) = \prod_{i=1}^{n} (s - p_i) \tag{5.27}$$

其闭环特征方程为

$$F(s) = K_{\text{g}}Q(s) + P(s) = 0 \tag{5.28}$$

设特征方程有重根,其条件是 s 的值必须同时满足以下两式:

$$\begin{cases} K_{\text{g}}Q(s) + P(s) = 0 \\ \dfrac{\mathrm{d}F(s)}{\mathrm{d}s} = K_{\text{g}} \dfrac{\mathrm{d}Q(s)}{\mathrm{d}s} + \dfrac{\mathrm{d}P(s)}{\mathrm{d}s} = 0 \end{cases} \tag{5.29}$$

消去 K_{g} 可得

$$P(s) \frac{\mathrm{d}Q(s)}{\mathrm{d}s} - Q(s) \frac{\mathrm{d}P(s)}{\mathrm{d}s} = 0 \tag{5.30}$$

也可以写成

$$\frac{\mathrm{d}[P(s)/Q(s)]}{\mathrm{d}s} = 0 \tag{5.31}$$

式(5.30)和式(5.31)分别是分离点和会合点应该满足的方程。除此之外,还可以利用

$\dfrac{\mathrm{d}K_g}{\mathrm{d}s} = 0$ 来求取，对此说明如下：

由式（5.28）可得

$$K_g = -\frac{P(s)}{Q(s)} \tag{5.32}$$

将式（5.32）对 s 求导，得

$$\frac{\mathrm{d}K_g}{\mathrm{d}s} = \frac{P(s)\dfrac{\mathrm{d}Q(s)}{\mathrm{d}s} - Q(s)\dfrac{\mathrm{d}P(s)}{\mathrm{d}s}}{Q^2(s)} \tag{5.33}$$

由于在根轨迹的分离点上，根据式（5.30）和式（5.31）可知，式（5.33）的分子应等于零，于是可以得出

$$\frac{\mathrm{d}K_g}{\mathrm{d}s} = 0 \tag{5.34}$$

于是根轨迹的分离点和会合点，其坐标也可以由式（5.34）确定，式（5.34）与式（5.30）和式（5.31）是一致的。

【规则五】根轨迹的分离点和会合点应当满足式（5.30）或式（5.31）或式（5.34）。

例5.1 已知系统的开环传递函数为 $G(s)H(s) = \dfrac{K_g(s+3)}{(s+1)(s+2)}$，试绘制系统的根轨迹图。

解：1）开环零点、极点：$p_1 = -1$，$p_2 = -2$，$z_1 = -3$。

2）实轴上的根轨迹段：$p_1 \sim p_2$ 段和 $z_1 \sim -\infty$ 段。

3）根轨迹的渐近线：可求得渐近线与实轴的夹角 $\theta_a = \pm 180^o$。

4）分离点和会合点：

$$P(s) = s^2 + 3s + 2 \qquad Q(s) = s + 3$$
$$P'(s) = 2s + 3 \qquad Q'(s) = 1$$

由式（5.30）可得

$$s^2 + 3s + 2 = (2s + 3)(s + 3)$$

化简后得到

$$s^2 + 6s + 7 = 0$$

解方程得

$$s_1 = -1.6, s_2 = -4.4$$

s_1 为根轨迹的分离点，s_2 为根轨迹的会合点。绘出根轨迹如图5.7所示。

5.2.6 根轨迹的出射角和入射角

出射角为根轨迹离开开环复数极点处的切线方向与正实轴方向的夹角（如图5.8中的 θ_1 和 θ_2 所示）；入射角为根轨迹开环复数零点处的切线方向与正实轴方向的夹角（如图5.8中的 φ_1 和 φ_2）。计算根轨迹的出射角和入射角的目的在于了解复数极点或零点附

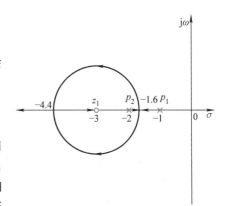

图5.7 例5.1的根轨迹图

近根轨迹的变化趋势，便于绘制根轨迹。

以求取 p_1 点出射角为例，设开环系统有 m 个有限零点，n 个有限极点。在十分靠近待求出射角的复数极点 p_1 的根轨迹上取一点 s_1。由于 s_1 无限接近待求出射角的复数极点 p_1，因此除 p_1 外，其他所有开环有限零、极点到 s_1 点的向量相角都可以用它们到 s_1 的向量角 $\angle(p_1 - z_j)$ $(j = 1, 2, \cdots, m)$ 和 $\angle(p_1 - p_i)$ $(i = 2, 3, \cdots, n)$ 代替，而 p_1 到 s_1 点的向量相角即为出射角 θ_{pi}。s_1 点必须满足根轨迹的相角条件，则有

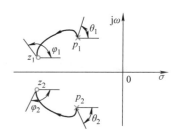

图 5.8　根轨迹的出射角和入射角

$$\sum_{j=1}^{m} \angle(p_1 - z_j) - \sum_{i=2}^{n} \angle(p_1 - p_i) - \theta_{pi} = \pm(2k+1)\pi \tag{5.35}$$

可得

$$\begin{aligned}
\theta_{pi} &= \mp(2k+1)\pi + \sum_{j=1}^{m} \angle(p_1 - z_j) - \sum_{i=2}^{n} \angle(p_1 - p_i) \\
&= \mp(2k+1)\pi + \sum_{j=1}^{m} \varphi_j - \sum_{i=2}^{n} \theta_i
\end{aligned} \tag{5.36}$$

对式（5.36）加以推广，可得根轨迹出射角的一般形式为

$$\begin{aligned}
\theta_{pl} &= \mp(2k+1)\pi + \sum_{j=1}^{m} \angle(p_1 - z_j) - \sum_{\substack{i=1 \\ i \neq l}}^{n} \angle(p_1 - p_i) \\
&= \mp(2k+1)\pi + \sum_{j=1}^{m} \varphi_j - \sum_{\substack{i=1 \\ i \neq l}}^{n} \theta_i
\end{aligned} \tag{5.37}$$

式中，θ_{pl} 为待求开环复数极点 p_l 的出射角，θ_i 为除去 p_l 外，其余开环极点向极点 p_l 所作向量与正实轴方向的夹角，φ_j 为各开环零点向极点 p_l 的所作向量与正实轴方向的夹角。

同理，可求得根轨迹入射角的表达式为

$$\begin{aligned}
\varphi_{zl} &= \pm(2k+1)\pi + \sum_{i=1}^{n} \angle(z_l - p_i) - \sum_{\substack{j=1 \\ j \neq l}}^{m} \angle(z_l - z_j) \\
&= \pm(2k+1)\pi + \sum_{i=1}^{n} \theta_i - \sum_{\substack{j=1 \\ j \neq l}}^{m} \varphi_j
\end{aligned} \tag{5.38}$$

综上所述，得到如下规则：

【规则六】起始于开环复数极点的出射角按式（5.37）计算，终止于开环复数零点处的根轨迹的入射角按式（5.38）计算。

5.2.7　根轨迹与虚轴的交点

根轨迹与虚轴的交点，意味着控制系统有位于虚轴上的闭环极点，即闭环特征方程含有共轭纯虚根，此时系统处于临界稳定状态（稳定与不稳定的分界点），常常需要求得这一交点和相应的 K_g 值。若根轨迹与虚轴相交，令闭环特征方程中的 $s = j\omega$，然后分别使其实部和虚部为零，即可求得根轨迹与虚轴的交点。

在控制系统特征方程中，令 $s = j\omega$，得

$$1 + G(j\omega)H(j\omega) = 0 \qquad (5.39)$$

分别令式（5.39）中的实部和虚部等于零，得

$$\text{Re}[1 + G(j\omega)H(j\omega)] = 0 \qquad (5.40)$$

$$\text{Im}[1 + G(j\omega)H(j\omega)] = 0 \qquad (5.41)$$

联立式（5.40）和式（5.41），可求解出根轨迹与虚轴的交点坐标 ω 和与此对应的开环根轨迹增益 K_g 的值。

【规则七】 根轨迹与虚轴相交，表明控制系统有位于虚轴上的闭环极点，即特征方程含有纯虚根，根轨迹与虚轴的交点坐标 ω 和与此对应的开环根轨迹增益 K_g 值通过联立式（5.40）和式（5.41）求解。

5.2.8 利用开环极点与闭环极点的关系确定根轨迹走向

在一定条件下，开环极点与闭环极点间有着固定的关系，可利用这种关系来判别闭环特征根在 s 平面上的走向，并为确定闭环极点带来方便。

在 $n - m \geqslant 2$ 的情况下，控制系统的闭环特征方程可写为

$$\prod_{i=1}^{n}(s - p_i) + K_g\prod_{j=1}^{m}(s - z_j)$$

$$= s^n + \left(-\sum_{i=1}^{n}p_i\right)s^{n-1} + \cdots + \prod_{i=1}^{n}(-p_i) + K_g\left[s^m + \left(-\sum_{j=1}^{m}z_j\right)s^{m-1} + \cdots + \prod_{j=1}^{m}(-z_j)\right]$$

$$(5.42)$$

式中，p_i 为开环极点；z_j 为开环零点。若以 s_i 表示系统的闭环极点，则闭环特征方程又可以表示为

$$\prod_{i=1}^{n}(s - s_i) = s^n + \left(-\sum_{i=1}^{n}s_i\right)s^{n-1} + \cdots + \prod_{i=1}^{n}(-s_i) = 0 \qquad (5.43)$$

可以看出此时特征方程第二项（s^{n-1} 项）系数与 K_g 无关，无论 K_g 取何值，开环 n 个极点之和总是等于闭环 n 个极点之和，即

$$\sum_{i=1}^{n}s_i = \sum_{i=1}^{n}p_i \qquad (5.44)$$

在开环极点确定的情况下，式（5.44）表示的开环极点之和与闭环极点之和是一个不变的常数，且彼此相等。因此，随着 K_g 的增大（或减小），若一些闭环极点在 s 复平面上向左移动，则另一些闭环极点必向右移动，且在任一 K_g 下，闭环极点之和保持常数不变。这一性质可用于估计根轨迹分支的变化趋势。

同理，根据式（5.42）和式（5.43）的最后一位常数项相等，可以得到闭环极点之积与开环零、极点之间的关系：

$$\prod_{i=1}^{n}(-s_i) = \prod_{i=1}^{n}(-p_i) + K_g\prod_{j=1}^{m}(-z_j) \qquad (5.45)$$

【规则八】 对应于某一 K_g 值，如果已知部分闭环极点，则利用式（5.44）和式（5.45）可有助于求出其他闭环极点。

通过以上八条的分析可以了解根轨迹的基本特征，同时，在已知控制系统开环零、极点的情况下，利用以上部分或全部基本特征可以迅速确定根轨迹的大致图形。需要注意的是，在根轨迹绘制过程中，由于需要对相角和幅值进行图解测量，所以横坐标轴与纵坐标轴必须采用相同的坐标比例尺。

例 5.2　单位负反馈系统的开环传递函数为 $G(s)H(s) = \dfrac{K(0.5s+1)}{s\left(\dfrac{1}{3}s+1\right)\left(\dfrac{1}{2}s^2+s+1\right)}$，试绘

制 K 由 $0 \rightarrow +\infty$ 变化时的根轨迹图。

解：由系统开环传递函数得

$$G(s)H(s) = \frac{3K(s+2)}{s(s+3)(s^2+2s+2)} = \frac{K_g(s+2)}{s(s+3)(s^2+2s+2)}$$

式中，$K_g = 3K$。则系统闭环特征方程为

$$1 + G(s)H(s) = 1 + \frac{K_g(s+2)}{s(s+3)(s^2+2s+2)} = 0$$

1）确定系统闭环根轨迹的起点和终点。控制系统有一个开环零点：$z_1 = -2$；4 个开环极点：$p_1 = 0$，$p_2 = -3$，$p_{3,4} = -1 \pm j$。将它们标注在复平面上。

2）根轨迹分支数为 4，起点分别是：$(0, j0)$、$(-3, j0)$、$(-1, j)$、$(-1, -j)$，其中一条根轨迹分支终止于有限零点 $(-2, j0)$，另外三条根轨迹分支终点为无穷远处。

3）确定实轴上的根轨迹：$(-\infty, -3]$ 和 $[-2, 0]$。

4）确定渐近线。有 3 条渐近线，它们与实轴的交点、夹角为

$$\sigma_a = \frac{\sum\limits_{i=1}^{n} p_i - \sum\limits_{j=1}^{m} z_j}{n-m} = \frac{(0-3-1+j-1-j)-(-2)}{4-1} = -1$$

$$\varphi_a = \frac{(2k+1)\pi}{n-m} = \frac{(2k+1)\pi}{3} \quad (k=0,1,2)$$

当 $k = 0$，1，2 时，夹角分别为 $60°$，$180°$，$-60°$。

5）根轨迹出射角

$$\theta_{p3} = -\theta_{p4} = 180° + \sum_{j=1}^{1} \varphi_{z_j p_3} - \sum_{i=1}^{4} \theta_{p_i p_3}$$
$$= 180° + [45° - (135° + 26.6° + 90°)] = -26.6°$$

6）根轨迹与虚轴的交点：写出系统的闭环特征方程为

$$s^4 + 5s^3 + 8s^2 + (6+K_g)s + 2K_g = 0$$

将 $s = j\omega$ 代入上式，整理可得

$$(\omega^4 - 8\omega^2 + 2K_g) + j[-5\omega^3 + (6+K_g)\omega] = 0$$

令实部、虚部分别为零，则

$$\begin{cases} \omega^4 - 8\omega^2 + 2K_g = 0 \\ -5\omega^3 + (6+K_g)\omega = 0 \end{cases}$$

联立求解可得

$$\begin{cases} K_g = 0 \\ \omega = 0 \end{cases} \quad 或 \quad \begin{cases} K_g \approx 7 \\ \omega \approx \pm 1.61 \end{cases}$$

画出根轨迹图如图5.9所示。

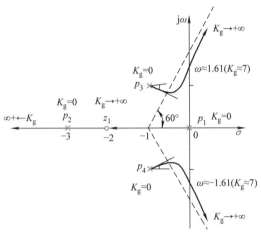

图 5.9　例 5.2 的根轨迹图

例 5.3　已知控制系统的开环传递函数为 $G(s)H(s) = \dfrac{K_g}{s(s+4)(s^2+4s+20)}$，试绘制该系统的根轨迹图。

解：1）开环零、极点：$p_1 = 0$，$p_2 = -4$，$p_3 = -2+4j$，$p_4 = -2-4j$。

2）实轴上的根轨迹段：$p_1 \sim p_2$ 段。

3）根轨迹的渐近线：$n - m = 4$，四条根轨迹都趋于无穷远。

渐近线与实轴的夹角为

$$\theta_a = \frac{\pm(2k+1)180°}{4} = \pm 45°, \ \pm 135° \quad (k = 0,1)$$

渐近线与实轴的交点为

$$\sigma_a = \frac{-4-2-2}{4} = -2$$

渐近线如图5.10中的虚线所示。

4）根轨迹的分离点和会合点：由式（5.30）可得

$$4s^3 + 24s^2 + 72s + 80 = 0$$

解得
$$s_1 = -2, \ s_{2,3} = -2 \pm 2.45j$$

s_1 在根轨迹段上，为根轨迹的分离点。$s_{2,3}$ 在复平面上，必须判断它是不是根轨迹上的点，然后再进行取舍。s_2 点的相角为

$$- \angle(s_2 - p_1) - \angle(s_2 - p_2) - \angle(s_2 - p_3) - \angle(s_2 - p_4)$$
$$= -180° + 90° - 90° = -180°$$

符合相角条件，所以 s_2 点为根轨迹上的点。同理，$-p_3 \sim -p_4$ 直线段上所有点的相角与 s_2 点的相角相同，所以这一段为根轨迹段。s_2 和 s_3 都是根轨迹的分离点。

5）根轨迹的出射角为

$$\theta_{p3} = \pm 180° + \sum_{j=1}^{m} \varphi_j - \sum_{\substack{i=1 \\ i \neq 3}}^{n} \theta_i = \pm 180° - \theta_1 - \theta_2 - \theta_4$$

$$= 180° - 180° - 90° = -90°$$

$$\theta_{p4} = \pm 180° + \sum_{j=1}^{m} \varphi_j - \sum_{\substack{i=1 \\ i \neq 4}}^{n} \theta_i = \pm 180° - \theta_1 - \theta_2 - \theta_3$$

$$= 180° - 180° + 90° = 90°$$

6）根轨迹与虚轴的交点。

控制系统闭环特征方程为

$$s^4 + 8s^3 + 36s^2 + 80s + K_g = 0$$

将 $s = j\omega$ 代入上式，可得

$$\omega^4 - 8\omega^3 j - 36\omega^2 + 80\omega j + K_g = 0$$

即

$$\begin{cases} \omega^4 - 36\omega^2 + K_g = 0 \\ -8\omega^3 + 80\omega = 0 \end{cases}$$

解得

$$\begin{cases} K_g = 0, \quad \omega_1 = 0 \\ K_g = 260, \quad \omega_{2,3} \approx \pm\sqrt{10} = 3.16 \end{cases}$$

绘制出系统的根轨迹如图 5.10 所示。

除了上述在根轨迹增益 K_g 变化下形成的负反馈系统的根轨迹外，其他情形下的根轨迹统称为广义根轨迹，包括参数根轨迹、零度根轨迹等。由于篇幅有限，这里不再介绍，有兴趣的读者可参考有关书籍。

5.3　用根轨迹法分析系统性能

根轨迹反映了闭环特征根随参量变化的规律，而闭环特征根与系统性能关系密切，通过根轨迹来分析系统性能，比较直观与方便。

5.3.1　闭环极点的位置与系统性能的关系

设 n 阶系统有若干个实数零点和极点，其单位阶跃响应的一般表达式为

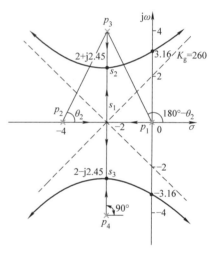

图 5.10　例 5.3 的根轨迹图

$$Y(s) = K_g \frac{\prod\limits_{j=1}^{m}(s - z_j)}{\prod\limits_{i=1}^{n}(s - p_i)} R(s) = K_g \frac{\prod\limits_{j=1}^{m}(s - z_j)}{\prod\limits_{i=1}^{n}(s - p_i)} \cdot \frac{1}{s} = \frac{A_0}{s} + \sum_{i=1}^{n} \frac{A_i}{s - p_i} \quad (5.46)$$

式中，z_j 为闭环传递函数的零点；p_i 为闭环传递函数的极点。待定系数 A_0，A_1，…可根据留数定理求出，即

$$A_0 = \frac{K_g \prod\limits_{j=1}^{m}(s - z_j)}{s \prod\limits_{i=1}^{n}(s - p_i)} s \Bigg|_{s=0} = K_g(-1)^{m-n} \frac{\prod\limits_{j=1}^{m}(z_j)}{\prod\limits_{i=1}^{n} p_i} \quad (5.47)$$

$$A_i = \left. \frac{K_g \prod\limits_{j=1}^{m}(s - z_j)}{s \prod\limits_{i=1}^{n}(s - p_i)} s \right|_{s = p_i} = K_g \frac{\prod\limits_{j=1}^{m}(p_i - z_j)}{p_i \prod\limits_{k=1}^{n}(p_i - p_k)} (k \neq i) \qquad (5.48)$$

式中，p_k 为除 p_i 以外的其他极点。对式（5.46）~式（5.48）进行拉普拉斯反变换，可求得系统的响应为

$$y(t) = A_0 + A_i \sum_{i=1}^{n} e^{p_i t} \qquad (5.49)$$

由式（5.49）可知，输出响应的形式取决于闭环传递函数的极点，输出响应各项的系数由极点和零点共同确定，但系数只是决定了响应的初值，其影响相对较小。因此，系统的性能主要由系统闭环传递函数的极点决定。

由时域分析法可知，只有当所有的闭环极点均位于 s 复平面的左半平面上时，系统才稳定。负实数极点离虚轴越远，对应分量 $e^{p_i t}$ 衰减的越快，系统的调节时间就越短，响应越快。对于复数极点，为了更清楚地看出极点位置与系统性能的关系，可借助于时域分析法中对二阶系统的分析结果。为便于分析，将图 3.13a 所示的一对共轭复数极点在 s 复平面上的分布重新绘制，如图 5.11 所示。

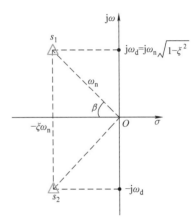

由时域法可知

$$s_{1,2} = -\xi\omega_n \pm j\omega_n \sqrt{1 - \xi^2} = -\xi\omega_n \pm j\omega_d$$

$$|s_1| = |s_2| = \sqrt{(\xi\omega_n)^2 + \omega_d^2} = \omega_n$$

$$\cos\beta = \frac{\xi\omega_n}{\omega_n} = \xi, \beta = \arccos\xi$$

图 5.11　共轭复数极点在 s 平面上的分布

复数极点的参数与系统阶跃响应及性能指标的关系为

$$y(t) = 1 - \frac{e^{-\xi\omega_n t}}{\sqrt{1 - \xi^2}} \sin(\omega_d t + \beta), \sigma\% = e^{-\xi\pi/\sqrt{1-\xi^2}}\%, t_s = \frac{3}{\xi\omega_n}$$

可以看出，闭环极点的位置与系统性能有以下关系：

1）闭环极点的实部 $\xi\omega_n$ 反映了系统的调节时间，闭环极点的虚部 ω_d 表征了系统输出响应的振荡频率。

2）闭环极点与坐标原点的距离 ω_n 表征了系统的无阻尼自然振荡频率，闭环极点与负实轴的夹角 β 反映了系统的超调量。

3）闭环极点在 s 复平面的左、右平面的分布反映了系统的稳定性。

因此，可由闭环极点的位置来推断系统的输出响应，分析系统的性能。根轨迹法的基本任务就是根据已知开环零、极点的分布及开环根轨迹增益，通过图解的方法找出系统的闭环极点。由系统的根轨迹图确定指定 K_g（或 K 值）时的闭环极点。

当系统具有多个闭环极点时，可借助主导极点的概念，将系统简化为低阶系统来处理。具体可参考下例的分析过程。

例 5.4 已知三阶系统的闭环传递函数，试估算系统的性能指标。

$$\Phi(s) = \frac{1}{(s+1)(0.01s^2 + 0.08s + 1)}$$

解：闭环极点有三个，$s_1 = -1$，$s_{2,3} = -4 \pm 9.2\mathrm{j}$，如图 5.12 所示。

s_1 为主导极点，另外两个极点离虚轴的距离是 s_1 的四倍，因而可以忽略不计。闭环传递函数简化为

$$\Phi(s) = \frac{1}{s+1}$$

系统基本没有超调，$t_s = 3T = 3\mathrm{s}$。

5.3.2 利用根轨迹法分析控制系统

根据开环传递函数绘制出根轨迹，可对系统的性能进行如下分析。

1. 已知根轨迹增益 K_g 确定闭环极点和传递函数

根据根轨迹曲线分析系统性能，有时需要确定根轨迹增益 K_g 取某值时的闭环极点，进而确定闭环传递函数。一般采用试探法确定闭环极点，举例如下：

图 5.12　例 5.4 极点分布图

例 5.5 已知系统的开环传递函数为 $G(s)H(s) = \dfrac{K_g}{s(s+1)(s+2)}$，试确定 $K_g = 1$ 时系统闭环的极点和传递函数。

解：开环极点为 $p_1 = 0$，$p_2 = -1$，$p_3 = -2$，根轨迹为 3 条，渐近线为 $\sigma_a = -1$，$\theta_a = \pm 60°$，$-180°$，根轨迹实轴上的分离点为 $(-1 + \sqrt{3}/3) = -0.423$，根轨迹大致形状如图 5.13 所示。

分离点处开环增益 $K_g = 0.358$，所以 $K_g = 1$ 时，系统的闭环极点为一个实数极点和一对共轭复数极点。当 $K_g = 0 \to \infty$ 变化时，一条根轨迹始终在负实轴上，故在这段根轨迹上取试验点比较方便。试取闭环极点 $p_3' = -2.32$，这时开环增益为

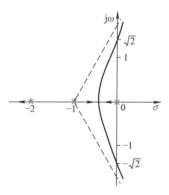

$$K_g = |p_3'| \, |p_3' + 1| \, |p_3' + 2| = 2.32 \times 1.32 \times 0.32$$
$$= 0.98$$

再取 $p_3' = -2.33$，得

$$K_g = 2.33 \times 1.33 \times 0.33 = 1.023$$

再取 $p_3' = -2.325$，得

$$K_g = 2.325 \times 1.325 \times 0.325 = 1.001$$

然后根据闭环特征方程（$K_g = 1$），有

图 5.13　例 5.5 的根轨迹图

$$\frac{s^3 + 3s^2 + 2s + 1}{s + 2.325} = s^2 + 0.675s + 0.431$$

可求闭环的另外两个极点为

$$p'_{2,3} = -0.338 \pm 0.56j$$

故系统的闭环传递函数为

$$\Phi(s) = \frac{1}{(s+2.325)(s^2+0.675s+0.431)}$$

2. 已知系统的性能指标，确定闭环极点和开环增益 K_g

采用根轨迹法分析系统的性能，有时也需要根据对系统性能指标的要求，确定闭环极点的位置和对应的根轨迹增益 K_g，以满足性能指标要求。

例 5.6 已知系统的开环传递函数为 $G(s)H(s) = \dfrac{K_g}{s(s+1)(s+2)}$，根据性能指标，要求阻尼比 $\xi = 0.5$，试确定满足条件的闭环极点和对应的 K_g 值。

解：系统的根轨迹如图 5.14 所示。根据要求阻尼角 $\beta = \arccos\xi = \arccos 0.5 = 60°$。从坐标原点作 $\beta = \pm 60°$ 的射线，它与根轨迹的交点为 p'_1 和 p'_2，由图 5.14可确定 p'_1 和 p'_2 的坐标为 $p'_{1,2} = -0.33 \pm 0.58j$，因为 $n-m \geq 2$，所以

$$p'_3 = \sum_{i=1}^{3} p_i - p'_1 - p'_2 = -3 + 0.33 \times 2 = -2.34$$

则有

$$K_g = |p'_3| \, |p'_3+1| \, |p'_3+2| = 2.34 \times 1.34 \times 0.34$$
$$= 1.066$$

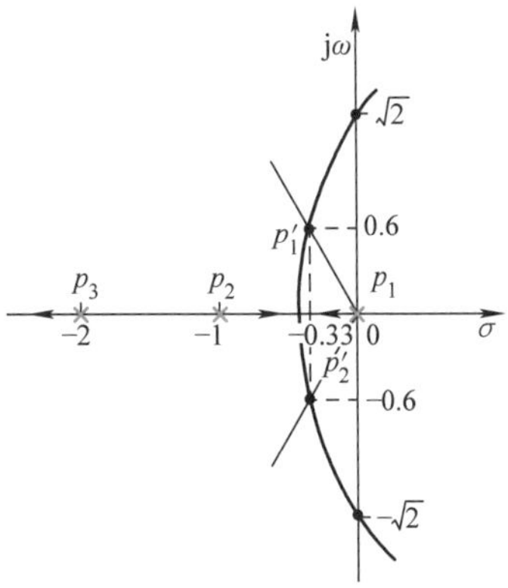

因此系统的闭环传递函数为

图 5.14 例 5.6 的根轨迹图

$$\Phi(s) = \frac{1.066}{(s+2.34)\left[(s+0.33)^2+0.58^2\right]}$$

5.3.3 增加开环零、极点对系统根轨迹的影响

由以上分析可知，闭环特征根应位于 s 复平面的左半平面，而且离虚轴要有一定的距离，才能满足系统稳定性和快速性的要求。开环零、极点的分布确定了根轨迹的形状和走向，增加开环零、极点会对原根轨迹产生影响，因而在控制系统设计中，可以用这种方法达到改善系统性能的目的。

1. 增加开环零点

增加合适的开环零点后，将使根轨迹向 s 平面的左方弯曲或移动，可以减小系统的超调量 $\sigma\%$ 和调整时间 t_s，改善系统的稳定性和快速性。选择不同的零点，会出现不同的结果。下面通过两个具体的系统进行分析。

例 5.7 设系统的开环传递函数为 $G(s)H(s) = \dfrac{K_g}{s(s+a)}(a>0)$，绘制系统的根轨迹并讨论增加开环零点 $s = -b(b>0)$ 对根轨迹的影响。

解：系统的开环极点为 $p_1 = 0$，$p_2 = -a$，无零点根轨迹形状如图 5.15 所示。增加零点 $s = -b(b>0)$ 后，开环传递函数为 $G_1(s)H_1(s) = \dfrac{K_g(s+b)}{s(s+a)}(a>0, b>0)$。

当 $a > b$ 时，根据 $p_1 = 0$，$p_2 = -a$，$z_1 = -b$ 可绘制出新系统的根轨迹如图 5.16a 所示；当 $a < b$ 时，可绘制出新系统的根轨迹如图 5.16b 所示。

通过上例可以看出，增加开环零点，使原轨迹左移，可提高系统的稳定性，改善系统的动态特性，减小超调量 M_p 和调整时间 t_s，但零点的位置要恰当，现举下例说明。

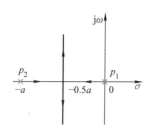

图 5.15　二阶系统根轨迹

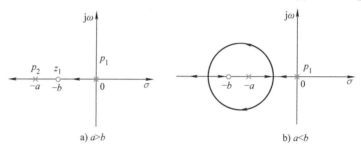

a) $a > b$　　　　　　　　　　　　b) $a < b$

图 5.16　新系统的根轨迹

例 5.8　设三阶系统的开环传递函数为 $G(s)H(s) = \dfrac{K_g}{s^2(s+5)}$，对应的根轨迹如图 5.17a 所示。此时，$n - m = 3$，根轨迹的渐近线方向为 $\pm 60°$，两条根轨迹从起点出发后，始终位于 s 复平面的右半平面，并趋于无穷远，系统在任意 $K_g > 0$ 时均不稳定。

如果在 -2 处增加零点，开环传递函数为 $G(s)H(s) = \dfrac{K_g(s+2)}{s^2(s+5)}$，对应的根轨迹如图 5.17b 所示。此时，$n - m = 2$，根轨迹的渐近线位于 s 复平面的左半平面，方向为 $\pm 90°$，两条根轨迹从起点出发后，始终位于 s 复平面的左半平面，并趋于无穷远，系统在任意 $K_g > 0$ 时均稳定。

如果在 -10 处增加零点，开环传递函数为 $G(s)H(s) = \dfrac{K_g(s+10)}{s^2(s+5)}$。尽管根轨迹的渐近线方向仍为 $\pm 90°$，但由于零点的模数值大于极点的模数值，根轨迹的渐近线位于 s 复平面的右半平面，如图 5.17c 所示。可见虽然增加了一个零点，但系统仍然不稳定。

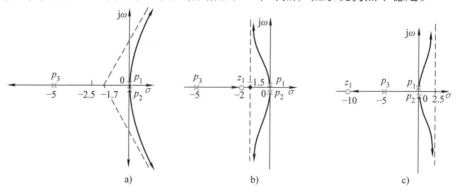

a)　　　　　　　　　b)　　　　　　　　　c)

图 5.17　增加开环零点对系统根轨迹的影响

通过以上分析可知，选择增加合适的开环零点将使根轨迹向左弯曲或移动，可改善系统的稳定性和快速性。但零点选择不合适，则达不到改善系统性能的目的。一般先根据性能指标的要求确定闭环极点的位置，再选择增加合适的开环零点。

2. 增加开环极点

与增加开环零点时的情况相反，在系统的开环传递函数中增加极点，将会使系统的根轨迹向右弯曲或移动，系统的稳定性变差。以下通过具体实例说明。

例5.9　设二阶系统的开环传递函数为 $G(s)H(s) = \dfrac{K_g(s+3)}{s(s+1)}$，在 -6、-2、-0.5 处增加极点后的传递函数分别为

$$G(s)H(s) = \frac{K_g(s+3)}{s(s+1)(s+6)}$$

$$G(s)H(s) = \frac{K_g(s+3)}{s(s+1)(s+2)}$$

$$G(s)H(s) = \frac{K_g(s+3)}{s(s+1)(s+0.5)}$$

对应的根轨迹如图5.18所示。

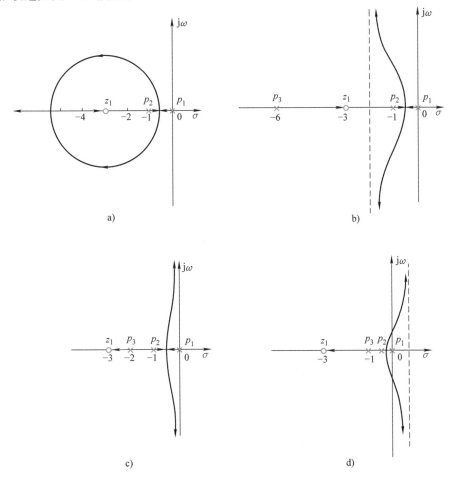

图5.18　增加开环极点对系统根轨迹的影响

比较各根轨迹图不难发现，所增加极点的模数值越小，即离虚轴越近，则根轨迹向右弯曲或移动的趋势越明显，对系统稳定性的影响也就越大。当所增加极点的模数值小于某一定值后，随着 K_g 的增大，系统的平稳性将变差。当所增加极点的模数值进一步减小至某值后，则有可能因为 K_g 取值偏大而使得系统不稳定。

习　题

5.1　设系统的开环零、极点分布如图 5.19 所示，试粗略画出系统的根轨迹图。

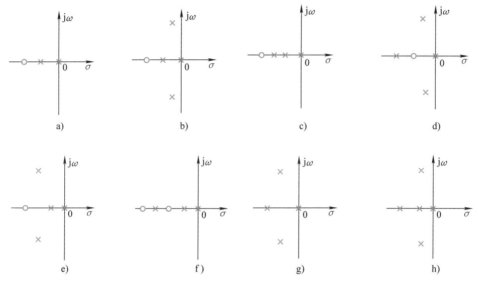

图 5.19　题 5.1 图

5.2　如果单位反馈控制系统的开环传递函数为 $G_k(s) = \dfrac{K_g}{s+1}$，试用解析法绘出 K_g 从零变化到无穷时的闭环根轨迹图，并判断点 $(-2+0j)$，$(0+1j)$，$(-3+2j)$ 是否在根轨迹上。

5.3　已知单位负反馈系统的开环传递函数如下，试绘制 K 由 $0 \to +\infty$ 变化的闭环根轨迹图。

(1) $G_k(s) = \dfrac{K(s+2)}{s(s+1)(s+3)}$；　　(2) $G_k(s) = \dfrac{K(s+1)}{s^2(0.1s+1)}$；

(3) $G_k(s) = \dfrac{K(s+5)}{(s+1)(s+3)}$；　　(4) $G_k(s) = \dfrac{K(s+1)}{s^2}$；

(5) $G_k(s) = \dfrac{K(s+4)}{(s+1)^2}$；　　　(6) $G_k(s) = \dfrac{K}{(s+1)(s+5)(s^2+6s+13)}$。

5.4　已知单位反馈系统开环传递函数为 $G_k(s) = \dfrac{K_g(s^2+6s+10)}{s^2+2s+10}$，试证明该系统的根轨迹位于一个圆的圆弧上，并指出该圆的半径和圆心坐标。

5.5　设有一单位反馈系统，已知其前向通道传递函数为 $G(s) = \dfrac{K}{s(s+1)(s+3)}$，为使闭环主导极点具有阻尼比 $\xi = 0.5$，试确定 K 值。

5.6　已知单位反馈控制系统的开环传递函数为 $G_k(s) = \dfrac{K}{s(s+2)(s+4)}$，试：

1）绘出该反馈系统的根轨迹图。

2）求系统具有阻尼振荡响应的 K 值范围。

3）稳定情况下的最大 K 值为多少？并求等幅振荡的频率。

4）求使主导极点具有阻尼比 $\xi = 0.5$ 时的 K 值，并求对应该值时，用因式分解形式表示的闭环传递函数。

5.7 已知单位反馈系统的开环传递函数为 $G(s) = \dfrac{K}{(0.5s+1)^4}$，试：

1）根据系统的根轨迹，分析系统的稳定性。

2）估计超调量 $\sigma\% = 16.3\%$ 时的 K 值。

5.8 已知单位反馈系统的开环传递函数为 $G_k(s) = \dfrac{K}{s(0.02s+1)(0.01s+1)}$，试：

1）绘制系统的根轨迹。

2）确定系统临界稳定时开环增益 K 的值。

3）确定系统临界阻尼比时开环增益 K 的值。

5.9 已知系统结构如图 5.20 所示，试绘出系统根轨迹图。

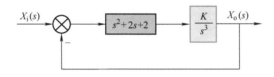

图 5.20 题 5.9 图

5.10 已知单位反馈控制系统的开环传递函数为 $G_k(s) = \dfrac{K(s+1)}{s^2(s+a)}$，$a > 0$。试确定除坐标原点外，使根轨迹具有一个、两个分离点（会合点）时的 a 的取值范围，并画出几种情况下的根轨迹草图。

5.11 某单位反馈系统的开环传递函数为 $G_k(s) = \dfrac{K(s+2)(s+3)}{s^2(s+0.1)}$，绘制 $K > 0$ 时闭环系统的根轨迹图，说明系统是条件稳定的，并求出能使系统稳定的 K 的取值范围。

5.12 考虑在大气层内运行的卫星，其姿态控制系统如图 5.21 所示，其中控制器和受控对象的传递函数分别为：$G_c(s) = \dfrac{(s+2+1.5j)(s+2-1.5j)}{s+4}$，$G_o(s) = \dfrac{K(s+2)}{(s+0.9)(s-0.6)(s-0.1)}$。

1）试绘制 K 由 $0 \to +\infty$ 变化的闭环根轨迹图。

2）确定增益 K 的取值，使系统的调节时间小于 12s，且复数根的阻尼比大于 0.5。

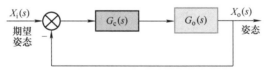

图 5.21 题 5.12 图

第6章　控制系统的性能分析

控制系统的性能主要包括瞬态性能和稳态性能，第3章主要运用时域分析法分析了其瞬态性能，第4章介绍了频域分析法，第5章介绍了根轨迹分析法。本章运用时域分析与频域分析及根轨迹分析方法分析系统的稳定性、稳态性以及快速性等。

6.1 控制系统的稳定性分析

6.1.1 控制系统稳定性的基本概念

稳定性是系统的重要性能，也是系统能够正常工作的首要条件。任何系统在实际工作中都会受到内部和外部因素的扰动，如能源的波动、负载的变化、环境条件的改变等。如果系统不稳定，则在扰动作用下平衡状态的偏离将会越来越大，理论上呈发散状态，因此研究系统的稳定性并提出保证系统稳定的措施是本课程的基本任务之一。

1. 稳定的概念

设线性定常系统处于某一平衡状态，若此系统在干扰作用下偏离了原来的平衡状态，当干扰作用消失后，系统能否回到原来的平衡状态，这就是系统的稳定性问题。

如果系统在扰动作用消失后，能够恢复到原平衡状态，即系统的零输入响应是收敛的，则系统为稳定的；相反，若系统不能恢复到原平衡状态或系统的零输入响应是发散的，则系统为不稳定的。

如图 6.1a 所示系统，如果忽略空气阻尼和摩擦，在平衡状态下如果给一个输入 $\delta(t)$（单位脉冲信号），则质量块 m 在以平衡状态为中心的位置来回等幅振荡，系统不稳定，其响应曲线如图 6.2a 所示。

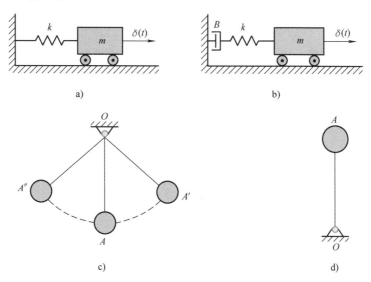

图 6.1 系统稳定性示意图

如给系统加一个阻尼器，如图 6.1b 所示，在平衡状态下如果给一个输入 $\delta(t)$，则质量块 m 在以平衡状态为中心的位置来回衰减振荡，最终回到最初的平衡状态，系统稳定，响应曲线如图 6.2b 或图 6.2c 所示，如图 6.2b 所示系统虽是稳定的，但过渡过程时间较长并且存在较大的超调量，所以稳定性并不好。如图 6.2c 所示的系统，系统不仅稳定而且过渡过程时间很短，超调量也小，所以稳定性好。

如图 6.1c 所示的单摆 A 受到外界扰动力作用时，不论处于 A' 还是 A" 位置，当外界扰动消失后，经过若干次振荡，最后一定恢复到位置 A，是一个稳定的系统。图 6.1d 所示的球受到扰动力作用后，偏离原来的位置，就不能自动回到原来的平衡位置 A，所以是一个不稳定的系统。响应曲线如图 6.2d 所示，输出幅值逐渐增大，是发散振荡。

系统的稳定性分为绝对稳定和相对稳定，所谓绝对稳定是指系统是稳定还是不稳定，如图 6.2b 和图 6.2c 响应曲线所对应的系统都是稳定的；所谓相对稳定是指稳定程度的好坏，显然图 6.2c 响应曲线所对应的系统过渡过程不仅时间短并且超调量也小，即不仅速度快而且平稳，所以该系统稳定的程度好。

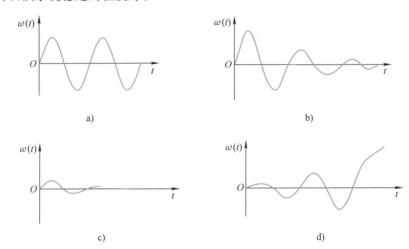

图 6.2　振荡系统脉冲响应可能出现的四种情况

2. 线性系统稳定的充要条件

根据前述稳定性概念分析可知，系统稳定与否主要取决于系统自由运动响应模态是否随时间增加而逐渐消失（收敛）。若系统的初始条件为零，用 $\delta(t)$（单位脉冲信号）作为干扰作用于系统［传递函数为 $G(s)$］之后，系统将处于自由运动状态，其输出响应为

$$\omega(t) = x_o(t) = L^{-1}[G(s)] \tag{6.1}$$

若 $\lim\limits_{t \to \infty} \omega(t) = 0$，表示系统仍能回到原有的平衡状态，因而系统是稳定的。由此可知，系统的稳定与其脉冲响应函数的收敛是一致的；反之，若 $\lim\limits_{t \to \infty} \omega(t) \neq 0$，则系统不稳定。

由第 3 章式（3.67）可知，若系统的所有实数极点或复数极点的实部均小于零，则随着时间趋近于无穷大，系统的模态幅值将收敛并趋近于零。即当系统的闭环极点全部在 s 复平面的左边时，其特征根（极点）小于零或具有负实部，即 $-p_j < 0$（$j = 1, 2, \cdots, n_1$）或 $-\xi_k \omega_{nk} < 0$（$k = 1, 2, \cdots, n_2$）。在时间 $t \to \infty$ 时，系统的自由运动响应（模态）式（3.67）中，$\sum\limits_{j=1}^{n_1} A_j e^{-p_j t}$ 及 $\sum\limits_{k=1}^{n_2} D_k e^{-\xi_k \omega_{nk} t} \sin(\omega_{dk} t + \beta_k)$ 将随着时间 t 的增长而衰减，最终趋于零而消失。即

$$\lim\limits_{t \to \infty} \omega(t) = \lim\limits_{t \to \infty} x_o(t) = x_o(\infty) = 0 \tag{6.2}$$

因此，线性定常控制系统稳定的充分必要条件是系统特征方程的所有根小于零或具有负的实部，即特征根全部在 s 复平面的左半平面。如果系统有一个根在 s 复平面的右半平面（大于零或实部为正），则系统不稳定。若特征根中有纯虚根，其余根均在 s 复平面的左半平面，则系统为临界稳定状态。

系统的特征根中只要有一个正实根或一对实部为正的复数根（在 s 复平面的右半平面），则其脉冲响应函数就是发散形式，系统永远不会再回到原有的平衡状态，这样的系统就是不稳定系统。可见稳定性是系统的固有特性，由系统的结构和参数决定，与初始条件及外界输入信号无关。一般把位于复平面右侧的根称为不稳定根，把位于复平面左侧的根称为稳定根，如图 6.3 所示。若系统有纯虚根，其余根均在 s 复平面的左半平面，则系统临界稳定。由于在对实际系统建立数学模型的过程中进行了一些简化和假设，所研究的系统都是线性化的系统，对系统参数的估计和测量可能不够准确，而且系统在实际运行过程中，参数值也处于微小变化之中，因此原来处于虚轴上的极点实际上可能变动到 s 复平面的右半平面，致使系统不稳定。从工程实际来看，一般认为临界稳定系统往往属于不稳定的系统。

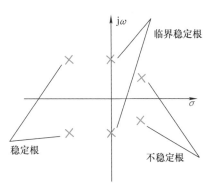

图 6.3　特征根的分布与稳定性的关系

因此可以根据求解特征方程的根来判断系统稳定与否，但求解高阶系统特征方程的根是很麻烦的工作，一般都是采用间接方法来判断特征方程所有的根是否分布在复平面的左侧。经常采用的间接方法是代数稳定性判据和频率判据。

6.1.2　代数稳定性判据

代数稳定性判据是利用特征方程的各项系数进行代数运算得出全部根为负实部的条件，以此条件来判断系统是否稳定。例如，一阶系统的特征方程为

$$a_1 s + a_0 = 0$$

特征方程的根为

$$s_1 = -\frac{a_0}{a_1}$$

显然，特征方程的根为负的充分必要条件是 a_1、a_0 必须为正值。即 $a_1 > 0$，$a_0 > 0$。

1. 稳定的必要条件

设系统的特征方程为

$$D(s) = a_n s^n + a_{n-1} s^{n-1} + \cdots + a_1 s + a_0 = 0 \tag{6.3}$$

将式（6.3）中各项同除以 a_n 并分解因式得

$$s^n + \frac{a_{n-1}}{a_n} s^{n-1} + \cdots + \frac{a_1}{a_n} s + \frac{a_0}{a_n} = (s - s_1)(s - s_2) \cdots (s - s_n) \tag{6.4}$$

式中，s_1，s_2，$\cdots$，s_n 为系统的特征根。将式（6.4）的右边展开得

$$(s - s_1)(s - s_2) \cdots (s - s_n) = (-1)^0 s^n + (-1)^1 \Big(\sum_{i=1}^{n} s_i \Big) s^{n-1} +$$

$$(-1)^2 \left(\sum_{\substack{i, j = 1 \\ i \neq j}}^{n} s_i s_j \right) s^{n-2} - \cdots + (-1)^n \prod_{i=1}^{n} s_i \tag{6.5}$$

比较式（6.4）与式（6.5）可得

$$\begin{cases} \dfrac{a_{n-1}}{a_n} = -\sum_{i=1}^{n} s_i, & \dfrac{a_{n-2}}{a_n} = \sum_{\substack{ij=1 \\ i \neq j}}^{n} s_i s_j \\[2mm] \dfrac{a_{n-3}}{a_n} = -\sum_{\substack{ijk=1 \\ i \neq j \neq k}}^{n} s_i s_j s_k, \cdots, \dfrac{a_0}{a_n} = (-1)^n \prod_{i=1}^{n} s_i \end{cases} \tag{6.6}$$

由此可知，要使全部特征根 s_1，s_2，s_3，$\cdots$，s_n 均具有负实部，就必须满足以下两个条件：

1）特征方程的各项系数 a_i（$i = 0$，1，2，$\cdots$，$n-1$，n）都不等于零，直观上看即特征方程按降幂排列且中间没有缺项。

2）特征方程的各项系数 a_i 符号相同。

按习惯，一般取 a_i 为正值，因此系统稳定的必要条件为

$$a_n, a_{n-1}, \cdots, a_1, a_0 > 0 \tag{6.7}$$

这一条件并不充分，对各项系数均为正的特征方程，还有可能具有正实部的根。因为当特征根有正有负时，它们组合起来仍能满足式（6.6）中各式。

若系统不满足稳定的必要条件，则系统必不稳定。若系统满足稳定的必要条件，还要进一步判断其是否满足稳定的充要条件。

2. 劳斯判据

1887 年由剑桥大学数学教授劳斯首先解决了不求特征根就能确定特征根在复平面上的分布情况，从而判断一个系统是否稳定，如果不稳定则还能确定有几个不稳定的根（不稳定的根是指实部为正的根）。该判据的数学原理比较复杂，这里直接给出结论。

（1）劳斯表的排列　将式（6.3）所示的系统特征方程系数先构成劳斯表的前两行，第一行由特征方程的第 1，3，5，$\cdots$项的系数组成；第二行由特征方程的第 2，4，6，$\cdots$项的系数组成。以后各行的数值需逐行计算，这种排列一直进行到第 n 行，构成劳斯表。

s^n	a_n	a_{n-2}	a_{n-4}	a_{n-6} $\cdots$
s^{n-1}	a_{n-1}	a_{n-3}	a_{n-5}	a_{n-7} $\cdots$
s^{n-2}	b_1	b_2	b_3	b_4 $\cdots$
s^{n-3}	c_1	c_2	c_3	c_4 $\cdots$
$\vdots$	$\vdots$	$\vdots$	$\vdots$	$\vdots$ $\quad\vdots$
s^2	e_1	e_2	e_3	
s^1	f_1			
s^0	g_1			

表中：

$$\begin{cases} b_1 = \dfrac{a_{n-1}a_{n-2} - a_n a_{n-3}}{a_{n-1}} \\[2mm] b_2 = \dfrac{a_{n-1}a_{n-4} - a_n a_{n-5}}{a_{n-1}} \\[2mm] b_3 = \dfrac{a_{n-1}a_{n-6} - a_n a_{n-7}}{a_{n-1}} \\[2mm] \vdots \end{cases} \tag{6.8}$$

系数 b_i 的计算一直进行到 b_i 值全部等于零为止。

$$\begin{cases} c_1 = \dfrac{b_1 a_{n-3} - a_{n-1} b_2}{b_1} \\[2mm] c_2 = \dfrac{b_1 a_{n-5} - a_{n-1} b_3}{b_1} \\[2mm] c_3 = \dfrac{b_1 a_{n-7} - a_{n-1} b_4}{b_1} \\[2mm] \vdots \end{cases} \tag{6.9}$$

这一过程一直计算到第 n 行为止。为简化数值运算，可用一个正整数去乘或去除某一行的各项，这并不改变稳定性的结论。

（2）劳斯稳定性判据 劳斯稳定性判据指出系统稳定的充要条件是劳斯表中第一列各元素的符号为正，且不等于零，特征方程具有正实部根的个数等于劳斯表中第一列元素符号改变的次数，注意不是第一列元素为负的元素个数。

例 6.1 系统的特征方程为

$$s^5 + 6s^4 + 14s^3 + 17s^2 + 10s + 2 = 0$$

试用劳斯稳定性判据确定系统是否稳定。

解：特征方程的所有系数均为正实数，列出劳斯表如下：

s^5	1	14	10
s^4	6	17	2
s^3	67/6	58/6	
s^2	791/67	2	
s^1	36900/791		
s^0	2		

因为上边计算出劳斯表的第一列数值全部为正，所以系统是稳定的。

例 6.2 系统的特征方程为

$$s^5 + 3s^4 + 2s^3 + s^2 + 5s + 6 = 0$$

试用劳斯稳定性判据确定系统是否稳定。

解：特征方程的所有系数均为正实数，列出劳斯表如下：

$$
\begin{array}{llll}
s^5 & 1 & 2 & 5 \\
s^4 & 3 & 1 & 6 \\
s^3 & 5 & 9 \\
s^2 & -11 & 15 \\
s^1 & 174/11 \\
s^0 & 15
\end{array}
$$

首先劳斯表的第一列不全部为正，所以系统肯定是不稳定的系统。再考察第一列数值符号的改变，数值首先由 5 变成 -11，符号改变了一次；再由 -11 变成 174/11，符号第二次发生了改变，所以劳斯表的第一列符号改变了两次，系统有两个不稳定根。

（3）劳斯稳定性判据中的特殊情况

1）劳斯表中任一行的第一个元素为零，其余各元素不全为零。此时由于第一个元素为零，将使下一行的各元素趋于无穷大，劳斯表无法排列。这时可用一个很小的正数 ε 代替零，继续列劳斯表，然后令 $\varepsilon \to 0$ 来研究劳斯表中第一列的符号。

例6.3　系统的特征方程为

$$s^4 + 2s^3 + s^2 + 2s + 1 = 0$$

试用劳斯稳定性判据确定系统是否稳定。

解：根据特征方程列劳斯表如下：

$$
\begin{array}{llll}
s^4 & 1 & 1 & 1 \\
s^3 & 2 & 2 & 0 \\
s^2 & \varepsilon \approx 0 & 1 & 0 \\
s^1 & 2 - \dfrac{2}{\varepsilon} & 0 \\
s^0 & 1 & 0
\end{array}
$$

由于第一列元素符号有改变 $\left(\varepsilon \to 2 - \dfrac{2}{\varepsilon} \to 1 \right)$，所以系统不稳定。第一列元素符号改变两次，因此特征方程有两个具有正实部的根。

例6.4　系统的特征方程为

$$s^3 + 2s^2 + s + 2 = 0$$

试用劳斯稳定性判据确定系统是否稳定。

解：根据特征方程列劳斯表如下：

$$
\begin{array}{lll}
s^3 & 1 & 1 \\
s^2 & 2 & 2 \\
s^1 & \varepsilon & 0 \\
s^0 & 2 & 0
\end{array}
$$

可以看出，第一列各项中 ε 的上面和下面的系数符号不变，故有一对虚根。将特征方程分解，得

$$(s^2+1)(s+2)=0$$

解的根为

$$s_{1,2}=\pm j1 \qquad s_3=-2$$

某行第一个元素为零的情况总结如下：如第一列的元素有符号的改变，则符号改变的次数就是不稳定根的个数；如第一列元素没有符号改变，则该系统处于临界稳定状态。

2）劳斯表中任一行的所有元素均为零，表明在根平面内有对称分布的根。此时可用该行上一行的元素构成一个辅助多项式，取辅助多项式的一阶导数的系数代替劳斯表中的零行，继续劳斯表的排列。解辅助多项式可求出特征方程中对称分布的根。

例6.5　系统的特征方程为

$$s^6+2s^5+8s^4+12s^3+20s^2+16s+16=0$$

试用劳斯稳定性判据确定系统是否稳定。

解：根据特征方程列出劳斯表如下：

s^6	1	8	20	16
s^5	1	6	8	0
s^4	1	6	8	0
s^3	0	0	0	

中间两行元素除以2

由第三行各元素组成辅助多项式

$$F(s)=s^4+6s^2+8=0$$

由此表明该特征方程有两对大小相等、符号相反的根存在。通过解上式可求出这两对根。辅助多项式对 s 的导数为

$$\frac{\mathrm{d}}{\mathrm{d}s}F(s)=4s^3+12s$$

用4和12代替 s^3 行中的零元素，列出劳斯表为

s^6	1	8	20
s^5	1	6	8
s^4	1	6	8
s^3	1	3	
s^2	3	8	
s^1	1/3		
s^0	8		

各元素除以4

在新排列的第一列中符号没有改变。可以断定，特征方程没有一个具有正实部的根。解辅助多项式

$$F(s)=s^4+6s^2+8=0$$

得
$$s_{1,2} = \pm j\sqrt{2}, \; s_{3,4} = \pm j2$$
可见系统是临界稳定的。

某行元素全为零的情况总结如下：系统肯定有对称分布的根，如第一列的元素有符号的改变则符号改变的次数就是不稳定根的个数；如第一列元素没有符号改变，则该系统处于临界稳定状态。

（4）劳斯判据的应用

1）用来判断系统的稳定性。如不稳定，则可以了解系统极点在 s 复平面的分布情况。

2）求取使系统稳定时参数的取值范围，这些参数可以是系统的开环增益，也可以是时间常数等。

例 6.6　单位反馈系统的开环传递函数为
$$G(s) = \frac{K}{s(s+1)(0.25s+1)}$$
试求使系统稳定时 K 值的取值范围。

解：系统的闭环传递函数为
$$G(s) = \frac{K}{s(s+1)(0.25s+1)+K}$$
系统的特征方程为
$$D(s) = 0.25s^3 + 1.25s^2 + s + K = 0$$
劳斯表如下：

$$
\begin{array}{c|cc}
s^3 & 0.25 & 1 \\
s^2 & 1.25 & K \\
s^1 & \dfrac{1.25-0.25K}{1.25} & \\
s^0 & K &
\end{array}
$$

要保证系统稳定，劳斯表中第一列元素必须全大于零，即
$$K > 0$$
$$\frac{1.25-0.25K}{1.25} > 0 \Rightarrow K < 5$$
故 K 的取值范围为
$$0 < K < 5$$
此例说明要使系统稳定，开环增益 K 不能很大，一般它有一个最大值，本例为 5。

3. Hurwitz（赫尔维兹）判据

Hurwitz 判据是根据系统的特征方程来判别系统稳定性的另一种方法，即将系统特征方程的系数作一个行列式，通过对行列式的操作来判断系统的稳定性。

对式（6.5）所示的系统特征方程，按以下规则写出系数行列式：

1）特征方程的最高阶数为 n 阶，则构成 n 阶行列式。

2）在主对角线上写出从第二项（a_{n-1}）到最末一项系数（a_0）。

3）在主对角线以上各行中，按列填充下标号码逐渐减小的各项系数；在主对角线以下各行中，按列填充下标号码逐渐增加的各项系数。

4）如果在某位置上按次序填入的系数下标大于 n 或小于 0，则在该位置填零。

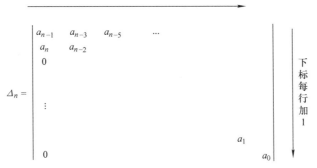

在 $a_n > 0$ 的情况下，系统稳定的充要条件是：上述行列式的各阶主子式均大于零，即

$$\Delta_1 = |a_{n-1}| > 0, \Delta_2 = \begin{vmatrix} a_{n-1} & a_{n-3} \\ a_n & a_{n-2} \end{vmatrix} > 0, \Delta_3 = \begin{vmatrix} a_{n-1} & a_{n-3} & a_{n-5} \\ a_n & a_{n-2} & a_{n-4} \\ 0 & a_{n-1} & a_{n-3} \end{vmatrix} > 0, \cdots, \Delta_n > 0$$

对于 $n \leq 4$ 的线性系统，其稳定的充要条件可表示为如下简单的形式：

$n = 2$：$a_2 > 0$，$a_1 > 0$，$a_0 > 0$；

$n = 3$：$a_3 > 0$，$a_2 > 0$，$a_1 > 0$，$a_0 > 0$，$a_2 a_1 - a_0 a_3 > 0$；

$n = 4$：$a_4 > 0$，$a_3 > 0$，$a_2 > 0$，$a_1 > 0$，$a_0 > 0$，$a_3 a_2 a_1 - a_1^2 a_4 - a_0 a_3^2 > 0$。

例 6.7　系统的特征方程为

$$D(s) = s^4 + 8s^3 + 18s^2 + 16s + 5 = 0$$

试用 Hurwitz 判据确定系统是否稳定。

解：由特征方程可知：

$$a_4 = 1 > 0, \quad a_3 = 8 > 0, \quad a_2 = 18 > 0, \quad a_1 = 16 > 0, \quad a_0 = 5 > 0,$$

$$a_3 a_2 a_1 - a_1^2 a_4 - a_0 a_3^2 = 16 \times 18 \times 8 - 16^2 \times 1 - 5 \times 8^2 = 1728 > 0$$

所以闭环系统稳定。

6.1.3　基于根轨迹的稳定性分析

控制系统闭环稳定的充要条件是其闭环极点均在 s 复平面的左半平面，而根轨迹描述的是系统闭环极点跟随参数在 s 复平面变化的情况。因此，只要控制系统的根轨迹位于 s 复平面的左半平面，控制系统就是稳定的，否则就是不稳定的。

当系统的参数变化引起系统的根轨迹从左半平面变化到右半平面时，系统从稳定变为不稳定，根轨迹与虚轴交点处的参数值就是系统稳定的临界值。因此根据根轨迹与虚轴的交点可以确定保证系统稳定的参数取值范围。根轨迹与虚轴之间的相对位置，反映了系统稳定程度，根轨迹越是远离虚轴，控制系统的稳定程度越好，反之则越差。

6.1.4　控制系统稳定性的频域判据

上面介绍了代数判据，它是根据闭环系统特征方程的系数与其特征根的分布关系确立的一种判断控制系统稳定性的简便方法。这里要介绍的是一种基于频率特性图给出的系统稳定性频域判据。

由于系统的频率特性图分为幅相频率特性图（又称为极坐标图或 Nyquist 图）和对数幅频特性图（又称为 Bode 图），相应频域判据分为 Nyquist 判据和 Bode 判据。

频域判据相对于代数判据有以下几个特点：

1）相对于代数判据，可以把 Nyquist 判据称为几何判据，是一种图解方法，因为它根据 Nyquist 图或 Bode 图来判断系统是否稳定，不需计算特征根。

2）频域判据是利用开环频率特性来判断闭环系统是否稳定的。

3）根据频域判据不仅能判断系统是否稳定，还容易获得系统稳定性的程度，即系统的相对稳定性。

4）根据频域判据容易知道组成系统的各环节对系统稳定性的影响如何。

1. 系统闭环特征函数及其特点

对于如图 6.4 所示的闭环系统，其闭环传递函数为

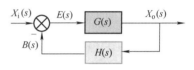

图 6.4　闭环系统的框图

$$\varPhi(s) = \frac{G(s)}{1 + G(s)H(s)}$$

开环传递函数为

$$G_k(s) = G(s)H(s) = \frac{M(s)}{N(s)} \quad (n > m) \tag{6.10}$$

式中，n 为 $G_k(s)$ 分母的最高阶次；m 为 $G_k(s)$ 分子的最高阶次。

将式（6.10）代入闭环传递函数可得

$$\varPhi(s) = \frac{G(s)}{[N(s) + M(s)]/N(s)} \tag{6.11}$$

定义系统闭环特征辅助函数（简称为特征函数）为

$$F(s) = 1 + G_k(s) = 1 + \frac{M(s)}{N(s)} = \frac{N(s) + M(s)}{N(s)} = \frac{D_b(s)}{D_k(s)} \tag{6.12}$$

可见，特征函数 $F(s)$ 是闭环特征多项式与开环特征多项式之比，其分子 $D_b(s) = N(s) + M(s)$ 和分母 $D_k(s) = N(s)$ 分别是系统闭环和开环特征多项式，反映了系统的闭环极点与开环极点之间的关系。特征函数 $F(s)$ 有如下特点：

1）$F(s)$ 的零点就是系统的闭环极点。

2）$F(s)$ 的极点就是系统的开环极点。

3）$F(s)$ 的分子与分母的阶次相同，即说明闭环极点数与开环极点数相等且等于 n。

4）$F(s)$ 与开环传递函数 $G_k(s)$ 只差常数 1。

上述特征函数是复变函数，具有复变函数的所有特性。当 $s = j\omega$ 时，特征函数是以系统输入信号频率为变量的特征频率函数 $F(j\omega)$。由式（6.12）可得

$$F(j\omega) = 1 + G_k(j\omega) = \frac{D_b(j\omega)}{D_k(j\omega)} \tag{6.13}$$

依据 $F(s)$ 的特点，可以利用 $F(j\omega)$（或 $G_k(j\omega)$）的频率特性图（极坐标图）来判断闭环系统的稳定性。

2. 基于极坐标图的奈奎斯特（Nyquist）稳定性判据

对于 n 阶线性控制系统，由式（6.13）可将特征频率函数表示为

$$F(j\omega) = A(\omega)e^{j\varphi(\omega)} = \frac{D_b(j\omega)}{D_k(j\omega)}$$

$$= \frac{K(j\omega + z_1)(j\omega + z_2)\cdots(j\omega + z_n)}{(j\omega + p_1)(j\omega + p_2)\cdots(j\omega + p_n)} \tag{6.14}$$

式中，$-z_i = -\sigma_{zi} - j\omega_{zi}(i = 1, 2, \cdots, n)$ 为函数 $F(s)$ 的零点，$\omega_{zi} = 0$ 时为实数零点；$-p_k = -\sigma_{pk} - j\omega_{pk}$ $(k = 1, 2, \cdots, n)$ 为函数 $F(s)$ 的极点，$\omega_{pk} = 0$ 时为实数极点。

$F(j\omega)$ 在 $[F(j\omega)]$ 平面上其相角（相频特性）随频率 ω 变化的关系为

$$\varphi(\omega) = \varphi_b(\omega) - \varphi_k(\omega)$$

$$= \sum_{i=1}^{n} \arctan\left(\frac{\omega + \omega_{zi}}{\sigma_{zi}}\right) - \sum_{k=1}^{n} \arctan\left(\frac{\omega + \omega_{pk}}{\sigma_{pk}}\right) \tag{6.15}$$

由此可知，$F(j\omega)$ 在 $[F(j\omega)]$ 平面上的极坐标曲线的形状及绕向与 $F(s)$ 的零点和极点分布密切相关。若 $F(s)$ 的零点位于 s 复平面的左侧（$-\sigma_{zi} < 0$）或右侧（$-\sigma_{zi} > 0$），则频率 $\omega \to \pm\infty$ 时有

$$\lim_{\omega \to +\infty}\left[\arctan\left(\frac{\omega + \omega_{zi}}{\sigma_{zi}}\right)\right] = \begin{cases} \dfrac{\pi}{2} & -\sigma_{zi} < 0 \\[2mm] -\dfrac{\pi}{2} & -\sigma_{zi} > 0 \end{cases} \tag{6.16}$$

或

$$\lim_{\omega \to -\infty}\left[\arctan\left(\frac{\omega + \omega_{zi}}{\sigma_{zi}}\right)\right] = \begin{cases} -\dfrac{\pi}{2} & -\sigma_{zi} < 0 \\[2mm] \dfrac{\pi}{2} & -\sigma_{zi} > 0 \end{cases} \tag{6.17}$$

若 $F(s)$ 位于 s 复平面的右侧存在 N_z 个零点，其余 $n - N_z$ 个零点位于 s 复平面的左侧，由式（6.16）和式（6.17）得

$$\begin{cases} \varphi_b(+\infty) = \sum_{i=1}^{N_z}\lim_{\omega \to +\infty}\left[\arctan\left(\dfrac{\omega + \omega_{zi}}{\sigma_{zi}}\right)\right]_{-\sigma_{zi} > 0} + \sum_{i=N_z+1}^{n}\lim_{\omega \to +\infty}\left[\arctan\left(\dfrac{\omega + \omega_{zi}}{\sigma_{zi}}\right)\right]_{-\sigma_{zi} < 0} \\[4mm] \qquad = N_z \times \left(-\dfrac{\pi}{2}\right) + (n - N_z) \times \dfrac{\pi}{2} = (n - 2N_z) \times \dfrac{\pi}{2} \\[4mm] \varphi_b(-\infty) = \sum_{i=1}^{N_z}\lim_{\omega \to -\infty}\left[\arctan\left(\dfrac{\omega + \omega_{zi}}{\sigma_{zi}}\right)\right]_{-\sigma_{zi} > 0} + \sum_{i=N_z+1}^{n}\lim_{\omega \to -\infty}\left[\arctan\left(\dfrac{\omega + \omega_{zi}}{\sigma_{zi}}\right)\right]_{-\sigma_{zi} < 0} \\[4mm] \qquad = N_z \times \dfrac{\pi}{2} + (n - N_z) \times \left(-\dfrac{\pi}{2}\right) = -(n - 2N_z) \times \dfrac{\pi}{2} \end{cases}$$

$$\tag{6.18}$$

若 $F(s)$ 位于 s 复平面的右侧存在 N_p 个极点，其余 $n - N_p$ 个极点位于 s 平面的左侧，同理可得

$$\begin{cases} \varphi_k(+\infty) = \sum_{k-1}^{N_p} \lim_{\omega \to +\infty} \left[\arctan\left(\frac{\omega + \omega_{pk}}{\sigma_{pk}}\right) \right]_{-\sigma_{pk}>0} + \sum_{k=N_p+1}^{n} \lim_{\omega \to +\infty} \left[\arctan\left(\frac{\omega + \omega_{pk}}{\sigma_{pk}}\right) \right]_{-\sigma_{pk}<0} \\ \qquad = N_p \times \left(-\frac{\pi}{2}\right) + (n - N_p) \times \frac{\pi}{2} = (n - 2N_p) \times \frac{\pi}{2} \\[2mm] \varphi_k(-\infty) = \sum_{k=1}^{N_p} \lim_{\omega \to -\infty} \left[\arctan\left(\frac{\omega + \omega_{pk}}{\sigma_{pk}}\right) \right]_{-\sigma_{pk}>0} + \sum_{k=N_p+1}^{n} \lim_{\omega \to -\infty} \left[\arctan\left(\frac{\omega + \omega_{pk}}{\sigma_{pk}}\right) \right]_{-\sigma_{pk}<0} \\ \qquad = N_p \times \frac{\pi}{2} + (n - N_p) \times \left(-\frac{\pi}{2}\right) = -(n - 2N_p) \times \frac{\pi}{2} \end{cases}$$

$$(6.19)$$

当频率 ω 从 $-\infty \to +\infty$ 变化时，函数 $F(j\omega)$ 在 $[F(j\omega)]$ 平面上其相角变化为闭环特征向量相角变化与开环特征向量相角变化之差，即

$$\Delta \mathrm{Arg}[F(j\omega)] = \Delta \mathrm{Arg}[D_b(j\omega)] - \Delta \mathrm{Arg}[D_k(j\omega)] \tag{6.20}$$

设系统位于 s 复平面的右半平面存在 N_z 个闭环极点和 N_p 个开环极点，当频率 ω 从 $-\infty \to +\infty$ 变化时，系统的闭环特征向量的相角变化为

$$\Delta \mathrm{Arg}[D_b(j\omega)] = \varphi_b(+\infty) - \varphi_b(-\infty) = (n - 2N_z)\pi \tag{6.21}$$

开环特征向量的相角变化为

$$\Delta \mathrm{Arg}[D_k(j\omega)] = \varphi_k(+\infty) - \varphi_k(-\infty) = (n - 2N_p)\pi \tag{6.22}$$

所以，函数 $F(j\omega)$ 在 $[F(j\omega)]$ 平面上当频率 ω 从 $-\infty \to +\infty$ 变化时，其相角变化量为

$$\Delta \mathrm{Arg}[F(j\omega)] = (N_p - N_z)(2\pi) = 2\pi N \tag{6.23}$$

式中，

$$N = N_p - N_z \tag{6.24}$$

式 (6.24) 表明，当频率 ω 从 $-\infty \to +\infty$ 变化时，极坐标曲线 $F(j\omega)$ 在 $[F(j\omega)]$ 平面上逆时针绕其坐标原点 $N = N_p - N_z$ 圈。由于 $F(j\omega)$ 与系统开环传递函数 $G_k(j\omega)$ 只差一个常数 "1"，复平面 $[F(j\omega)]$ 平面的坐标原点映射到复平面 $[G_k(j\omega)]$ 上就是 $(-1, j0)$ 点，如图 6.5 所示。

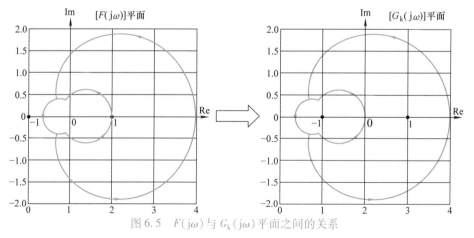

图 6.5 $F(j\omega)$ 与 $G_k(j\omega)$ 平面之间的关系

因此，式 (6.24) 意义又表示为：当 ω 从 $-\infty \to +\infty$ 变化时，开环极坐标曲线 $G_k(j\omega)$ 在 $[G_k(j\omega)]$ 平面上绕 $(-1, j0)$ 点 $N = N_p - N_z$ 圈。

当系统稳定时，在 s 复平面的右半平面不存在闭环极点（$N_z = 0$），即 $N = N_p$。于是，基于开环极坐标图的奈奎斯特（Nyquist）稳定判据可表述如下：

如果开环系统在 s 复平面的右半平面具有 N_p 个极点，由 $\omega = -\infty \rightarrow +\infty$ 所对应的开环频率特性的极坐标曲线 $G_k(j\omega)$ 围绕点（-1，$j0$）的圈数为 N，那么闭环系统稳定的充分必要条件就是

$$N = N_p \tag{6.25}$$

显然，若闭环系统是稳定的，则其开环极坐标曲线 $G_k(j\omega)$ 围绕点（-1，$j0$）的圈数 $N \geqslant 0$，即 $G_k(j\omega)$ 一定是逆时针围绕（-1，$j0$）点 N 圈；若开环极坐标曲线 $G_k(j\omega)$ 顺时针围绕（-1，$j0$）点 N（<0）圈时，则系统一定不稳定，而不论其开环系统在 s 复平面的右半平面是否具有极点。

例 6.8 设某开环系统的传递函数为

$$G_k(s) = \frac{K}{Ts - 1}$$

试判断此系统的稳定性，并讨论稳定性与系数 K 的关系。

解：这个开环系统是一个非最小相位系统，在右半平面有一个极点，故 $N_p = 1$。其幅频特性和相频特性分别为

$$A(\omega) = \frac{K}{\sqrt{(\omega T)^2 + 1}} \qquad \varphi(\omega) = -\arctan\left(\frac{\omega T}{-1}\right)$$

极坐标图的起点和终点分别为

$$\omega = 0, \quad A(\omega) = K, \quad \varphi(\omega) = -180°; \omega = \infty, \quad A(\omega) = 0, \quad \varphi(\omega) = -90°$$

如图 6.6 所示，当 $K > 1$ 时，开环极坐标曲线逆时针包围点（-1，$j0$）1 圈，即 $N = N_p = 1$，所以闭环系统稳定；当 $K < 1$ 时，开环极坐标曲线不包围点（-1，$j0$），即 $N = 0 \neq N_p$（$=1$），故闭环系统不稳定。

例 6.9 设系统开环传递函数为

$$G_k(s) = \frac{K(s + 3)}{s(s - 1)}$$

试判别其闭环系统的稳定性。

解：该开环系统在 s 复平面右半边上有一个极点，即 $N_p = 1$。在 $\omega = -\infty \rightarrow +\infty$ 的变化范围内，其极坐标曲线如图 6.7 所示。当 $K > 1$ 时，开环极坐标曲线逆时针包围点（-1，$j0$）1 圈，即 $N = N_p = 1$，所以闭环系统稳定；当 $K < 1$ 时，开环极坐标曲线顺时针包围点（-1，$j0$）1 圈，即 $N = -1 \neq N_p$（$=1$），故闭环系统不稳定。

例 6.10 设系统开环传递函数为

$$G_{1k}(s) = \frac{Ks}{2s - 1} \qquad G_{2k}(s) = \frac{Ks}{1 - 2s}$$

试判断闭环系统的稳定性。

解：由传递函数知，两个系统均有 1 个大于零的极点，即 $N_p = 1$。

系统 $G_{1k}(s)$ 的频率特性为

$$G_{1k}(j\omega) = \frac{Kj\omega}{2j\omega - 1} = \frac{2K\omega^2}{4\omega^2 + 1} + j\frac{-K\omega}{4\omega^2 + 1}$$

$$A(\omega) = \frac{K\omega}{\sqrt{(2\omega)^2 + 1}}$$

$$\varphi(\omega) = 90° - \arctan\left(\frac{2\omega}{-1}\right)$$

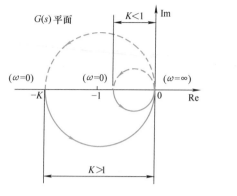

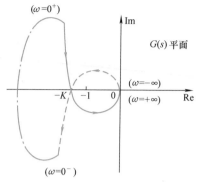

图 6.6 例 6.8 的极坐标图　　　　　图 6.7 例 6.9 的极坐标图

系统 $G_{2k}(s)$ 的频率特性为

$$G_{2k}(j\omega) = \frac{Kj\omega}{1 - 2j\omega} = \frac{-2K\omega^2}{4\omega^2 + 1} + j\frac{K\omega}{4\omega^2 + 1}$$

$$A(\omega) = \frac{K\omega}{\sqrt{(2\omega)^2 + 1}}$$

$$\varphi(\omega) = 90° - \arctan\left(\frac{-2\omega}{1}\right)$$

绘制出两个系统的极坐标图如图 6.8 所示。

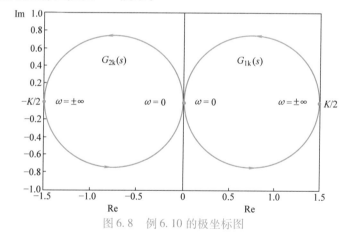

图 6.8 例 6.10 的极坐标图

由图 6.8 可知，系统 $G_{1k}(s)$ 的极坐标曲线不包围点 $(-1, j0)$，即 $N = 0 \neq N_p(=1)$，故闭环系统不稳定；系统 $G_{2k}(s)$ 的极坐标曲线在 $K > 2$ 时逆时针包围点 $(-1, j0)$ 一圈，即 $N = 1 = N_p$，故闭环系统稳定，在 $K \leqslant 2$ 时不包围点 $(-1, j0)$，即 $N = 0 \neq N_p(=1)$，故闭环系统不稳定。

当开环极坐标曲线 $G_k(j\omega)$ 形状较复杂时，便不易分辨它对 $(-1, j0)$ 点包围的方法及次数了，这时采用极坐标曲线"穿越"负实轴次数来计算极坐标曲线绕 $(-1, j0)$ 圈数 N 比较方便。

如图 6.9 所示，利用奈奎斯特（Nyquist）稳定性判据分析极坐标曲线 $G_k(j\omega)$ 绕 $(-1, j0)$ 点的圈数时，可以通过计算极坐标曲线 $G_k(j\omega)$ 在 $\omega = 0 \to +\infty$ 范围内，正、负穿越负实轴（$-\infty$，-1）区间的次数来确定。正穿越是指在 $\omega = 0 \rightarrow +\infty$ 范围内，极坐标曲线 $G_k(j\omega)$ 按相位增大方向穿过负实轴（$-\infty$，-1），即 $G_k(j\omega)$ 曲线绕坐标点（-1，j0）由上往下逆时针穿越负实轴（$-\infty$，-1）的区间，正穿越的次数记为 N_+，负穿越是指在 $\omega = 0 \rightarrow +\infty$ 范围内，极坐标曲线 $G_k(j\omega)$ 按相位减小方向穿过负实轴（$-\infty$，-1），即 $G_k(j\omega)$ 曲线绕坐标点（-1，j0）由下往上顺时针穿越负实轴（$-\infty$，-1）的区间，负穿越的次数记为 N_-，若极坐标曲线 $G_k(j\omega)$ 以负实轴（$-\infty$，-1）区间上的点为起点，则向上离开的计为 $N_-/2$ 次，向下离开的计为 $N_+/2$ 次；若极坐标曲线 $G_k(j\omega)$ 以负实轴（$-\infty$，-1）区间上的点为终点，则向上进入的计为 $N_-/2$ 次，向下进入的计为 $N_+/2$ 次。

于是，对应于封闭的极坐标曲线包围（-1，j0）点的圈数 N 为

$$N = 2(N_+ - N_-) \tag{6.26}$$

如图 6.10 所示的复杂包围情况，$N_+ = 2$，$N_- = 1$ 所以 $N = 2$。

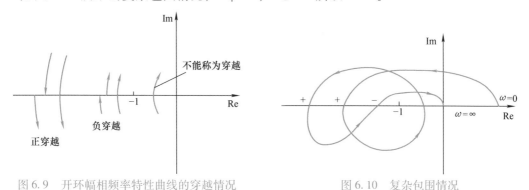

图 6.9 开环幅相频率特性曲线的穿越情况   图 6.10 复杂包围情况

3. 基于 Bode 图的奈奎斯特稳定性判据

如果将开环极坐标图改画为开环对数坐标图，即 Bode 图，同样可以用 Nyquist 判据来判断系统的稳定性，这时要按开环对数幅频特性和对数相频特性的相互关系来确定 N。这种方法称为对数频域判据或 Bode 判据。它和 Nyquist 判据本质是相同的。

根据第 4 章中开环频率特性的极坐标图与 Bode 图的对应关系，如图 6.11 所示。可以将基于极坐标图的奈奎斯特稳定判据转化为基于 Bode 图的奈奎斯特稳定判据。

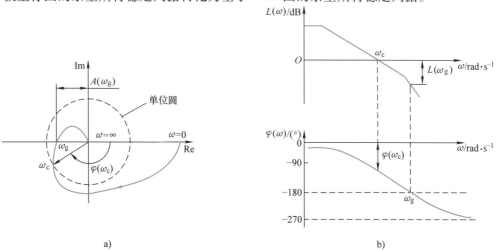

图 6.11 极坐标图与 Bode 图的关系

根据前面介绍的"穿越"概念，极坐标图的正穿越次数 N_+ 正好是穿过对数相频特性图的 $-180°$ 相位线后相位增大，即由下向上穿越；极坐标图的负穿越次数 N_- 就是穿过 $-180°$ 相位线后相位减小，即由上向下穿越。于是，按照前面定义的极坐标曲线穿越次数，相频特性曲线 $\varphi(\omega)$ 穿越 $-180°$ 相位线的总次数 N 为

$$N = 2(N_+ - N_-) \tag{6.27}$$

由上述分析可知，如果闭环系统的开环传递函数 $G_k(s)$ 在 s 复平面的右半部分有 N_p 个极点，且在对数幅频特性曲线 $L(\omega) > 0$ 的频率 ω 范围内，其相频特性曲线 $\varphi(\omega)$ 穿越 $-180°$ 相位线的总次数为 N。那么，闭环系统稳定的充分必要条件就是

$$N = N_p \tag{6.28}$$

如果开环传递函数中有 v 个积分环节，则在 $\varphi(\omega)$ 曲线的最左端视为 $\omega = 0^+$ 处，由下至上作 $v \times 90°$ 虚线段的辅助线，找到 $\omega = 0$ 时 $\varphi(\omega)$ 的起点方能正确确定 $\varphi(\omega)$ 对 $-180°$ 相位线的穿越情况。

例 6.11 已知两个系统的开环 Bode 图如图 6.12 所示，图中 N_p 为其开环系统在 s 复平面右半平面的极点数，试分析对应闭环系统的稳定性。

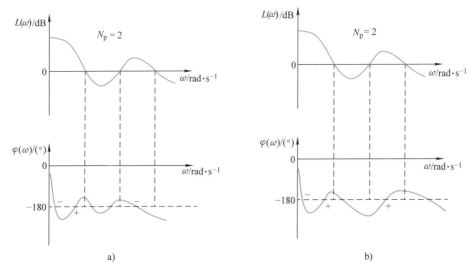

图 6.12 例 6.11 的 Bode 图

解：对于图 6.12a 所示的系统：在 $L(\omega) > 0$ 的范围内，相频特性 $\varphi(\omega)$ 正穿越次数为 $N_+ = 1$，负穿越次数 $N_- = 2$，所以 $N = 2(N_+ - N_-) = -2 \neq N_p (= 2)$，因此闭环系统不稳定。

对于图 6.12b 所示的系统：在 $L(\omega) > 0$ 的范围内，相频特性 $\varphi(\omega)$ 正穿越次数为 $N_+ = 2$，负穿越次数 $N_- = 1$，所以 $N = 2(N_+ - N_-) = 2 = N_p$，因此闭环系统稳定。

6.2 控制系统的相对稳定性分析

在设计一个控制系统时，不仅要求它必须是绝对稳定的，还应使系统具有一定的稳定程度，即具备适当的相对稳定性，只有这样才能满足性能指标，不因建立数学模型和系统分析

计算中某些简化处理或系统的特征参数变化而导致系统不稳定，使系统具有一定的稳定储备是必要的，这就是相对稳定性的概念。

所谓相对稳定性是指稳定系统的稳定状态距离不稳定（或临界稳定）状态的程度。在讨论系统的相对稳定性时，一般总假定开环系统是稳定的，是最小相位系统，即开环系统的零、极点均位于 s 复平面的左半平面。这时开环频率特性的极坐标曲线若包围（−1，j0）点，则系统不稳定；不包围（−1，j0）点，则系统稳定；若穿过（−1，j0）点，则系统处于临界稳定状态。因此对于稳定的系统，可利用 Nyquist 图靠近（−1，j0）点的程度来判断系统的相对稳定性，越靠近（−1，j0）点，相对稳定性越差。反映相对稳定性的指标就是稳定裕度。稳定裕度的定量表示主要有相位裕度和幅值（增益）裕度。

1. 基于开环频率特性的稳定裕度

（1）相位裕度 设系统为最小相位系统，其频率特性如图 6.13 所示，其截止频率（幅值穿越频率）所对应的 $A(\omega_c) = |G_k(j\omega_c)| = 1$ 或 $L(\omega_c) = 0$。于是，定义系统的极坐标曲线在截止频率处的相位角 $\varphi(\omega_c)$ 距离 −180°的相位差 γ 为相位裕度，即

$$\gamma = 180° + \varphi(\omega_c) \tag{6.29}$$

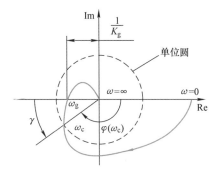

a) 正相位裕度与正幅值裕度的极坐标图

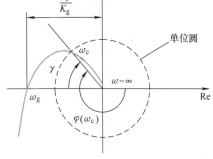

b) 负相位裕度与负幅值裕度的极坐标图

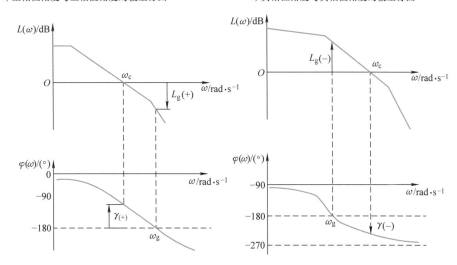

c) 正相位裕度与正幅值裕度的Bode图   d) 负相位裕度与负幅值裕度的Bode图

图 6.13　相位裕度与幅值裕度

相位裕度的含义是，对于闭环稳定系统，γ 值越大从相位方面就反映系统的开环相频特性曲线距离 $-180°$ 相位线越远，闭环系统的稳定程度就越高；或者说，如果开环相频特性再滞后 γ，则系统将变为临界稳定。

当 $\gamma > 0$ 时，相位裕度为正值；当 $\gamma < 0$ 时，相位裕度为负值。为了使最小相位系统稳定，相位裕度必须为正。

（2）幅值裕度　　幅值裕度也叫增益裕度。若系统的相频穿越频率为 ω_g，对应有 $\varphi(\omega_g) = -180°$。于是，定义相频穿越频率处的开环幅频特性 $A(\omega_g)$ 的倒数为幅值裕度，即

$$K_g = \frac{1}{A(\omega_g)} \tag{6.30}$$

幅值裕度 K_g 的含义是，对于闭环稳定系统，如果系统开环幅频特性再增大 K_g 倍，则系统将变为临界稳定状态。K_g 越大，从幅值方面反映闭环系统的稳定程度越高。

在 Bode 图上幅值裕度表示为

$$L_g = 20\lg K_g = -20\lg A(\omega_g) = -L(\omega_g) \tag{6.31}$$

如果 $K_g > 1$，则 $L_g > 0$，幅值裕度为正值；如果 $K_g < 1$，则 $L_g < 0$，幅值裕度为负值。正幅值裕度（dB）表示系统是稳定的；负幅值裕度（dB）表示系统是不稳定的。

对于稳定的最小相位系统，幅值裕度指出了系统在不稳定之前，增益能够增大多少。对于不稳定系统，幅值裕度指出了为使系统稳定，增益应当减少多少。

（3）关于相位裕度和幅值裕度的几点说明

1）对于最小相位系统，只有同时满足 $\gamma > 0$，$L_g > 0$，系统才能稳定，为了使闭环系统具有良好的动态性能，通常要求 $\gamma = 30° \sim 60°$，$K_g > 2$ 或 $L_g > 6\text{dB}$。

2）一般仅用相位裕度或幅值裕度都不足以说明系统的相对稳定性，必须同时考虑相位裕度和幅值裕度两个指标才能说明系统的相对稳定性。如图 6.14a 所示，系统的相位裕度 γ 足够大，但幅值裕度 K_g 很小，因而系统的稳定程度不是很高。工程实践中含有振荡环节的系统可能出现这种情况。因而分析闭环系统的相对稳定性时必须对 $L(\omega)$ 曲线加以修正，特别是 ξ 值小时修正尤为重要。如图 6.14b 所示，系统的幅值裕度 K_g 很大，但相位裕度 γ 小，因而系统的稳定性也不能令人满意。

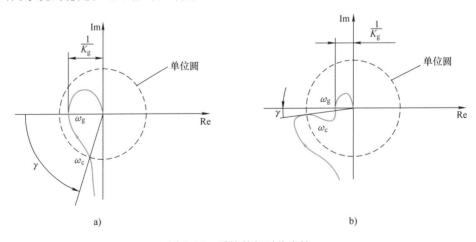

图 6.14　系统的相对稳定性

3）对于最小相位系统，其开环幅频特性和相频特性之间具有一定的对应关系。相位裕度 $\gamma = 30° \sim 60°$ 表明开环对数幅频特性在 ω_c 处的斜率应大于或等于 -40dB/dec。在实际中常取 -20dB/dec。如果在 ω_c 处的斜率等于 -40dB/dec，则闭环系统可能不稳定，即使稳定，其稳定性也很差。因此只要讨论开环对数幅频特性就可以大致判别其稳定性。

4）对于复杂的控制系统，当存在多个穿越频率 ω_c 和（或）ω_g 时，则需对每一个穿越频率考察相应的稳定裕度。

2. 典型环节（系统）的稳定性分析

设单位反馈系统的开环传递函数形式为

$$G_k(s) = \frac{K \prod\limits_{i=1}^{m} (\tau_i s + 1)}{s^v \prod\limits_{j=1}^{n} (T_j s + 1)} e^{-\tau s} \tag{6.32}$$

即由比例环节 K、v 个积分环节、n 个惯性环节和 m 个一阶微分（比例微分）环节等若干典型环节组成。其频率特性为

$$G_k(j\omega) = \frac{K \prod\limits_{i=1}^{m} (j\omega\tau_i + 1)}{(j\omega)^v \prod\limits_{j=1}^{n} (j\omega T_j + 1)} e^{-j\omega\tau} \tag{6.33}$$

若计算出开环穿越频率为 ω_c 和 ω_g，则系统的幅值裕度与相位裕度分别为

$$L_g = -20\lg K + 20v\lg\omega_g - \sum_{i=1}^{m} 20\lg\sqrt{1 + (\omega_g\tau_i)^2} + \sum_{j=1}^{n} 20\lg\sqrt{1 + (\omega_g T_j)^2} \tag{6.34}$$

$$\gamma = 180° + \varphi(\omega_c) = 180° + \sum_{i=1}^{m} \arctan(\omega_c\tau_i) - v \times 90° - \sum_{j=1}^{n} \arctan(\omega_c T_j) - \omega\tau \tag{6.35}$$

式中，T_j 为惯性环节的时间常数；τ_i 为一阶微分时间常数。

由式（6.34）或式（6.35）可见，一个积分环节可使相位裕度 γ 减小 $90°$，两个积分环节使相位裕度 γ 减小 $180°$，因此，若系统在前向通路中含有积分环节，将使系统的稳定性严重变差；系统含惯性环节也会使系统的稳定性变差，其惯性环节的时间常数越大，这种影响越显著；比例环节（或开环增益）放大系数越大，系统的稳定性越差；延迟环节是非最小相位环节，将使系统的相位滞后，减小系统的相位裕度 γ，时间常数 τ 越大，稳定性越差；而微分环节是增大相位裕度 γ，可以在前向通路中增加微分环节改善系统的稳定性，但微分环节是高通滤波器，易引入干扰。

对于一阶系统，其开环频率特性为

$$G_k(j\omega) = \frac{1}{j\omega T}$$

其稳定裕度为

$$\begin{cases} L_g = 20\lg(\omega_g T) = +\infty \\ \gamma = 180° - 90° = 90° > 0 \end{cases} \tag{6.36}$$

由此说明，一阶系统是稳定的系统，但若时间常数 T 变小，系统的稳定性将变差。

对于二阶系统，其开环频率特性可表示为

$$G_k(j\omega) = \frac{K}{j\omega(j\omega T + 1)}$$

系统的穿越频率近似为

$$\omega_c = K \text{ 或 } \omega_c = \sqrt{\frac{K}{T}} \qquad \omega_g = +\infty$$

故其稳定裕度为

$$\begin{cases} L_g = -20\lg K + 20\lg\omega_g + 20\lg\sqrt{1+(\omega_g T)^2} = +\infty \\ \gamma = 90° - \arctan(\omega_c T) > 0 \end{cases} \tag{6.37}$$

由此可见，二阶系统总是稳定的系统，增大系统增益 K，随之引起 ω_c 增大，将使系统的相位裕度减小，系统稳定性变差。

注意，一阶或二阶系统的幅值裕度为无穷大，因为这类系统的极坐标图与负实轴不相交。因此，理论上一阶或二阶系统不可能是不稳定的。当然，一阶或二阶系统在一定意义上说只能是近似的，因为在推导系统方程时，忽略了一些小的时间滞后，因此它们不是真正的一阶或二阶系统。如果计及这些小的滞后，则所谓的一阶或二阶系统可能是不稳定的。

例 6.12 系统的开环传递函数

$$G_k(s) = \frac{K}{s(s+1)(0.2s+1)}$$

试分别求取 $K=2$ 及 $K=20$ 时的相位裕度 γ 和幅值裕度 K_g。

解：此开环系统为最小相位系统，$N_p = 0$。画出其 Bode 图如图 6.15 所示。

1）首先求出相位穿越频率 ω_g（因为 K 值的变化不会影响对数相频特性，所以无论 $K=2$ 还是 $K=20$，其相位穿越频率 ω_g 都是相同的）。

$$G_k(j\omega) = \frac{K}{j\omega(j\omega+1)(0.2j\omega+1)}$$

$$\varphi(\omega_g) = -90° - \arctan\omega_g - \arctan(0.2\omega_g)$$
$$= -180°$$

解得 $\omega_g = \sqrt{5}$

2）当 $K=2$ 时，分析如下：

① 求出幅值穿越频率 ω_c。

$$A(\omega_c) = \frac{2}{\omega_c\sqrt{\omega_c^2+1}\sqrt{(0.2\omega_c)^2+1}} = 1$$

显然采用上式计算比较复杂，我们一般根据近似渐近线的 Bode 图来计算，由传递函数可知两个惯性环节的转折频率分别为 $\omega_{T1} = 1$，$\omega_{T2} = \frac{1}{0.2} = 5$，故渐近线的分段函数方程可表示为

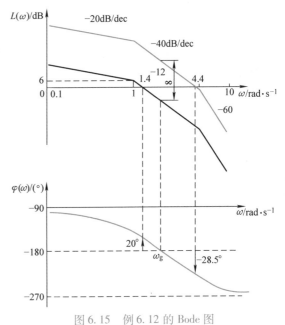

图 6.15 例 6.12 的 Bode 图

$$L(\omega) = \begin{cases} 20\lg \dfrac{K}{\omega} & 0 < \omega \leq 1 \\[2mm] 20\lg \dfrac{K}{\omega \cdot \omega} & 1 \leq \omega \leq 5 \\[2mm] 20\lg \dfrac{K}{\omega \cdot \omega \cdot 0.2\omega} & 5 \leq \omega \leq \infty \end{cases}$$

当 $K=2$ 时，令上式为零可解出 $\omega_c = \sqrt{2} \approx 1.4$。

② 求出相位裕度。

$$\gamma = 180° + \varphi(\omega_c) = 180° + (-90° - \arctan 1.4 - \arctan 0.28) = 20°$$

③ 求出幅值裕度。

$$A(\omega_g) = \frac{2}{\sqrt{5} \times \sqrt{5+1} \times \sqrt{0.04 \times 5 + 1}} = \frac{1}{3}$$

$$L_g = -20\lg A(\omega_g) = 20\lg 3 \text{dB} = 9.5 \text{dB}$$

可见，当 $K=2$ 时系统是稳定的。

3）当 $K=20$ 时，分析如下：

① 求出幅值穿越频率 ω_c。

$$A(\omega_c) = \frac{20}{\omega_c \sqrt{\omega_c^2 + 1} \sqrt{0.04\omega_c^2 + 1}} = 1$$

由前面的分段函数令 $K=20$，解得

$$\omega_c \approx 4.5$$

② 求出相位裕度。

$$\gamma = 180° + \varphi(\omega_c) = 180° + (-90° - \arctan 4.5 - \arctan 0.9) = -29.5°$$

③ 求出幅值裕度。

$$A(\omega_g) = \frac{20}{\sqrt{5} \times \sqrt{5+1} \times \sqrt{0.04 \times 5 + 1}} = \frac{10}{3}$$

$$L_g = -20\lg A(\omega_g) = -20\lg \frac{10}{3} \text{dB} = -10.5 \text{dB}$$

可见，当 $K=20$ 时系统是不稳定的。

例 6.13 开环对数幅频特性如图 6.16 所示。试求：

1）开环传递函数 $G_k(s)$。

2）幅值穿越频率 ω_c。

3）相位裕度 γ。

4）草绘出开环对数相频特性曲线 $\varphi(\omega)$。

解：1）求系统的开环传递函数。由 $L(\omega)$ 的各段斜率可知：

$$G_k(s) = \frac{K(T_1 s + 1)}{s^2(T_2 s + 1)} \quad (T_1 > T_2)$$

$L(\omega)$ 的起始段斜率为 -40dB/dec，且和 0dB 线相交于 $\omega_0 = 20$ 处，故

$$K = \omega_0^2 = 20^2 = 400$$

根据频率在 ω_1 与 ω_0 之间的对数幅频特性，低频段渐近线延长线的斜率为 -40dB/dec，

可得

$$\frac{0 - 20\lg4}{\lg20 - \lg\omega_1} = -40 \Rightarrow \omega_1 = 10$$

故

$$T_1 = \frac{1}{\omega_1} = 0.1$$

由图可知：$\omega_2 = 100 \quad T_2 = \frac{1}{\omega_2} = 0.01$

$$G_k(s) = \frac{400(0.1s + 1)}{s^2(0.01s + 1)}$$

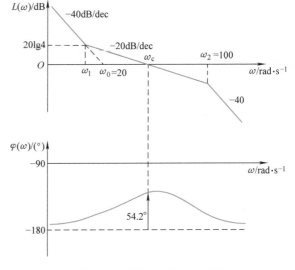

2）计算幅值穿越频率 ω_c。根据频率在 ω_1 与 ω_c 之间的对数幅频特性，低频段渐近线延长线的斜率为 $-20\mathrm{dB/dec}$，可得

$$\frac{0 - 20\lg4}{\lg\omega_c - \lg10} = -20 \Rightarrow \omega_c = 40$$

图 6.16 例 6.13 的 Bode 图

计算相位裕度 γ 得

$$\gamma = 180° + \varphi(\omega_c) = 180° + (-180° + \arctan0.1\omega_c - \arctan0.01\omega_c) = 54.2°$$

3）绘出 $\varphi(\omega)$ 的曲线如图 6.16 所示，由图可知 $\omega \to \infty$，$\varphi(\omega) \to -180°$，故 $L_g = \infty$，该系统具有良好的相对稳定性。

6.3 控制系统的稳态性分析

控制系统在输入信号作用下，其响应输出分为瞬态过程和稳态过程两个阶段。瞬态过程反映控制系统的动态响应性能，主要体现在系统对输入信号的响应速度和响应的平稳性这两个方面。对于稳定的系统，瞬态过程随着时间的推移将逐渐消失；稳态过程反映控制系统的稳态响应性能，它主要表现在系统跟踪输入信号的准确性或抑制干扰信号能力的大小。因此，控制系统的稳态性能主要反映系统到达稳定状态后，在输入信号或干扰信号作用下的误差变化规律和大小等情况。

6.3.1 系统误差和误差传递函数

1. 系统误差的概念

所谓误差是指期望输出（或参考输入）与实际输出的差。当然，当元件性能不完善、变质，或者存在诸如干摩擦、间隙、死区等非线性因素时，也可能带来误差。但这些不是本章所研究的内容。本章讨论的是系统在没有随机干扰作用下，元件也是理想线性的情况下，系统仍然可能存在的误差。

系统的输出响应过程分为瞬态响应和稳态响应，相应的误差也分为瞬态误差和稳态误差，即

$$e(t) = e_t(t) + e_s(t) \tag{6.38}$$

式中，$e(t)$ 为系统的误差；$e_t(t)$ 为瞬态误差，是系统的瞬态输出误差。一个稳定的系统，调整过程结束后，一般可认为 $e_t(t) = 0$；$e_s(t)$ 为稳态误差，是系统的稳态输出误差。把稳态误差随

时间变化的过程称为动态误差,把稳态误差的终值称为静态误差,即 $e_{ss} = \lim\limits_{t \to \infty} e(t)$。

对于如图 6.17 所示控制系统,根据误差的定义,应为控制系统所希望的输出 $x_{or}(t)$ 与其实际输出 $x_o(t)$ 之差,即

$$e(t) = x_{or}(t) - x_o(t) \qquad (6.39)$$

对上式进行拉普拉斯变换,得

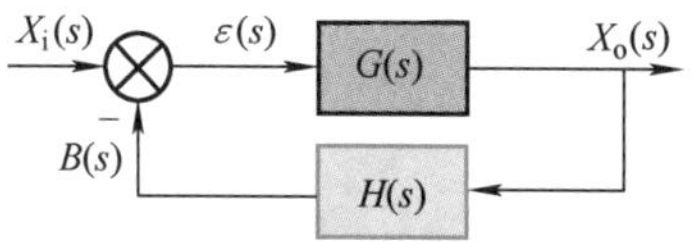

图 6.17 控制系统的典型结构框图

$$E(s) = X_{or}(s) - X_o(s) \qquad (6.40)$$

该系统中,在反馈传递函数 $H(s) = 1$ 时,系统的参考输入 $x_i(t)$ 就是期望的输出 $x_{or}(t)$。此时,系统的输出误差 $e(t)$ 就是系统的偏差 $\varepsilon(t)$,即

$$E(s) = \varepsilon(s) = X_i(s) - X_o(s) \qquad (6.41)$$

当反馈传递函数 $H(s) \neq 1$ 时,系统的输出误差 $e(t)$ 与系统的偏差 $\varepsilon(t)$ 并不相同。此时,由图 6.17 可得系统的偏差为

$$\varepsilon(s) = X_i(s) - H(s)X_o(s) \qquad (6.42)$$

系统偏差 $\varepsilon(s)$ 与误差 $E(s)$ 之间存在内在联系。偏差为零则其误差也就为零,偏差越大则其误差就越大。由前面章节分析可知,闭环控制系统之所以对输出 $X_o(s)$ 起自动控制作用,就在于运用偏差 $\varepsilon(s)$ 进行控制。当 $X_o(s) \neq X_{or}(s)$ 时,由于误差 $E(s)$ 或偏差 $\varepsilon(s)$ 不等于零,故偏差 $\varepsilon(s)$ 就起调节控制作用,力图将 $X_o(s)$ 调节到 $X_{or}(s)$ 值,使误差 $E(s)$ 或偏差 $\varepsilon(s)$ 变为零;反之,当 $X_o(s) = X_{or}(s)$ 时,应有误差 $E(s)$ 或偏差 $\varepsilon(s)$ 等于零,而使 $\varepsilon(s)$ 不再对 $X_o(s)$ 进行调节。根据该偏差调节原理,当输出量 $X_o(s)$ 等于期望输出量 $X_{or}(s)$ 时,系统的偏差 $\varepsilon(s)$ 即为零。由式 (6.42) 得

$$0 = X_i(s) - H(s)X_{or}(s) \Rightarrow X_{or}(s) = \frac{X_i(s)}{H(s)}$$

$$E(s) = X_{or}(s) - X_o(s) = \frac{X_i(s)}{H(s)} - X_o(s)$$

$$= \frac{1}{H(s)}[X_i(s) - H(s)X_o(s)] = \frac{\varepsilon(s)}{H(s)} \qquad (6.43)$$

即系统的偏差与误差之间的关系为

$$\varepsilon(s) = H(s)E(s) \qquad (6.44)$$

对单位反馈系统来说 $H(s) = 1$,有 $\varepsilon(s) = E(s)$,则 $\varepsilon(t) = e(t)$;对非单位反馈系统,一般来说 $\varepsilon(t) \neq e(t)$。

由以上分析可知,求出了系统偏差即可求出系统误差,因此,在以后的分析中如不特别说明,为分析系统方便,均用偏差代替误差而对系统进行误差分析。

2. 系统误差的传递函数

对于给定输入和干扰输入同时作用的控制系统(如图 6.18 所示),可求得系统误差的拉普拉斯变换,即

$$E(s) = \frac{1}{1 + G_1(s)G_2(s)H(s)}X_i(s) + \frac{-G_2(s)H(s)}{1 + G_1(s)G_2(s)H(s)}N(s)$$

$$= \Phi_{X_i}(s)X_i(s) + \Phi_N(s)N(s) \qquad (6.45)$$

式中,$\Phi_{X_i}(s)$ 为无干扰信号时误差信号对于参考输入信号的传递函数;$\Phi_N(s)$ 为无输入信号时误差信号对于干扰输入信号的传递函数,即

$$
\begin{cases}
\varPhi_{X_i}(s) = \dfrac{1}{1 + G_1(s)G_2(s)H(s)} \\[3mm]
\varPhi_N(s) = \dfrac{-G_2(s)H(s)}{1 + G_1(s)G_2(s)H(s)}
\end{cases}
\tag{6.46}
$$

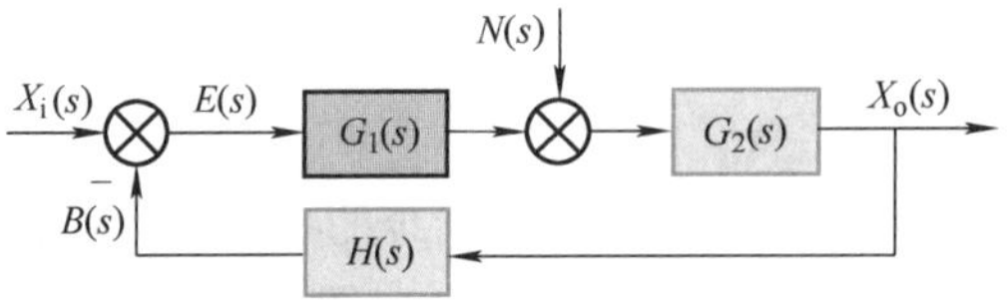

图 6.18　给定输入和干扰输入同时作用的控制系统

由此得参考输入信号和干扰输入信号引起的误差分别为

$$
\begin{cases}
E_{X_i}(s) = \dfrac{1}{1 + G_1(s)G_2(s)H(s)} X_i(s) \\[3mm]
E_N(s) = \dfrac{-G_2(s)H(s)}{1 + G_1(s)G_2(s)H(s)} N(s)
\end{cases}
\tag{6.47}
$$

利用拉普拉斯变换的终值定理，其静态误差分别为

$$
\begin{cases}
\varepsilon_{si} = \lim_{s \to 0} s E_{X_i}(s) = \lim_{s \to 0} \dfrac{s X_i(s)}{1 + G_1(s)G_2(s)H(s)} \\[3mm]
\varepsilon_{sn} = \lim_{s \to 0} s E_N(s) = \lim_{s \to 0} \dfrac{-s G_2(s)H(s)N(s)}{1 + G_1(s)G_2(s)H(s)}
\end{cases}
\tag{6.48}
$$

可见，系统的误差 $E(s)$ 就是参考输入信号 $X_i(s)$ 引起的误差和干扰输入信号 $N(s)$ 引起的误差之和，即

$$
\varepsilon_s = \lim_{t \to \infty} \varepsilon(t) = \lim_{t \to 0} s E(s) = \varepsilon_{si} + \varepsilon_{sn}
\tag{6.49}
$$

式（6.47）～式（6.49）中，$G_1(s)$、$G_2(s)$、$H(s)$ 取决于系统的结构和参数；式（6.48）分子中的 $G_2(s)$ 取决于扰动量的作用点。

由以上分析可知，系统的稳态误差由跟随误差和扰动误差两部分组成。它们不仅和系统的结构、参数有关，而且还和作用量（输入量和扰动量）的大小、变化规律和作用点有关。

若系统开环传递函数的一般形式为

$$
\begin{aligned}
G_k(s) &= G(s)H(s) = G_1(s)G_2(s)H(s) \\[2mm]
&= \frac{K \displaystyle\prod_{k=1}^{p}(T_k s + 1)\prod_{l=1}^{q}(T_l^2 s^2 + 2\xi_l T_l s + 1)}{s^v \displaystyle\prod_{i=1}^{g}(T_i s + 1)\prod_{j=1}^{h}(T_j^2 s^2 + 2\xi_j T_j s + 1)} \mathrm{e}^{-T_d s} \\[2mm]
&= \frac{K}{s^v} G_0(s)
\end{aligned}
\tag{6.50}
$$

式中，

$$
G_0(s) = \frac{\displaystyle\prod_{k=1}^{p}(T_k s + 1)\prod_{l=1}^{q}(T_l^2 s^2 + 2\xi_l T_l s + 1)}{\displaystyle\prod_{i=1}^{g}(T_i s + 1)\prod_{j=1}^{h}(T_j^2 s^2 + 2\xi_j T_j s + 1)} \mathrm{e}^{-T_d s};
$$

K 为开环传递系数和开环放大系数；v 为开环传递函数所包含积分环节的个数；$p+2q=m$ 为分子多项式的阶数；$v+g+2h=n$ 为分母多项式的阶数（系统的阶次），对于实际的系统有 $n \geq m$。显然，当 $s \to 0$ 时，$G_0(s)=G_0(0)=1$。由式（6.47）和式（6.48）得系统静态误差的计算公式为

$$\varepsilon_{si} = \lim_{s \to 0} s E_{X_i}(s) = \lim_{s \to 0} \frac{s X_i(s)}{1 + K/s^v} \tag{6.51}$$

$$\varepsilon_{sn} = \lim_{s \to 0} s E_N(s) = \lim_{s \to 0} \frac{-s G_2(s) H(s) N(s)}{1 + K/s^v} \tag{6.52}$$

可见，系统的静态误差只与系统的类型（积分环节的个数）v、系统开环传递（放大）系数 K 和给定 $X_i(s)$（或干扰 $N(s)$）输入信号有关，而与开环传递函数的结构参数无关。

6.3.2 系统静态误差分析与计算

工程实际中往往要求系统的静态误差必须小于某给定值范围。只有静态误差处于给定值的这个范围内时，分析研究系统的动态误差才有实际意义。下面分别就给定输入信号和干扰输入信号作用下系统的静态误差进行进一步讨论。

1. 给定信号下静态误差的计算

1）当输入信号为单位阶跃信号时，即 $X_i(s)=\dfrac{1}{s}$，系统的静态误差为

$$\varepsilon_{si} = \lim_{t \to 0} s E_{X_i}(s) = \lim_{s \to 0} s \frac{X_i(s)}{1+G(s)H(s)} = \lim_{s \to 0} \frac{1}{1+G(s)H(s)} = \frac{1}{1+K_p}$$

式中，K_p 为位置静态误差系数，即

$$K_p = \lim_{s \to 0} G(s)H(s) = \lim_{s \to 0} \frac{K G_0(s)}{s^v} = \lim_{s \to 0} \frac{K}{s^v} = \begin{cases} K & v=0 \\ \infty & v=1,2,3,\cdots \end{cases} \tag{6.53}$$

所以系统在单位阶跃信号作用下的静态误差为

$$\varepsilon_{si} = \frac{1}{1+K_p} = \begin{cases} \dfrac{1}{1+K} & v=0 \\ 0 & v=1,2,3,\cdots \end{cases} \tag{6.54}$$

由此可知，若给定信号为阶跃信号，当系统为 0 型系统时将产生固定的误差值 $\dfrac{1}{1+K}$；当系统为 Ⅰ 型、Ⅱ 型及以上系统时，将不会产生静态误差，也就是说输出准确地反映了输入。可见当给定信号为阶跃信号时，系统开环传递函数中有积分环节时，系统阶跃响应的稳态值将是无差的，而没有积分环节时，稳态是有差的，为了减小误差，应当适当提高放大倍数，但过大的 K 值将影响系统的相对稳定性。

2）当输入信号为单位斜坡信号时，即 $X_i(s)=\dfrac{1}{s^2}$，系统的静态误差为

$$\varepsilon_{si} = \lim_{s \to 0} s E_{X_i}(s) = \lim_{s \to 0} s \frac{X_i(s)}{1+G(s)H(s)}$$

$$= \lim_{s \to 0} \frac{1}{s+s G(s)H(s)} = \frac{1}{\lim\limits_{s \to 0} s G(s)H(s)} = \frac{1}{K_v}$$

K_v 称为速度静态误差系数，即

$$K_{\mathrm{v}} = \lim_{s \to 0} sG(s)H(s) = \lim_{s \to 0} \frac{sKG_0(s)}{s^v} = \lim_{s \to 0} \frac{K}{s^{v-1}}$$

$$= \begin{cases} 0 & v = 0 \\ K & v = 1 \\ \infty & v = 2, 3, \cdots \end{cases} \tag{6.55}$$

系统在单位斜坡信号作用下的静态误差为

$$\varepsilon_{\mathrm{si}} = \frac{1}{K_{\mathrm{v}}} = \begin{cases} \infty & v = 0 \\ \dfrac{1}{K} & v = 1 \\ 0 & v = 2, 3, \cdots \end{cases} \tag{6.56}$$

由此可知，若给定信号为单位斜坡信号，当系统为0型系统时，将产生无穷大的静态误差；当系统为Ⅰ型系统时，将产生固定的静态误差值 $\dfrac{1}{K}$；当系统为Ⅱ型及以上系统时，其静态误差为零。

3）当输入信号为单位加速度信号时，有 $X_{\mathrm{i}}(s) = \dfrac{1}{s^3}$，系统的静态误差为

$$\varepsilon_{\mathrm{si}} = \lim_{s \to 0} sE_{X_{\mathrm{i}}}(s) = \lim_{s \to 0} s\frac{X_{\mathrm{i}}(s)}{1 + G(s)H(s)} = \lim_{s \to 0} \frac{1}{s^2 + s^2 G(s)H(s)}$$

$$= \frac{1}{\lim\limits_{s \to 0} s^2 G(s)H(s)} = \frac{1}{K_{\mathrm{a}}}$$

K_{a} 称为加速度静态误差系数，即

$$K_{\mathrm{a}} = \lim_{s \to 0} s^2 G(s)H(s) = \lim_{s \to 0} \frac{K}{s^{v-2}} = \begin{cases} 0 & v = 0, 1 \\ K & v = 2 \\ \infty & v = 3, 4, \cdots \end{cases} \tag{6.57}$$

故系统在单位加速度信号作用下的静态误差为

$$\varepsilon_{\mathrm{si}} = \frac{1}{K_{\mathrm{a}}} = \begin{cases} \infty & v = 0, 1 \\ \dfrac{1}{K} & v = 2 \\ 0 & v = 3, 4, \cdots \end{cases} \tag{6.58}$$

由此可知，若给定信号为单位加速度信号，当系统为0或Ⅰ型系统时将产生无穷大的静态误差；当系统为Ⅱ型系统时将产生固定的静态误差 $\dfrac{1}{K}$；当系统为Ⅲ型及以上系统时，其静态误差为零。

不同类型系统在不同输入信号作用下的静态误差情况如图6.19~图6.21所示。

综上所述，在不同输入时不同类型系统中的静态误差及其静态误差系数见表6.1所示。由以

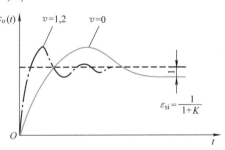

图6.19 不同类型系统对单位阶跃信号产生的误差

上分析可知，在给定 $X_i(s)$ 输入信号作用下，系统的静态误差（跟随误差）与系统的类型（积分环节的个数）v、系统开环传递（放大）系数 K 有关。若 v 越多，K 越大，则跟随稳态精度越高，即系统的稳态性能越好。增加系统的型别时可以减小或消除系统的静态误差，然而当系统采用增加开环传递函数中积分环节数目的办法来增高系统的型别时，系统的稳定性将变差，因为系统的开环传递函数中包含两个以上积分环节时，要保证系统的稳定性是比较困难的，因此Ⅲ型或更高型的系统实现起来是不容易的，实际上也是极少采用的。增大系统的开环增益（K），也可以有效地减小静态误差，但不能消除误差，而且也将会使系统的稳定性变差。

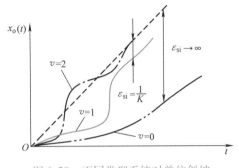

图 6.20 不同类型系统对单位斜坡信号产生的误差

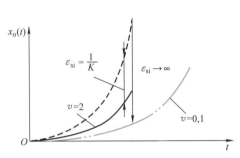

图 6.21 不同类型系统对单位加速度信号产生的误差

表 6.1 在不同输入时不同类型系统中的静态误差及静态误差系数

系统的类型	位置静态误差系数（K_p）	速度静态误差系数（K_v）	加速度静态误差系数（K_a）	不同输入时的静态误差 ε_{si}		
				阶跃输入	斜坡输入	抛物线输入
0	K	0	0	$1/(1+K)$	∞	∞
Ⅰ	∞	K	0	0	$1/K$	∞
Ⅱ	∞	∞	K	0	0	$1/K$
Ⅲ及以上	∞	∞	∞	0	0	0

例 6.14 某系统框图如图 6.22 所示。已知输入信号：$x_i(t) = 1 + t + t^2$，求系统的静态误差 ε_{si}。

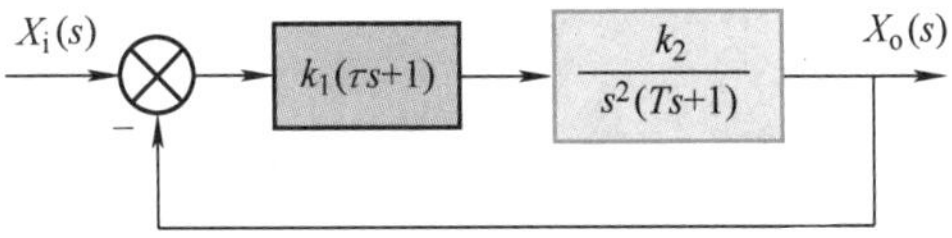

解：求出系统的开环传递函数为

$$G_k(s) = \frac{k_1 k_2 (\tau s + 1)}{s^2 (Ts + 1)}$$

图 6.22 例 6.14 题图

可见，系统是Ⅱ型系统，开环增益 $K = k_1 k_2$。

由输入信号的组成可知，包括单位阶跃信号、单位斜坡信号和单位加速度信号三种输入信号同时作用于系统。根据线性叠加原理，系统的静态误差为

$$\varepsilon_{si} = \varepsilon_{si1} + \varepsilon_{si2} + \varepsilon_{si3}$$

式中，ε_{si1} 是由单位阶跃信号输入产生的静态误差，根据表 6.1 可知其值为 0；ε_{si2} 是由单位斜坡信号输入产生的静态误差，根据表 6.1 可知其值也为 0；ε_{si3} 是由 2 倍的单位加速度 $2 \times \frac{1}{2}t^2$ 输入产生的静态误差，根据表 6.1 可知其值为 $\frac{2}{k_1 k_2}$。

于是，系统的静态误差为

$$\varepsilon_{si} = \varepsilon_{si1} + \varepsilon_{si2} + \varepsilon_{si3} = 0 + 0 + \frac{2}{k_1 k_2} = \frac{2}{k_1 k_2}$$

例 6.15 某单位负反馈系统，其前向通道传递函数为

$$G_k(s) = \frac{5}{s(s+2)(s+4)}$$

当输入 $x_i(t) = 1 + 2t$ 时，求其静态误差。

解：把给定的函数化为标准形式，即

$$G_k(s) = \frac{\dfrac{5}{8}}{s\left(\dfrac{1}{2}s + 1\right)\left(\dfrac{1}{4}s + 1\right)}$$

由开环传递函数的标准形式可知，其开环增益 K 为 $\dfrac{5}{8}$。于是，

$$e_s = \varepsilon_{si} = 0 + 2 \times \frac{8}{5} = \frac{16}{5}$$

例 6.16 某系统框图如图 6.23 所示，当输入
信号 $X_i(s) = \dfrac{1}{s^2}$ 时，求静态误差。

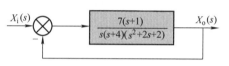

图 6.23 例 6.16 图

解：首先把开环传递函数化为标准形式，得

$$G_k(s) = \frac{\dfrac{7}{8}(s+1)}{s\left(\dfrac{1}{4}s + 1\right)\left(\dfrac{1}{2}s + s + 1\right)}$$

由标准形式可知其开环增益 $K = \dfrac{7}{8}$，又因为开环传递函数中含有一个积分环节，属于 I 型系统，根据表 6.1 可知

$$\varepsilon_{si} = \frac{1}{K} = \frac{8}{7}$$

例 6.17 某单位负反馈系统的闭环传递函数为

$$\Phi(s) = \frac{a_1 s + a_0}{s^3 + a_2 s^2 + a_1 s + a_0}$$

当 $x_i(t) = t^2$ 时，求系统的静态误差。

解：首先要求出开环传递函数。

由 $\Phi(s) = \dfrac{G_k(s)}{1 + G_k(s)}$，推出 $G_k(s) = \dfrac{\Phi(s)}{1 - \Phi(s)}$，即

$$G_k(s) = \frac{\dfrac{a_1 s + a_0}{s^3 + a_2 s^2 + a_1 s + a_0}}{1 - \dfrac{a_1 s + a_0}{s^3 + a_2 s^2 + a_1 s + a_0}} = \frac{a_1 s + a_0}{s^3 + a_2 s^2} = \frac{a_1 s + a_0}{s^2(s + a_2)}$$

进一步化为标准形式为

$$G_k(s) = \frac{a_0\left(\dfrac{a_1}{a_0}s + 1\right)}{a_2 s^2\left(\dfrac{1}{a_2}s + 1\right)} = \frac{\dfrac{a_0}{a_2}\left(\dfrac{a_1}{a_0}s + 1\right)}{s^2\left(\dfrac{1}{a_2}s + 1\right)}$$

由开环传递函数的标准形式可知

$$K = \frac{a_0}{a_2} \quad v = 2$$

$$\varepsilon_{si} = \frac{1}{K} = \frac{a_2}{a_0}$$

2. 干扰信号产生的误差的计算

前面在计算系统的稳态误差时，只考虑给定输入量（控制量）作用引起的静态误差，而干扰输入引起的静态误差视为零。下面令给定输入量为零，计算由于干扰输入作用于系统所产生的静态误差。

如图 6.24 所示系统，因干扰信号 $N(s)$ 引起的静态误差为

$$\varepsilon_{sn} = \lim_{s \to 0} s E_N(s) = \lim_{s \to 0} \frac{-sG_2(s)H(s)N(s)}{1 + G_1(s)G_2(s)H(s)}$$

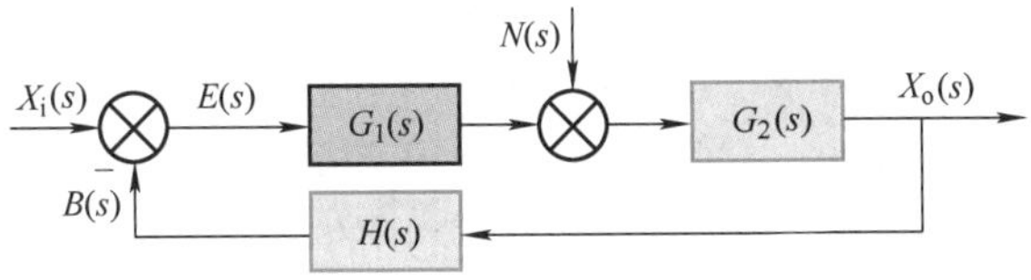

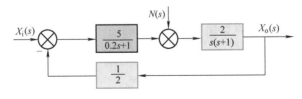

图 6.24 计及干扰作用的系统

由此可见，干扰信号引起的静态误差不仅与系统的开环传递函数 $G_1(s)G_2(s)H(s)$ 的特性和干扰输入信号 $N(s)$ 的形式有关，而且还与干扰信号的作用点有关，也即还与 $G_2(s)H(s)$ 有关。即与扰动量作用点前的前向通路的积分个数和增益有关，若扰动量作用点前的积分个数越多，增益越大，则抗扰动的稳态精度越高。

例 6.18 设有一随动系统如图 6.25 所示，已知输入信号 $x_i(t) = t$ 及干扰信号 $n(t) = 1$，求系统的静态误差。

解：1）假设干扰信号为零，计算在给定信号单独作用下的静态误差。

图 6.25 例 6.18 图

该系统是 I 型系统，开环增益 K 等于 5，其偏差为 $\dfrac{1}{5}$。因为 $H(s) = \dfrac{1}{2}$ 是一个常数，所以

$$\varepsilon_{si} = \frac{1}{5} \div \frac{1}{2} = \frac{2}{5}$$

2）设给定信号为零，计算在干扰信号单独作用下的静态误差。

仅在干扰信号 $N(s)$ 作用下，系统的输出量为

$$X_{oN}(s) = \frac{\dfrac{2}{s(s+1)}}{1 + \dfrac{5}{s(s+1)(0.2s+1)}} \frac{1}{s} = \frac{2(0.2s+1)}{s^2(s+1)(0.2s+1) + 5s}$$

于是，系统的静态误差为

$$e_{sn} = \lim_{s \to 0} s E_N(s) = -\lim_{s \to 0} s X_{oN}(s)$$

$$= -\lim_{s \to 0} s \frac{2(0.2s+1)}{s^2(s+1)(0.2s+1) + 5s} = -\lim_{s \to 0} \frac{2(0.2s+1)}{s(s+1)(0.2s+1) + 5}$$

$$= -\frac{2}{5}$$

3）系统的总误差为

$$e_s = e_{si} + \varepsilon_{sn} = 0$$

3. 改善系统稳态精度的方法

前面提到增加系统开环积分环节的个数（提高系统的型别）和系统开环增益 K 值，可提高系统的稳态精度。但这两种方法都和系统的稳定性发生矛盾。开环增益超过临界开环增益时，系统将不稳定，提高系统的型别又可能使系统成为结构不稳定系统（仅靠调节参数无法使系统稳定的系统称为结构不稳定系统）。因此在性能要求较高的场合，既要求较高的稳态精度又要求良好的动态性能，仅靠增加 K 或提高系统的型别就难以满足要求。此时可采用复合控制或称顺馈的办法对误差进行补偿，常用的补偿法有两种。

（1）按干扰补偿　如果加于系统的干扰量是能测量的，同时干扰对系统的影响是明确的，则可按干扰补偿的办法提高稳态精度。

系统框图如图6.26所示，这是按干扰补偿的系统。图中 $N(s)$ 为干扰，由 $N(s)$ 到 $X_o(s)$ 为干扰作用通道，它表示干扰对输出的影响。由 $N(s)$ 通过 $G_n(s)$ 加于系统的是人为加上的补偿通道。$G_n(s)$ 为补偿器的传递函数，如果 $N(s)$ 通过两个通道对 $X_o(s)$ 的影响相互抵消，则 $N(s)$ 对 $X_o(s)$ 无影响。为达到此目的，要求

$$G_2(s) + G_n(s)G_1(s)G_2(s) = 0$$

于是有

$$G_n(s) = \frac{-1}{G_1(s)} \tag{6.59}$$

这表明在干扰作用点经两通道作用后抵消，因而不影响系统的输出，实现对干扰的全补偿。

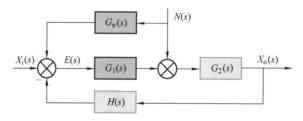

图6.26　按干扰补偿的复合控制框图

全补偿条件表达式表明，补偿器的传递函数为 $G_1(s)$ 的负倒数。从物理可实现性看，因为 $G_1(s)$ 的分母阶次高于分子阶次，所以 $G_n(s)$ 的分母阶次低于分子阶次，物理实现上有困难，虽然难以实现对干扰的全补偿，对干扰实现稳态补偿却是可能的。

（2）按给定输入补偿　这种补偿方法的框图如图 6.27 所示。

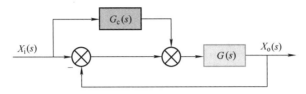

图 6.27　按输入补偿的复合控制框图

如果要求对误差实现全补偿，则

$$[X_i(s) - X_o(s) + X_i(s)G_c(s)]G(s) = X_o(s)$$

即

$$X_o(s) = [1 + G_c(s)]\frac{G(s)}{1 + G(s)}X_i(s)$$

而偏差 $E(s) = X_i(s) - X_o(s)$，故全补偿由 $E(s) = 0 \Rightarrow X_i(s) = X_o(s)$
则推出

$$G_c(s) = \frac{1}{G(s)} \tag{6.60}$$

同样这种方法也难以实现全补偿，但实现稳态补偿是完全可能的。

例 6.19　对于如图 6.28 所示的复合控制系统，已知

$$G_1(s) = \frac{K_1}{T_1 s + 1}, \quad G_2(s) = \frac{K_2}{s(T_2 s + 1)}$$

开环补偿环节 $G_c(s) = T_3 s$，试计算输入信号分别是单位阶跃函数和单位斜坡函数时的静态误差。

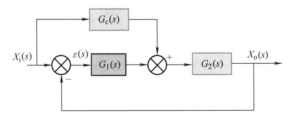

图 6.28　例 6.19 图

解：对于如图 6.28 所示的框图，采用列方程的方法求出 $\varepsilon(s)$。

$$X_i(s) - X_o(s) = \varepsilon(s)$$
$$[G_1(s)\varepsilon(s) + X_i(s)G_c(s)]G_2(s) = X_o(s)$$

联立上面两个方程，消去 $X_o(s)$，得

$$\varepsilon(s) = \frac{s(T_1 s + 1)(T_2 s + 1) - K_2 T_3 s(T_1 s + 1)}{s(T_1 s + 1)(T_2 s + 1) + K_1 K_2}X_i(s)$$

所以当 $x_i(t) = 1(t)$，即 $X_i(s) = \dfrac{1}{s}$ 时，系统的静态误差为

$$\varepsilon_s = \lim_{s \to 0} s\varepsilon(s) = \lim_{s \to 0} s \frac{s(T_1 s + 1)(T_2 s + 1) - K_2 T_3 s(T_1 s + 1)}{s(T_1 s + 1)(T_2 s + 1) + K_1 K_2} \frac{1}{s} = 0$$

所以当 $x_i(t) = t$，即 $X_i(s) = \dfrac{1}{s^2}$ 时，系统的静态误差为

$$\varepsilon_s = \lim_{s \to 0} s\varepsilon(s) = \lim_{s \to 0} s \frac{s(T_1 s + 1)(T_2 s + 1) - K_2 T_3 s(T_1 s + 1)}{s(T_1 s + 1)(T_2 s + 1) + K_1 K_2} \frac{1}{s^2} = \frac{1 - K_2 T_3}{K_1 K_2}$$

可见，对于开环补偿环节，不论是否 $T_3 = 0$（不论有无补偿作用），这时复合控制系统在阶跃输入作用下的静态误差总为零。因为这个复合控制系统是 I 型系统，对于阶跃输入作用，引进的开环补偿环节未起到应有的作用。但是，对于斜坡输入作用，$T_3 = 0$ 和 $T_3 \neq 0$ 的静态误差是不一样的，引进开环补偿环节后静态误差减小了。

6.3.3 开环特性与稳态误差的关系

对于一给定的输入信号，控制系统的稳态误差与系统的类型、开环放大倍数有关。在给定了系统的开环频率特性曲线后，即可根据其低频段的位置或斜率确定其稳态位置误差系数 K_p、速度误差系数 K_v 和加速度误差系数 K_a。根据前面分析可知，对数幅频特性的低频段是由式 $\dfrac{K}{(j\omega)^v}$ 来表征的，对于实际的控制系统，v 通常为 0、1 或 2。下面分析系统的类型与对数幅频特性曲线低频渐近线斜率的对应关系，以及 K_p、K_v 和 K_a 值的确定方法。

设系统的开环频率特性为

$$G_k(j\omega) = \frac{K}{(j\omega)^v \left(1 + \dfrac{j\omega}{1/T}\right)} \tag{6.61}$$

相应对数幅频特性为

$$L(\omega) = 20\lg K - 20v\lg\omega - 20\lg\sqrt{1 + \left(\frac{\omega}{1/T}\right)^2} \tag{6.62}$$

由此可以画出不同类型系统的低频渐近线如图 6.29 所示。

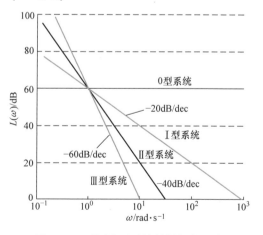

图 6.29 不同类型系统的低频渐近线

1. 0 型系统

对于 0 型系统，令式（6.61）和式（6.62）中 $v = 0$，$K = K_p$，绘出系统的对数幅频特性曲线的渐近线如图 6.30 所示。由图 6.30 可见，0 型系统的对数幅频特性的低频段具有如下特点：

1）低频段的渐近线斜率为 0dB/dec，高度为 $20\lg K_p$。

2）如果已知幅频特性低频段的高度，即可根据式 $L(\omega) = 20\lg K_p$ 求出位置误差系数 K_p 的值，进而计算系统的稳态误差。

2. Ⅰ型系统

在式（6.61）及式（6.62）中令 $v=1$，$K=K_v$，绘出系统的对数幅频特性曲线的渐近线如图6.31所示。不难看出，Ⅰ型系统对数幅频特性具有如下特点：

1）低频渐近线的斜率为 -20dB/dec。

2）低频渐近线（或其延长线）在 $\omega=1$ 处坐标值为 $20\lg K_v$，由此可求出稳态速度误差系数 K_v。

3）开环增益即稳态速度误差系数 K_v 在数值上也等于低频渐近线（或其延长线）与 0dB/dec 线相交点的频率值。

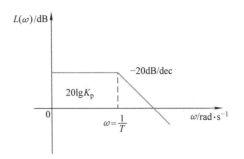

图 6.30 0 型系统的对数幅频特性曲线的渐近线

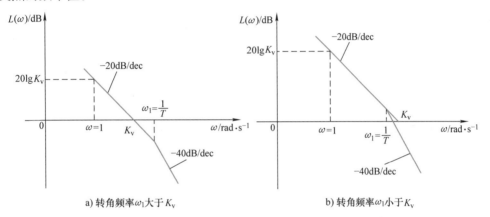

a) 转角频率 ω_1 大于 K_v b) 转角频率 ω_1 小于 K_v

图 6.31 Ⅰ型系统的对数幅频特性曲线的渐近线

3. Ⅱ型系统

令式（6.61）和式（6.62）中 $v=2$，$K=K_a$，绘出系统的对数幅频特性曲线的渐近线如图 6.32 所示。由图可见，Ⅱ型系统的对数幅频特性具有如下特点：

1）低频渐近线的斜率为 -40dB/dec。

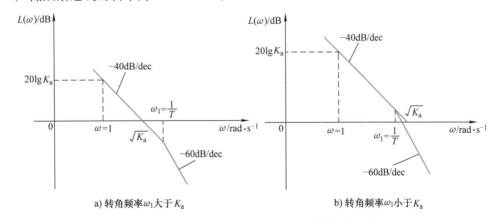

a) 转角频率 ω_1 大于 K_a b) 转角频率 ω_1 小于 K_a

图 6.32 Ⅱ型系统的对数幅频特性曲线的渐近线

2）低频渐近线（或其延长线）在 $\omega = 1$ 处坐标值为 $20\lg K_a$，由此可求出稳态加速度误差系数 K_a。

3）系统的开环增益即加速度误差系数 K_a 在数值上也等于低频渐近线（或其延长线）与 0dB/dec 线相交点的频率值的平方。

由以上分析可以看出，系统的开环对数幅频特性 $L(\omega)$ 低频段曲线的斜率越陡，$L(\omega)$ 在 $\omega = 1$ 处的高度越高，则系统的稳态误差将越小，系统的稳态精度越好。

6.3.4 基于根轨迹的稳态性能分析

对于典型输入信号，控制系统的稳态误差与开环放大倍数 K 和系统的型次 ν 有关。在根轨迹图上，位于原点处的根轨迹起点数就对应于系统的型次 ν，而根轨迹增益 K_g 与开环增益 K 之间仅相差一个比例常数，见式（5.7）。根轨迹上任意点的 K_g 值，可由根轨迹方程的幅值条件在根轨迹上图解求取，见式（5.9），由此可得

$$K_g = \frac{\prod\limits_{i=1}^{n} |s - p_i|}{\prod\limits_{j=1}^{m} |s - z_j|} = \frac{|s - p_1| \ |s - p_2| \cdots |s - p_n|}{|s - z_1| \ |s - z_2| \cdots |s - z_n|} \tag{6.63}$$

因为 p_i（$i = 1, 2, \cdots, n$）、z_j（$j = 1, 2, \cdots, m$）为已知，而 s 为根轨迹上的考察点。所以利用式（6.63），在根轨迹上用图解法可求出任意点的 K_g 值。根轨迹上的每一组闭环极点都唯一地对应着一个 K_g（或 K 值），获得了开环增益 K 和系统型次 ν，就可以如前面各小节中介绍的方法求得控制系统的稳态误差。

6.4 控制系统的动态性能分析

对于一个已经满足了稳定性要求的系统，除了要求有较好的稳态性能外，对要求较高的系统，则还要求有较好的动态性能。分析控制系统动态性能最直接的指标是第 3 章介绍的时域性能指标。但频域分析法中涉及的一些重要的特征值，如开环频率特性中的相位裕度、幅值裕度；闭环频率特性中的谐振峰值、频带宽度和谐振频率等与控制系统的瞬态响应和静态误差存在着间接或直接的关系。对于二阶系统而言，它们与时域性能指标间有着明确的对应关系；在高阶系统中，只要存在一对闭环主导极点，则它们也有着近似的对应关系。

6.4.1 动态性能与开环频率特性的关系

对于二阶系统，其开环频率特性为

$$G_k(j\omega) = \frac{\omega_n^2}{j\omega(j\omega + 2\xi\omega_n)}$$

当 $\omega = \omega_c$ 时，$|G_k(j\omega_c)| = 1$，即

$$\frac{\omega_n^2}{\sqrt{\omega_c^4 + 4\xi^2 \omega_c^2 \omega_n^2}} = 1$$

解得二阶系统开环截止频率 ω_c 为

$$\omega_c = \omega_n \sqrt{\sqrt{1 + 4\xi^4} - 2\xi^2} \tag{6.64}$$

据此求得系统的相位裕度 γ 为

$$\gamma = 180° + \varphi(\omega_c) = 180° - 90° - \arctan\frac{\omega_c}{2\xi\omega_n}$$

$$= \arctan\frac{2\xi}{\sqrt{\sqrt{1 + 4\xi^4} - 2\xi^2}} \tag{6.65}$$

由此表明,二阶系统的相位裕度 γ 与阻尼比 ξ 之间存在一一对应的关系,相位裕度 γ 随着阻尼比 ξ 的增大而增大,图 6.33 为 γ 与 ξ 的关系曲线,当 $0 < \xi < 0.6$ 时,$\gamma \approx 100\xi$。

1. 与超调量的关系

由控制系统的时域分析可知,二阶系统超调量 M_p 为

$$M_p = e^{-\xi\pi/\sqrt{1-\xi^2}} \times 100\% \tag{6.66}$$

可见,超调量 M_p 随着阻尼比 ξ 的增大而减小,如图 6.34 所示。

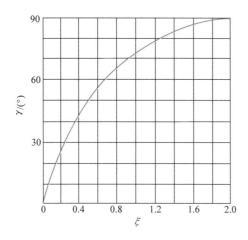

图 6.33 相位裕度 γ 与阻尼比 ξ 间的关系

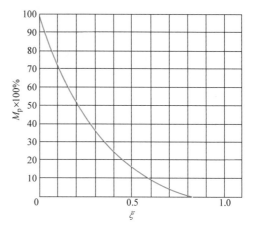

图 6.34 最大超调量 M_p 与阻尼比 ξ 间的关系

由以上分析可见,二阶系统在欠阻尼状态下,随着阻尼比 ξ 的增加,系统的相位裕度 γ 与超调量 M_p 成反比关系,如图 6.35所示,这说明相位裕度 γ 反映了系统的稳定性,即系统开环频率特性的相位裕度 γ 越大,则最大超调量越小,系统的稳定性越好。在设计控制系统时,为使系统具有良好的动态特性,一般希望当选定好相位裕度 γ 后再确定阻尼比 ξ,然后再根据阻尼比 ξ 确定超调量 M_p 和调节时间 t_s。

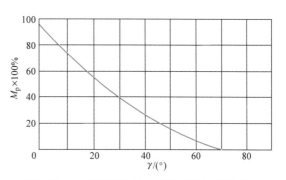

图 6.35 最大超调量 M_p 与相位裕度 γ 间的关系

2. 与调节时间的关系

二阶系统的相位裕度 γ 与调节时间 t_s 之间的定量关系,由第 3 章可得

$$\begin{cases} t_s\Big|_{\Delta = \pm 5\%} \approx \dfrac{3}{\xi\omega_n} & (0 < \xi < 0.9) \\[3mm] t_s\Big|_{\Delta = \pm 2\%} \approx \dfrac{4}{\xi\omega_n} & (0 < \xi < 0.9) \end{cases} \tag{6.67}$$

将式 (6.67) 与式 (6.64) 联立解得

$$\begin{cases} t_s\omega_c\Big|_{\Delta = \pm 5\%} = \dfrac{3}{\xi}\sqrt{\sqrt{1 + 4\xi^4} - 2\xi^2} \\[3mm] t_s\omega_c\Big|_{\Delta = \pm 2\%} = \dfrac{4}{\xi}\sqrt{\sqrt{1 + 4\xi^4} - 2\xi^2} \end{cases} \tag{6.68}$$

由以上分析可见，开环截止频率 ω_c 反映了系统的快速性。即截止频率越大，则系统的快速性越好。

再由式 (6.65) 和式 (6.68) 可得

$$\begin{cases} t_s\omega_c\Big|_{\Delta = \pm 5\%} = \dfrac{6}{\tan\gamma} \\[3mm] t_s\omega_c\Big|_{\Delta = \pm 2\%} = \dfrac{8}{\tan\gamma} \end{cases} \tag{6.69}$$

将式 (6.69) 的函数关系式绘制成曲线，如图 6.36 所示。

如果有两个系统，其相位裕度 γ 相同，那么它们的最大超调量 M_p 是大致相同的，但它们的调节时间 t_s 并不一定相同。由式 (6.69) 可知，调节时间 t_s 与开环截止频率 ω_c 成反比，即 ω_c 越大，时域的调节时间 t_s 越短。所以截止频率 ω_c 在频率特性中是一个很特殊的重要参数，它不仅影响系统的相位裕度，还影响动态过程的调节时间。

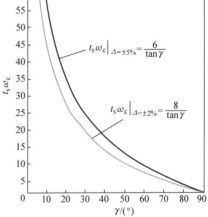

图 6.36　$t_s\omega_c$ 与 γ 的关系曲线

6.4.2　动态性能与闭环频率特性的关系

对于二阶系统，其时域响应与频域响应之间有着确切的对应关系。当 $0 \leq \xi \leq 0.707$ 时，系统有谐振产生，其谐振频率和谐振峰值由第 4 章得

$$\omega_r = \omega_n\sqrt{1 - 2\xi^2} \tag{6.70}$$

$$M_r = \frac{1}{2\xi\sqrt{1 - \xi^2}} \tag{6.71}$$

由此解得

$$\xi = \sqrt{\frac{1 - \sqrt{1 - 1/M_r^2}}{2}} \tag{6.72}$$

1. 谐振峰值和最大超调量的关系

为了便于对谐振峰值 M_r 和最大超调量 M_p 作比较，把 M_r 和 M_p 与 ξ 的关系曲线都画在图 6.37 中，由图可见，M_p 和 M_r 均随 ξ 的减小而增大。显然，对于同一个系统，若在时域内的 M_p 大，则在频域中的 M_r 必然也是大的；反之亦然。为了使系统具有良好的相对稳定性，

在设计系统时，通常取 ξ 值在 $0.4\sim0.7$ 之间，则对应的 M_r 在 $1\sim1.4$ 之间。

把式（6.72）代入式（6.66），则得

$$M_p = e^{-\pi\sqrt{\dfrac{M_r - \sqrt{M_r^2-1}}{M_r + \sqrt{M_r^2-1}}}} \qquad (6.73)$$

如果已知 M_r，则可由此式求得对应的 M_p。

2. 谐振峰值 M_r 和调节时间 t_s、峰值时间 t_p 的关系

二阶系统的峰值时间 t_p 为

$$t_p = \frac{\pi}{\omega_n\sqrt{1-\xi^2}}$$

将其代入式（6.70）得谐振频率 ω_r 与系统峰值时间 t_p 的关系为

$$\omega_r t_p = \pi\sqrt{\frac{1-2\xi^2}{1-\xi^2}} \qquad (6.74)$$

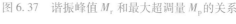

图 6.37 谐振峰值 M_r 和最大超调量 M_p 的关系

二阶系统允许的误差调整的范围为 $\Delta = \pm 2\% \sim \pm5\%$，则调节时间 t_s 为

$$t_s = \frac{4\sim3}{\xi\omega_n}$$

由此可得系统的谐振频率 ω_r 与其调节时间 t_s 的关系为

$$\omega_r t_s = \frac{4\sim3}{\xi}\sqrt{1-2\xi^2} \qquad (6.75)$$

由以上分析可见，当阻尼比 ξ 为常数时，谐振频率 ω_r 与峰值时间 t_p 及调节时间 t_s 均成反比。ω_r 值越大，t_p 和 t_s 值均越小，表示系统时间响应越快。

再将式（6.72）代入式（6.74）和式（6.75）得

$$\omega_r t_p = \pi\sqrt{\frac{2\sqrt{M_r^2-1}}{M_r + \sqrt{M_r^2-1}}} \qquad (6.76)$$

$$\omega_r t_s = (4\sim3)\sqrt{\frac{2\sqrt{M_r^2-1}}{M_r - \sqrt{M_r^2-1}}} \qquad (6.77)$$

将式（6.76）、式（6.77）的函数关系用曲线表示，如图 6.38 所示。由图可见，调节时间 t_s 与谐振峰值 M_r 成正比。若已知 M_r 和 ω_r，就能从上述各关系中求出 t_p 和 t_s。

3. 频带宽度与峰值时间、调节时间的关系

由第 4 章可知，二阶系统截止频率 ω_b 为

$$\omega_b = \omega_n\sqrt{1-2\xi^2 + \sqrt{2-4\xi^2+4\xi^4}}$$

对照式（6.74）与式（6.75）的推导可得二阶系统的截止频率分别与峰值时间和调节时间的关系为

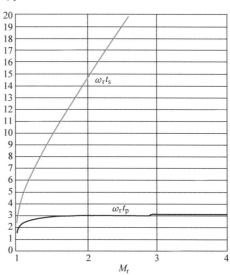

图 6.38 M_r 与 t_s、t_p 的关系

$$\omega_b t_p = \pi \frac{\sqrt{1-2\xi^2+\sqrt{2-4\xi^2+4\xi^4}}}{\sqrt{1-\xi^2}} \qquad (6.78)$$

$$\omega_b t_s = \frac{4 \sim 3}{\xi} \sqrt{1-2\xi^2+\sqrt{2-4\xi^2+4\xi^4}} \qquad (6.79)$$

由此可见，当阻尼比 ξ 确定后，截止频率 ω_b 与峰值时间 t_p 及调节时间 t_s 成反比关系，即 ω_b 越大带宽越宽，系统的响应速度越快。但带宽过大，系统抗高频干扰的能力就会下降，带宽大的系统实现起来也有困难。

同理，可得峰值时间 t_p 及调节时间 t_s 分别与系统谐振峰值 M_r 之间的关系为

$$\omega_b t_p = \pi \sqrt{\frac{2(\sqrt{M_r^2-1}+\sqrt{2M_r^2-1})}{M_r+\sqrt{M_r^2-1}}} \qquad (6.80)$$

$$\omega_r t_s = (4 \sim 3) \sqrt{\frac{2(\sqrt{M_r^2-1}+\sqrt{2M_r^2-1})}{M_r-\sqrt{M_r^2-1}}} \qquad (6.81)$$

式（6.80）和式（6.81）把时域性能指标峰值时间 t_p 及调节时间 t_s 与频域性能指标 M_r 和 ω_b 联系起来，如果已知 M_r 和 ω_b，就能从上述关系式中求出 t_p 和 t_s。

以上分析了二阶系统的动态性能与其频率特性之间的关系。对于高阶系统的阶跃响应与频率响应之间的关系较复杂。如果高阶系统的控制性能主要由一对共轭复数主导极点来支配，则其频域性能指标与时域性能指标之间的关系就可近似视为二阶系统。

习　题

6.1　已知系统的特征方程如下。试用劳斯稳定性判据检验其稳定性，若系统不稳定，求出特征方程在复平面右半侧根的个数。

1）$s^5+s^4+3s^3+9s^2+16s+10=0$；　　2）$s^6+3s^5+5s^4+9s^3+8s^2+6s+4=0$

6.2　确定具有下列开环传递函数的闭环系统的稳定性。如果是不稳定的，试确定系统有几个闭环极点位于 s 复平面的右半部。

1）$G_k(s)=\dfrac{5s+1}{s^2(2s+1)(0.2s+1)}$；　　2）$G_k(s)=\dfrac{1}{s^2(2s+1)(0.2s+1)}$；　　3）$G_k(s)=\dfrac{1}{s^2+100}$

6.3　设有一单位负反馈系统的开环传递函数为 $G(s)=\dfrac{as+1}{s^2}$，试确定 a 值，使系统的相位裕度等于 $45°$。

6.4　已知系统具有如图 6.39 所示的开环频率特性极坐标图，其中 N_p 表示开环系统在右半平面的极点数。试判断闭环系统的稳定性。

6.5　已知系统的开环传递函数为 $G_k(s)=\dfrac{20}{(10s+1)(2s+1)(0.2s+1)}$，试用奈奎斯特判据判断闭环系统的稳定性。

6.6　已知系统的开环传递函数为 $G(s)=KG_0(s)$，如图 6.40 所示为 $G_0(s)$ 的频率特性极坐标图，其中 N_p 表示开环系统在复平面右半部的极点数。求每种情况下使闭环系统稳定的 K 的取值范围。

6.7　已知系统的开环传递函数为 $G_k(s)=\dfrac{K}{s(s-1)}$，试用奈奎斯特判据判断闭环系统的稳定性，并确定使系统稳定的 K 的取值范围。

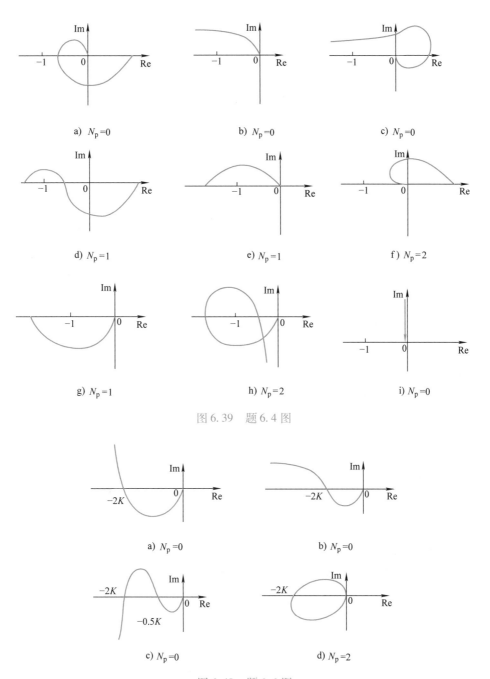

图 6.39 题 6.4 图

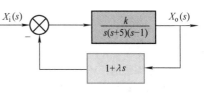

a) $N_p = 0$ b) $N_p = 0$

c) $N_p = 0$ d) $N_p = 2$

图 6.40 题 6.6 图

6.8 已知控制系统的结构如图 6.41 所示，试求：

1）系统稳定的条件。

2）当 $K = 1$ 时，使系统临界稳定的 λ 值。

6.9 某一复合控制系统的框图如图 6.42 所示，前馈环节的传递函数 $F_r(s) = \dfrac{as^2 + bs}{T_2 s + 1}$，当输入 $x_i(t)$ 为单位加速度信号时，为使系统的静态误差为零，试确定前馈环节的参数 a 和 b

图 6.41 题 6.8 图

的值。

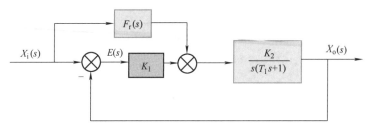

图 6.42　题 6.9 图

6.10　系统框图如图 6.43 所示，已知给定输入信号 $x_i(t) = 1 + t$，干扰信号 $n(t) = 0.1$，试判断闭环系统的稳定性，并确定系统的静态误差 e_s。

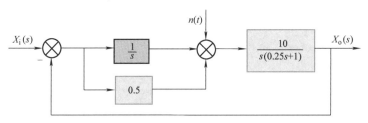

图 6.43　题 6.10 图

6.11　系统的开环传递函数为

$$G_k(s) = \frac{K}{s(s+1)(0.2s+1)}$$

1）求当 $K = 1$ 时，系统的相位裕度。

2）求当 $K = 10$ 时，系统的相位裕度。

3）讨论开环增益的大小对系统稳定性的影响。

6.12　系统的开环传递函数为

$$G_k(s) = \frac{36(0.5s+1)}{s(2s+1)(0.1s+1)}$$

1）绘制系统的 Bode 图，并求系统的相位裕度。

2）为使系统成为 Ⅱ 型系统，串联一个积分环节，绘制此时系统的 Bode 图，并求出相位裕度。

3）说明积分环节对系统稳定性的影响。

4）讨论开环对数幅频特性的形状和相位裕度的关系。

6.13　若系统有一特征根在原点，其余特征根均在复平面的左半侧，系统是否稳定？若有两个或两个以上的特征根在原点，其余特征根均在复平面的左半侧，系统是否稳定？

6.14　根据下列单位反馈系统的开环传递函数，确定使系统稳定的 K 值范围。

1）$G_k(s) = \dfrac{K}{s(s+1)(0.1s+1)}$

2）$G_k(s) = \dfrac{K}{s(s+1)(0.5s+1)}$

6.15　一单位反馈系统的开环对数渐近线如图 6.44 所示。

1）写出系统的开环传递函数。

2）判断闭环系统的稳定性。

6.16　某最小相位系统的渐近对数幅频特性曲线

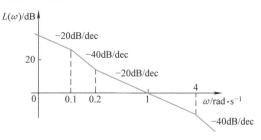

图 6.44　题 6.15 图

如图 6.45 所示，试求系统的传递函数和相位裕度 γ 的值。

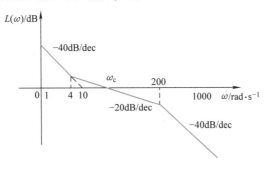

图 6.45　题 6.16 图

6.17　系统结构如图 6.46 所示，试就 $T_1 = T_2 = T_3$，$T_1 = T_2 = 10T_3$，$T_1 = 10T_2 = 100T_3$ 三种情况求使系统稳定的临界开环增益值。

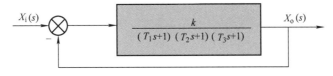

图 6.46　题 6.17 图

6.18　某系统的开环对数幅频特性如图 6.47 所示，试：

1）求出开环传递函数 $G_k(j\omega)$。

2）近似绘制出相频特性 $\varphi(\omega)$。

3）计算出相位裕度 γ。

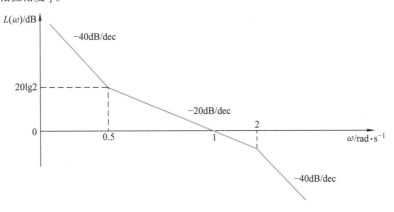

图 6.47　题 6.18 图

6.19　设复合控制系统结构如图 6.48 所示，要求：

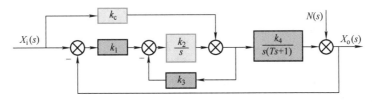

图 6.48　题 6.19 图

1）计算当 $n(t) = t$ 时，系统在干扰作用下的静态误差 e_{sn}。

2）设计 k_c，使系统在 $x_i(t) = t$ 作用下无静态误差。

6.20 单位反馈系统的闭环对数幅频特性分段直线如图6.49所示，试求系统的开环传递函数和输入 x_i $(t) = \dfrac{1}{2}t$ 时的静态误差。

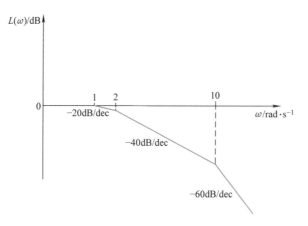

图6.49 题6.20图

6.21 如图6.50所示的系统，已知 $X_i(s) = N(s) = \dfrac{1}{s}$，

试求给定输入 $X_i(s)$ 和扰动输入 $N(s)$ 作用下的静态误差。

6.22 已知单位反馈系统的闭环传递函数为

$$G_b(s) = \frac{a_{n-1}s + a_n}{a_0 s^n + a_1 s^{n-1} + \cdots + a_{n-1}s + a_n}$$

试求单位速度信号和单位加速度信号输入时的静态误差。

6.23 已知单位反馈系统的闭环传递函数为

$$G_b(s) = \frac{10}{(s+1)(5s^2 + 2s + 10)}$$

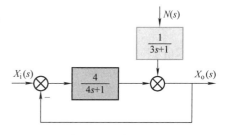

图6.50 题6.21图

试求系统的输入信号为 $x_i(t) = 4t + \dfrac{1}{2}t^2$ 时的动态偏差 $\varepsilon(t)$ 和静态误差。

6.24 设单位反馈系统的开环传递函数为

$$G(s) = \frac{100}{s(0.1s + 1)}$$

当输入信号 $x_i(t) = 1 + t + \dfrac{1}{2}t^2$ 时，试求系统的静态误差和动态误差。

6.25 单位反馈系统的开环传递函数为

$$G_k(s) = \frac{K}{s(s+1)(s+5)}$$

求单位斜坡函数输入时，系统的静态误差 $e_{si} = 0.01$ 的 K 值。

6.26 设系统的开环传递函数为

$$G_k(s) = \frac{K}{s(s+1)(0.2s + 1)}$$

求当 $K = 10$ 及 $K = 100$ 时的相位裕度 γ 和幅值裕度 L_g。

6.27 已知系统的结构如图6.51所示：

1）求系统的闭环传递函数。

2）当 $K_f = 0$、$K_a = 10$ 时，试确定系统的阻尼比 ξ、固有频率 ω_n。

3）若使 $\xi = 0.6$，单位斜坡输入下系统的稳态误差 $e_{ss} = 0.2$，试求系统中 K_f 值和放大系数 K_a 值。

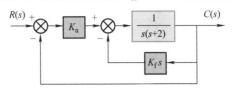

图 6.51　题 6.27 图

6.28　如图 6.52 所示系统，设输入 $r(t) = t$，误差 $e(t) = r(t) - c(t)$。为了使系统的稳态误差 $e_{ss}(t) = 0$，K_c 应取何值？（$K > 0$、$T > 0$）

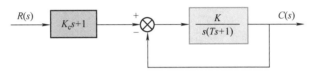

图 6.52　题 6.28 图

6.29　设系统闭环特征方程如下。试绘制系统的根轨迹，并确定使系统闭环稳定的参数范围。

1）$s^3 + 2s^2 + 3s + Ks + 3K = 0$。

2）$s^3 + 3s^2 + (K+2)s + 10K = 0$。

6.30　某单位反馈控制系统的开环传递函数为 $G(s) = \dfrac{K(s+2)(s+3)}{s^2(s+0.1)}$，绘制 $K > 0$ 时闭环系统的根轨迹图，并说明系统是条件稳定的，求能使系统稳定的 K 的取值范围。

6.31　设系统的开环传递函数为 $G(s)H(s) = \dfrac{K(s+1)}{s^2(s+2)(s+4)}$，试分别画出正反馈系统和负反馈系统的根轨迹图，并指出它们的稳定情况有何不同。

第7章　控制系统的综合校正

前面几章的内容主要是对系统的分析，即在系统结构和参数均为已知的情况下，求取系统的性能指标，以及性能指标与系统参数之间的关系。本章主要介绍控制系统的综合与校正，是指按控制系统应具有的性能指标，寻求能够全面满足这些性能指标的校正方案以及合理地确定校正元件或环节的参数值。

7.1 控制系统校正概述

系统稳定是系统能正常工作的必要条件，但是，只有稳定性还不能保证系统正常工作，因此系统既要稳定，又要能按给定的性能指标工作，这才是确保系统能正常工作的充要条件。

所设计的系统都要满足一定的性能指标。性能指标通常分为时域性能指标和频域性能指标。常用的时域性能指标包括：调节时间 t_s、最大超调量 M_p、峰值时间 t_p、上升时间 t_r 以及稳态误差、稳态误差系数等。一般从使用的角度来看，时域性能指标比较直观，对系统的要求常常以时域性能指标的形式提出。常用的频域性能指标包括：相位裕度 γ、幅值裕度 K_g、截止频率 ω_b、频带宽度 ω_c、谐振频率 ω_r 和谐振峰值 M_r 等。在基于频率特性的设计中，常常将时域性能指标转换为频域性能指标来考虑。

若设计的系统不能全面地满足所要求的性能指标，则应考虑对原已选定的系统进行参数的调整，如果经过这样的调整仍然达不到性能指标的要求，就得在原系统的基础上增加一些必要的环节，使系统能够全面地满足所要求的性能指标，这就是系统校正。因此所谓的校正就是指在系统中增加新的环节，以改善系统性能的方法。

根据校正环节 $G_c(s)$ 在系统中的连接方式，校正方式可分为串联校正、并联校正。

如果校正环节 $G_c(s)$ 串联在原传递函数框图的前向通道中，称这种校正为串联校正，如图 7.1 所示。为了减少功率消耗，串联校正环节一般都放在前向通道的前端，即低功率端。

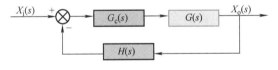

图 7.1 串联校正

如果校正环节 $G_c(s)$ 与前向通道某些环节进行并联，以达到改善系统性能的目的，称这种校正为并联校正。按校正环节 $G_c(s)$ 的并联方式又可分为反馈校正和顺馈校正。若校正环节 $G_c(s)$ 设置在原传递函数框图的局部反馈回路的反馈通道中，称这种校正为反馈校正，如图 7.2 所示。而顺馈校正是在反馈控制回路中，加入前馈校正通路，组成一个有机整体，如图 7.3 所示。顺馈校正可以单独作用于开环控制系统，也可以作为反馈控制系统的附加校正而组成复合控制系统。

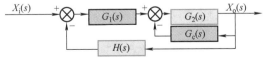

图 7.2 反馈校正

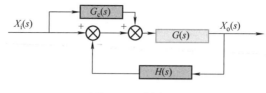

图 7.3 顺馈校正

7.2 控制系统的串联校正

基于频率响应法对系统进行串联校正，根据校正环节 $G_c(s)$ 的特性，可分为相位超前校正、相位滞后校正和滞后－超前校正。用频率法对系统进行校正的基本思路是：通过所加校正装置，改变系统开环频率特性的形状，即要求校正后系统的开环频率特性具有如下特点：

1）低频段的增益充分大，满足稳态精度的要求。

2）中频段的幅频特性的斜率为 $-20\mathrm{dB/dec}$，并具有较宽的频带，这一要求是为了系统具有满意的动态性能。

3）高频段要求幅值迅速衰减，以减小噪声的影响。

7.2.1 相位超前校正

1. 相位超前校正网络

一般而言，当控制系统的开环增益增大到满足其静态性能所要求的数值时，系统有可能不稳定，或者即使能稳定，其动态性能一般也不会理想。在这种情况下，需在系统的前向通路中增加超前校正装置，以实现在开环增益不变的前提下，系统的动态性能亦能满足设计的要求。

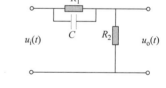

图 7.4 RC 超前校正电路

图 7.4 所示为 RC 超前校正电路，在电子学专业名词述语中通常称其为超前校正网络，其传递函数为

$$G_c(s) = \frac{U_o(s)}{U_i(s)} = \frac{R_2}{R_1+R_2} \frac{R_1Cs+1}{\frac{R_2}{R_1+R_2}R_1Cs+1} = \alpha \frac{Ts+1}{\alpha Ts+1} \tag{7.1}$$

式中，$\alpha = \dfrac{R_2}{R_1+R_2} < 1$，称为分度系数或衰减系数；$T = R_1C$。

由式（7.1）可知，采用无源超前校正网络进行串联校正时，整个系统的开环增益要下降为原来的 $1/\alpha$，因此需要提高放大器增益加以补偿，如图 7.5 所示。此时校正网络的传递函数为

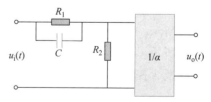

图 7.5 带有附加放大器的无源超前校正网络

$$\frac{1}{\alpha}G_c(s) = \frac{Ts+1}{\alpha Ts+1} \tag{7.2}$$

由于超前校正网络的衰减系数 $\alpha < 1$，故在 s 复平面上其负实零点 $-\dfrac{1}{T}$ 总是位于负实极点 $-\dfrac{1}{\alpha T}$ 的右侧，

两者之间的距离由常数 α 决定。可知改变 α 和 T（电路的参数 R_1、R_2、C）的数值，超前校正网络的零极点可在 s 平面的负实轴任意移动。

由式（7.2）可得校正网络的频率特性为

$$\begin{cases} L_c(\omega) = 20\lg \left| \dfrac{1}{\alpha} G_c(s) \right| = 20\lg \sqrt{1+(T\omega)^2} - 20\lg \sqrt{1+(\alpha T\omega)^2} \\ \varphi_c(\omega) = \arctan(T\omega) - \arctan(\alpha T\omega) \end{cases} \tag{7.3}$$

超前校正网络的 Bode 图如图 7.6 所示。由图可见，超前校正网络对频率在 $\dfrac{1}{T} \sim \dfrac{1}{\alpha T}$ 之间的对数幅频特性渐近线具有正斜率段，其输入信号有明显的微分作用，在该频率范围内相频特性具有正相移，输出信号相角比输入信号相角超前，表明网络在正弦信号作用下的稳态输出电压在相位上超前于输入，故称为相位超前校正网络。

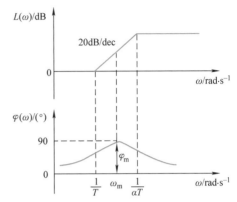

图 7.6 超前校正网络的 Bode 图

对式（7.3）中第二式求导并令其为零，超前校正网络所提供的最大超前角为

$$\omega_m = \frac{1}{\sqrt{\alpha} T} \tag{7.4}$$

其最大超前角频率为

$$\varphi_m = \arcsin \frac{1-\alpha}{1+\alpha} \tag{7.5}$$

φ_m 发生在两个转折频率 $\dfrac{1}{T}$ 和 $\dfrac{1}{\alpha T}$ 的几何中心，对应的角频率可通过下式计算求得。

$$\lg \omega_m = \frac{1}{2} \left(\lg \frac{1}{T} + \lg \frac{1}{\alpha T} \right)$$

由图 7.6 可以看出，超前校正网络实质上是一个高通滤波器。将式（7.4）代入式（7.3）第一式得

$$\begin{aligned} L_c(\omega_m) &= 20\lg \sqrt{\frac{1+(T\omega_m)^2}{1+(\alpha T\omega_m)^2}} \\ &= -20\lg \sqrt{\alpha} = -10\lg \alpha \end{aligned} \tag{7.6}$$

超前校正能够产生足够大的超前相位角，使瞬态响应得到改善。低频段幅频特性的斜率为零，因此对稳态精度提高较少。

2. 利用 Bode 图进行相位超前校正

用频率法对系统进行超前校正的基本原理，是利用超前校正网络的相位超前特性来增大系统的相位裕度，以达到改善系统瞬态响应的目的。为此，在对截止频率没有特别要求时，要求校正网络最大的相位超前角出现在系统的截止频率（幅值穿越频率）处。利用对数频率特性图进行相位超前校正的步骤如下：

1）根据稳态性能要求，确定开环增益 K。

2）利用已确定的开环增益 K，绘制未校正系统的开环 Bode 图，确定校正前的相位裕度

γ 和幅值裕度 L_g。

3）由期望的相位裕度值 $[\gamma]$，计算超前校正装置应提供的最大相应超前相位角 $[\varphi_m]$，即

$$\varphi_m = [\gamma] - \gamma + \varepsilon \qquad (7.7)$$

式中，ε 为用于补偿因超前校正装置的引入，使系统截止频率增大而增加的相角滞后量。如果未校正系统的开环对数幅频特性在截止频率处的斜率为 -40dB/dec，一般取 $\varepsilon = 5° \sim 10°$；如果斜率为 -60dB/dec，则取 $\varepsilon = 15° \sim 20°$。

4）根据 φ_m 计算超前校正网络的 α 值，由式 $\varphi_m = \arcsin \dfrac{1-\alpha}{1+\alpha}$ 解得

$$\alpha = \frac{1 - \sin\varphi_m}{1 + \sin\varphi_m} \qquad (7.8)$$

5）将校正后系统的开环截止频率 ω_c 设置在取得最大超前相位角处，求校正后系统的开环截止频率。

若校正并补偿增益后的系统开环传递函数为

$$G_k(s) = \frac{1}{\alpha} G_c(s) G(s)$$

式中，$G(s)$ 为校正前系统的开环传递函数；$G_c(s)$ 为校正装置的传递函数。校正后系统的截止频率 ω_c 应满足

$$\left| \frac{1}{\alpha} G_c(j\omega_c) G(j\omega_c) \right| = 1 \quad \text{或} \quad L_c(\omega_c) + 20\lg |G(j\omega_c)| = 0$$

取 $\omega_c = \omega_m$，故

$$\begin{aligned} 20\lg |G(j\omega_c)| &= -L_c(\omega_c) \\ &= -L_c(\omega_m) = 10\lg\alpha \end{aligned} \qquad (7.9)$$

由此即可求出校正后系统的幅值穿越频率 ω_c。

6）确定超前校正环节的转折频率 $\omega_1 = \dfrac{1}{T}$，$\omega_2 = \dfrac{1}{\alpha T}$。

7）画出校正后系统的 Bode 图，并验算相位裕度和幅值裕度是否满足要求。如果不满足，则需增大 ε 值重新进行计算，直到满足要求。

相位超前校正能够使系统相位裕度增大，从而减小了系统的超调量。与此同时，系统的带宽增加，使系统的响应速度加快，而系统的低频段没有改变，即稳态精度没有改变。

例 7.1 控制系统如图 7.7a 所示，要求系统在单位斜坡输入下的稳态误差 $\varepsilon_{si} = 0.05$，频域性能指标：相位裕度 $\gamma \geqslant 50°$，幅值裕度 $L_g \geqslant 10\text{dB}$，试设计系统的校正环节。

解：1）确定开环增益 K。

因为是 I 型系统，所以

$$K = \frac{1}{\varepsilon_{si}} = \frac{1}{0.05} = 20$$

2）计算未校正系统的相位裕度和幅值裕度。

绘制未校正系统的开环 Bode 图，如图 7.7b 中曲线 $G(j\omega)$ 所示。由图可知，校正前系统的相位裕度 $\gamma = 17°$，幅值裕度为 $L_g = \infty$，系统是稳定的。

3）确定所需要增加的超前相位角。

因为相位裕度小于50°，故相对稳定性不合要求。为了在不减小幅值裕度的前提下，将相位裕度从17°提高到50°，需要采用超前环节进行校正，其超前相位角应为33°，但这会使得开环截止频率向右移动。因此，在考虑相位超前量时，要增加5°左右，以补偿这一移动。由式（7.7）得

$$\varphi_m = 50° - 17° + 5° = 38°$$

4）确定校正环节中的 α 值。

由式（7.8）求得 $\alpha = 0.24$，代入式（7.6）得

$$L_c(\omega_c) = -10\lg\alpha = 6.2\text{dB}$$

将上式代入式（7.9）计算，或在图 7.7b 上找到曲线 $G(j\omega)$ 的幅值为 -6.2dB 时的频率即为校正后系统的开环截止频率 $\omega_c = 9\text{rad}\cdot\text{s}^{-1}$。

5）确定超前校正环节的转折频率 $\omega_1 = \dfrac{1}{T}$，$\omega_2 = \dfrac{1}{\alpha T}$

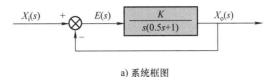

a) 系统框图

b) 超前校正环节校正前后系统的Bode图

图 7.7 例 7.1 图

$$\omega_c = \omega_m = \frac{1}{\sqrt{\alpha}T} = 9\text{rad}\cdot\text{s}^{-1}$$

故
$$T = 0.23\text{s}, \quad \alpha T = 0.055\text{s}$$

由此得相位超前校正环节的频率特性为

$$G_c(j\omega) = \alpha\frac{1+jT\omega}{1+j\alpha T\omega} = 0.24\frac{1+j0.23\omega}{1+j0.055\omega}$$

为了补偿超前校正所造成的幅值衰减，原开环增益要加大 K_1 倍，使 $K_1\alpha = 1$，故

$$K_1 = \frac{1}{0.24} = 4.17$$

又 $G_c(s) = \alpha\dfrac{1+Ts}{1+\alpha Ts}$，所以校正后系统的开环传递函数为

$$G_k(s) = K_1 G_c(s) G(s) = \frac{1+0.23s}{1+0.055s}\frac{20}{s(0.5s+1)}$$

通过以上分析可知，串联超前校正有如下特点：

1）这种校正主要对未校正系统的中频段进行校正，使校正后中频段幅值的斜率为 -20dB/dec，且有足够大的相位裕度，从而达到改善系统动态性能的目的。

2）超前校正会使系统瞬态响应的速度变快，校正后系统的截止频率比未校正前系统的要大。这表明校正后，系统的频带变宽，瞬态响应速度变快；但系统抗高频噪声的能力变差。对此，在校正装置设计时必须注意。

3）超前校正一般虽能较有效地改善动态性能，但未校正系统的相频特性在截止频率附

近急剧下降时，若用单级超前校正网络去校正，收效不大。因为校正后系统的截止频率向高频段移动。在新的截止频率处，由于未校正系统的相角滞后量过大，单纯用 ε 不足以补偿因超前校正装置的引入而产生的相位滞后，此时用单级的超前校正可能无法获得满意的效果，因此宜采用多级串联校正。

7.2.2　相位滞后校正

1. 相位滞后校正网络

图 7.8 所示为 RC 滞后校正电路，其传递函数为

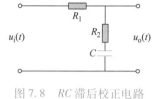

$$G_c(s) = \frac{U_o(s)}{U_i(s)} = \frac{R_2 Cs + 1}{(R_1 + R_2)Cs + 1} = \frac{\beta Ts + 1}{Ts + 1} \qquad (7.10)$$

图 7.8　RC 滞后校正电路

式中，$\beta = \dfrac{R_2}{R_1 + R_2} < 1$，称为分度系数或衰减系数；$T = (R_1 + R_2)C$。

校正装置的对数频率特性为

$$\begin{cases} L_c(\omega) = 20\lg|G_c(j\omega)| = 20\lg\sqrt{1 + (\beta T\omega)^2} - 20\lg\sqrt{1 + (T\omega)^2} \\ \varphi_c(\omega) = \arctan(\beta T\omega) - \arctan(T\omega) \end{cases} \qquad (7.11)$$

滞后校正网络的 Bode 图如图 7.9 所示。由图可见，其对数幅频特性渐近线具有负斜率段，相频特性具有负相移，负相移表明网络在正弦信号作用下的稳态输出电压在相位上滞后于输入，故称为相位滞后校正网络。

由式（7.11）得滞后校正网络所提供的最大滞后角及所在频率为

$$\begin{cases} \varphi_m = -\arcsin\dfrac{1-\beta}{1+\beta} \\ \omega_m = \dfrac{1}{\sqrt{\beta}T} \end{cases} \qquad (7.12)$$

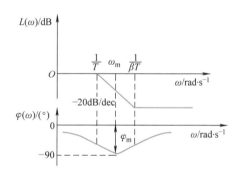

图 7.9　滞后校正网络的 Bode 图

φ_m 发生在两个转折频率 $\dfrac{1}{T}$ 和 $\dfrac{1}{\beta T}$ 的几何中心。

由图 7.9 可以看出，滞后校正网络实质上是一个低通滤波器。滞后校正网络在 $\omega < \dfrac{1}{T}$ 时，对信号没有衰减作用；$\dfrac{1}{T} < \omega < \dfrac{1}{\beta T}$ 时，对信号有积分作用，呈滞后特性；$\omega > \dfrac{1}{\beta T}$ 时，对信号衰减作用为 $20\lg\beta$，β 越小，衰减作用越强。在设计中力求避免最大滞后角发生在已校系统开环截止频率 ω_c 附近。可取

$$L_c(\omega_c) = 20\lg\beta \qquad (7.13)$$

相位滞后校正的作用主要是利用它的负斜率段，使被校正系统高频段幅值衰减，开环截止频率左移，从而获得充足的相位裕度，其相位滞后特性在校正中的作用并不重要。

2. 利用 Bode 图进行相位滞后校正

由于滞后校正网络具有低通滤波器的特性，因而当它与系统的不可变部分串联时，会使

系统开环频率特性的中频和高频段增益降低和截止频率 ω_c 减小，从而有可能使系统获得足够大的相位裕度，它不影响频率特性的低频段。由此可见，滞后校正在一定的条件下，也能使系统同时满足动态和静态的要求。

滞后校正的主要作用是在高频段造成衰减，以便能使系统获得充足的相位裕度。相位滞后特性并非滞后校正的预期结果。利用 Bode 图进行相位滞后校正的步骤如下：

1）根据稳态性能要求，确定开环增益 K。

2）利用已确定的开环增益 K，绘制未校正系统的 Bode 图，求出校正前的相位裕度和幅值裕度。

3）确定校正后系统的开环截止频率 ω_c。若系统的相位裕度和幅值裕度不满足要求，应选择新的开环截止频率。新的开环截止频率 ω_c 应选在相角等于 $-180°$ 加上必要的相位裕度（系统要求的相位裕度再增加 $5°\sim15°$）所对应的频率上，即

$$\varphi(\omega_c) = -180° + [\gamma] + \varepsilon \tag{7.14}$$

式中，$[\gamma]$ 为校正后系统的期望相位裕度值；ε 为补偿因滞后校正装置的引入在截止频率 ω_c 处产生的相位滞后量，一般工程上取 $\varepsilon = 5°\sim15°$。

4）确定校正装置的 β 值。取校正前幅频特性曲线在新的开环截止频率 ω_c 处下降到 0dB 所需的衰减量，这一衰减量等于 $-20\lg\beta$，从而确定 β 值。

由校正前系统的频率特性 $G(j\omega_c)$ 与校正装置的频率特性 $G_c(j\omega_c)$ 之间的关系

$$|G_c(j\omega_c)G(j\omega_c)| = 1 \text{ 或 } L_c(\omega_c) + L(\omega_c) = 0$$

解得

$$L(\omega_c) = -L_c(\omega_c) = -20\lg\beta \tag{7.15}$$

5）确定滞后校正环节的转折频率。由于在截止频率 ω_c 处滞后校正装置本身会产生一定的相位滞后，因此，设计时应尽可能地减小滞后角。为此，可使校正装置的两个转折频率 $\omega_1 = \dfrac{1}{T}$、$\omega_2 = \dfrac{1}{\beta T}$ 较之 ω_c 越小越好，但考虑到物理实现上的可行性，工程上取 $\omega_2 = \dfrac{1}{\beta T} = \left(\dfrac{1}{10} \sim \dfrac{1}{5}\right)\omega_c$，然后确定另一个转折频率 $\omega_1 = \dfrac{1}{T}$。

6）若全部指标都满足要求，把 T 和 β 值代入表达式 $G_c(s)$ 中，求出滞后校正环节的传递函数。

由于滞后校正的衰减作用，开环截止频率移到较低的频率上，而且是在斜率为 -20dB/dec 的特性区段之内，从而满足相位裕度的要求。另一方面，也正是由于它的衰减作用，使系统的带宽减小，导致系统动态响应时间增长。

例7.2 设单位反馈系统的开环传递函数为

$$G(s) = \frac{K}{s(0.2s+1)(0.5s+1)}$$

要求的性能指标为：$K_v = 20s^{-1}$，相位裕度 $\gamma \geq 35°$，幅值裕度 $L_g \geq 10$dB，试求串联滞后校正环节的传递函数。

解：1）根据稳态指标要求求出 K 值。

由于

$$G(s) = \frac{K}{s(0.2s+1)(0.5s+1)}$$

$$K_v = \lim_{s \to 0} s G_k(s) = K = 20$$

这样未校正系统的频率特性为

$$G(j\omega) = \frac{20}{j\omega(1 + j0.2\omega)(1 + j0.5\omega)}$$

2）未校正系统的 Bode 图如图 7.10 所示，求出相角裕度为 $-30.6°$，增益裕度为 -10dB。这表明满足稳态性能指标后系统不稳定，因此要对系统进行校正。

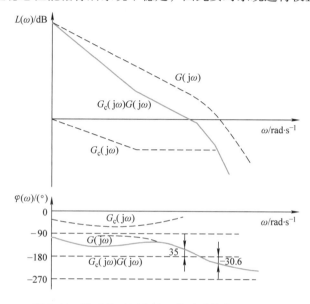

图 7.10 滞后校正环节校正前后系统的 Bode 图

3）性能指标要求相位裕度 $\gamma \geq 35°$，取 $[\gamma] = 35°$，为补偿滞后校正环节的相角滞后，$\varepsilon = 12°$，相位裕度应按 $35° + 12° = 47°$ 计算，要获得 $47°$ 的相位裕度，由式（7.14）得 $\varphi(\omega_c) = -180° + [\gamma] + \varepsilon = -180° + 47° = -133°$。选择使相角为 $-133°$ 的频率为校正后系统的开环截止频率，即

$$\varphi_c(\omega_c) = -90° - \arctan(0.2\omega_c) - \arctan(0.5\omega_c) = -133°$$

求解上式，或由图 7.10 可求得当 $\omega_c = 1.16$ 时，$\varphi(\omega_c = 1.16) = -133°$，即可选择 $\omega_c = 1.16\text{rad} \cdot \text{s}^{-1}$。

4）选择 $\omega_c = 1.16\text{rad} \cdot \text{s}^{-1}$，原系统在 $\omega_c = 1.16\text{rad} \cdot \text{s}^{-1}$ 处的对数幅频特性为

$$L(\omega_c) = 20\lg|G(j\omega_c)| = 20\lg\frac{20}{1.16\sqrt{1 + (0.2 \times 1.16)^2}\sqrt{1 + (0.5 \times 1.16)^2}}$$

$$= 23.244\text{dB}$$

校正后系统在 $\omega_c = 1.16\text{rad} \cdot \text{s}^{-1}$ 处，$L_c(\omega_c) + L(\omega_c) = 0$，即校正后系统 Bode 图在 $\omega = \omega_c$ 处应为 0dB。所以，

$$L_c(\omega_c) = -L(\omega_c) = -23.244\text{dB} = 20\lg\beta$$

由此可求出校正环节参数（衰减系数）为

$$\beta = 0.058$$

5）取 $\dfrac{1}{\beta T} = \left(\dfrac{1}{10} \sim \dfrac{1}{5}\right)\omega_c$ 可求得 T。为使滞后校正环节的时间常数 T 不过分大，取 $\dfrac{1}{\beta T} =$

$\frac{1}{5}\omega_c$，求出 $T=74.32$。这样，滞后校正环节的传递函数为

$$G_c(s) = \frac{\beta Ts+1}{Ts+1} = \frac{4.3s+1}{74.32s+1}$$

校正后系统的开环传递函数为

$$G_c(s)G(s) = \frac{20(4.3s+1)}{s(0.2s+1)(0.5s+1)(74.32s+1)}$$

6）绘出校正后系统的 Bode 图如图 7.10 所示，检验校正后系统是否满足性能指标要求。由图 7.10 可求出校正后系统相位裕度 $\gamma = 35°$，幅值裕度 $L_g = 12\mathrm{dB}$，且 $K_v = K = 20$，说明校正后系统的稳态、动态性能均满足指标的要求。

与超前校正相比，滞后校正有如下特点：

1）由于滞后校正装置的低通特性，校正后系统的截止频率 ω_c 减小，频带变窄。

2）由于滞后校正装置在滤波性质上与积分环节具有相似性，因此它的引入会导致系统阻尼比增加，超前量减小，瞬态响应速度变慢。

3）不同于超前校正，滞后校正装置的转折频率选取不是十分严格，因此其设计相对简单。

4）由于滞后校正装置是通过低通特性使系统的截止频率前移，因此该校正方法可能使系统的相位裕度超过 $90°$。

7.2.3 滞后 – 超前校正

相位超前校正可以增加频宽，提高快速性，以及改善相对稳定性，但由于有增益损失而不利于提高稳态精度。相位滞后校正可以提高稳定性及稳态精度，但降低了快速性。

滞后 – 超前校正方法兼有滞后校正和超前校正的优点，即已校正系统响应速度快，超调量小，并具有抑制高频噪声的性能，可全面改善系统的控制性能。当未校正系统不稳定，且对校正后的系统的动态和静态性能（响应速度、相位裕度和稳态误差）均有较高要求时，仅采用上述超前校正或滞后校正，均难以达到预期的校正效果，此时宜采用串联滞后 – 超前校正。

1. 相位滞后 – 超前校正

图 7.11 所示为 RC 滞后 – 超前校正电路，其传递函数为

$$
\begin{aligned}
G_c(s) &= \frac{U_o(s)}{U_i(s)} = \frac{(R_1C_1s+1)(R_2C_2s+1)}{(R_1C_1s+1)(R_2C_2s+1)+R_1C_2s+1} \\
&= \frac{(T_1s+1)(T_2s+1)}{(\beta T_1s+1)\left(\dfrac{T_2}{\beta}s+1\right)}
\end{aligned}
\tag{7.16}
$$

式中，$T_1 = R_1C_1$，$T_2 = R_2C_2$（取 $T_1 > T_2$），并使 $R_1C_1 + R_2C_2 + R_1C_2 = \dfrac{T_2}{\beta} + \beta T_1$（取 $\beta > 1$）。

RC 滞后 – 超前校正电路的 Bode 图如图 7.12 所示。由图可见，转折频率分别为 $\dfrac{1}{\beta T_1}$，$\dfrac{1}{T_1}$，$\dfrac{1}{T_2}$，$\dfrac{\beta}{T_2}$。显然滞后校正在先，超前校正在后，且高频段和低频段均无衰减，故电子学上称其为滞后 – 超前网络。

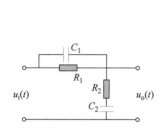

图 7.11 RC 滞后 – 超前校正电路

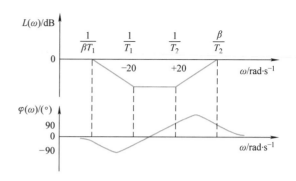

图 7.12 RC 滞后 – 超前校正电路的 Bode 图

滞后 – 超前校正网络的对数频率特性为

$$
\begin{cases}
L(\omega) = \dfrac{\sqrt{1 + (\omega T_1)^2}\sqrt{1 + (\omega T_2)^2}}{\sqrt{1 + (\omega \beta T_1)^2}\sqrt{1 + \left(\dfrac{\omega T_2}{\beta}\right)^2}} \\[4mm]
\varphi_c(\omega) = \arctan(T_1\omega) + \arctan(T_2\omega) - \arctan(\beta T_1 \omega) - \arctan\left(\dfrac{T_2}{\beta}\omega\right)
\end{cases}
\tag{7.17}
$$

绘制出 Bode 图如图 7.12 所示。令

$$
\varphi_c(\omega_1) = \arctan(T_1\omega_1) + \arctan(T_2\omega_1) - \arctan(\beta T_1 \omega_1) - \arctan\left(\dfrac{T_2}{\beta}\omega_1\right) = 0
$$

可求得相角为零的频率为

$$
\omega_1 = \frac{1}{\sqrt{T_1 T_2}}
\tag{7.18}
$$

可见，对于 $\omega < \omega_1$ 的频段，校正网络具有相位滞后特性；对于 $\omega > \omega_1$ 的频段，校正网络具有相位超前特性。

2. 相位滞后 – 超前校正方法

串联滞后 – 超前校正，实质上综合应用了滞后和超前校正各自的特点，即利用校正装置的超前部分来增大系统的相位裕度，以改善其动态性能；利用它的滞后部分来改善系统的静态性能，两者分工明确，相辅相成。利用 Bode 图进行滞后 – 超前校正的步骤如下：

1）根据稳态性能要求，确定开环增益 K。

2）把求出的校正后系统的 K 值作为开环增益，绘制未校正系统的 Bode 图，并求出未校正系统的截止频率 ω_c、相角裕度 γ 及幅值裕度 L_g。

3）以未校正系统斜率从 -20dB/dec 变为 -40dB/dec 的转折频率作为校正环节超前部分的转折频率 $\omega_b = \dfrac{1}{T_2}$。这种选择不是唯一的，但这种选择可以降低校正后系统的阶次，并使中频段有较宽的 -20dB/dec 斜率频段。

4）根据对响应速度的要求，计算出校正后系统的截止频率 ω_c，以校正后系统对数幅频特性 $L_c(\omega_c) + L(\omega_c) = 0\text{dB}$ 为条件，求出衰减因子 $\dfrac{1}{\beta}$，即

$$
-20\lg\beta + 20\lg T_2 \omega_c + L(\omega_c) = 0
\tag{7.19}
$$

5）根据对校正后系统相位裕度的要求，估算校正环节滞后部分的转折频率 $\omega_a = \dfrac{1}{T_1}$。

6）验算性能指标。

例7.3 设某单位反馈系统，其开环传递函数为

$$G(s) = \frac{K}{s(s+1)(0.125s+1)}$$

要求 $K_v = 20\text{s}^{-1}$，相角裕度 $\gamma = 50°$，截止频率 $\omega_c \geq 2\text{s}^{-1}$，试设计串联滞后 – 超前校正环节，使系统满足性能指标要求。

解：根据对 K_v 的要求，可求出 K 值为

$$K_v = \lim_{s \to 0} s G_k(s) = K = 20$$

以 $K = 20$ 作出未校正系统的开环对数渐近幅频特性，如图 7.13 中虚线所示。求出未校正系统的剪切频率 $\omega_c = 4.47\text{s}^{-1}$，相角裕度为 $-16.6°$，说明未校正系统不稳定。选择 $\omega_b = \dfrac{1}{T_2} = 1\text{rad} \cdot \text{s}^{-1}$ 作为校正环节超前部分的转折频率。根据对校正后系统相位裕度及剪切频率的要求，确定出校正后系统的截止频率为 $2.2\text{rad} \cdot \text{s}^{-1}$，未校正系统在频率 $2.2\text{rad} \cdot \text{s}^{-1}$ 处的幅值为 12.32dB，串入校正网络后在频率为 $2.2\text{rad} \cdot \text{s}^{-1}$ 处为 0dB，则有

$$-20\lg\beta + 20\lg 2.2 + 12.32 = 0$$

算出 $\beta = 9.1$，$\dfrac{T_2}{\beta} = 0.11$。校正网络的另一个转折频率 $\beta\omega_b = 9.1 \times 1 = 9.1\text{rad} \cdot \text{s}^{-1}$。写出滞后 – 超前校正网络的传递函数为

$$G_c(s) = \frac{(T_1 s + 1)(T_2 s + 1)}{(\beta T_1 s + 1)\left(\dfrac{T_2}{\beta} s + 1\right)} = \frac{\left(\dfrac{1}{\omega_a} s + 1\right)(s + 1)}{\left(\dfrac{\beta}{\omega_a} s + 1\right)(0.11 s + 1)}$$

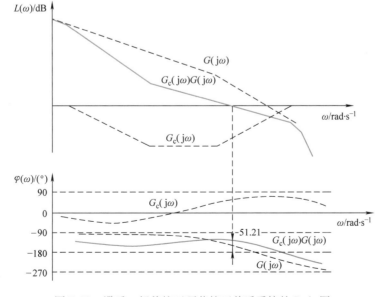

图 7.13 滞后 – 超前校正环节校正前后系统的 Bode 图

校正后系统的开环传递函数为

$$G_c(s)G(s) = \frac{20\left(\dfrac{1}{\omega_a}s + 1\right)}{s(0.125s + 1)\left(\dfrac{\beta}{\omega_a}s + 1\right)(0.11s + 1)}$$

根据性能指标的要求，取校正后系统的相位裕度 $\gamma = 50°$，即

$$\gamma = 180° + \arctan\left(\frac{\omega_c}{\omega_a}\right) - 90° + \arctan(0.125\omega_c) - \arctan\left(\frac{\beta\omega_c}{\omega_a}\right) - \arctan(0.11\omega_c)$$

$$= 61.01° + \arctan\left(\frac{2.2}{\omega_a}\right) - \arctan\left(\frac{19.11}{\omega_a}\right) = 50°$$

式中，$-\arctan\left(\dfrac{19.11}{\omega_a}\right) \approx -90°$ 则

$$\arctan\left(\frac{2.2}{\omega_a}\right) = 78.99°$$

得

$$\omega_a = 0.43 \text{rad} \cdot \text{s}^{-1}$$

得到校正环节的传递函数为

$$G_c(s) = \frac{(2.33s + 1)(s + 1)}{(21.2s + 1)(0.11s + 1)}$$

校正后系统的开环传递函数为

$$G_c(s)G(s) = \frac{20(2.33s + 1)}{s(0.125s + 1)(21.2s + 1)(0.11s + 1)}$$

校正后系统的对数渐近幅频特性如图 7.13 所示。经校验，校正后系统 $K_v = 20\text{rad} \cdot \text{s}^{-1}$，相位裕度为51.21°，截止频率为2.2rad $\cdot$ s^{-1}，达到了对系统提出的稳态、动态指标要求。

7.2.4 PID 校正

前面所讲的相位超前校正、相位滞后校正及相位滞后－超前校正都是采用的电阻和电容组成的无源校正环节。无源校正环节结构简单，但是本身没有放大器，而且输入阻抗低，输出阻抗高。当系统要求较高时，常采用有源校正环节。有源校正环节采用比例（P）、积分（I）和微分（D）等基本控制规律，或基本控制规律的组合，如采用比例微分（PD）、比例积分（PI）、比例积分微分（PID）等复合控制规律，实现对系统的校正。

1. 比例微分（PD）校正环节

如图 7.14 所示为有源 PD 校正环节，其传递函数为

$$G_c(s) = \frac{U_o(s)}{U_i(s)} = \frac{R_2}{R_1}(R_1C_1s + 1) = K_p(T_d s + 1)$$

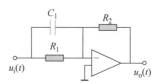

图 7.14 有源 PD 校正环节

式中，$T_d = R_1C_1$；$K_p = \dfrac{R_2}{R_1}$。

其作用相应于式（7.1）的超前校正。

比例微分（PD）校正有如下特点：

1）比例微分环节有使相位超前的作用，可以抵消惯性等环节使相位滞后的不良后果，使系统的稳定性显著改善。

2）比例微分环节可以使幅值穿越频率 ω_c 提高，从而改善系统的快速性，使系统的调节时间减小。

3）比例微分调节器使系统的高频增益增大，因此容易引入高频干扰。

PD 控制规律中的微分控制规律能反映输入信号的变化趋势，产生有效的早期修正信号，以增加系统的阻尼程度，从而改善系统的稳定性。在串联校正时，可使系统增加一个 $-\dfrac{1}{T_d}$ 的开环零点，使系统的相位裕度提高，因此有助于系统动态性能的改善。

2. 比例积分（PI）校正环节

如图 7.15 所示为有源 PI 校正环节，其传递函数为

$$G_c(s) = \frac{U_o(s)}{U_i(s)} = \frac{R_2}{R_1}\left(1 + \frac{1}{R_2 C_2 s}\right) = K_p\left(1 + \frac{1}{T_i s}\right)$$

式中，$T_i = R_2 C_2$；$K_p = \dfrac{R_2}{R_1}$。

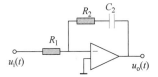

图 7.15 有源 PI 校正环节

其作用相应于式（7.10）的滞后校正。

在系统中采用比例积分校正，会增加开环极点，提高型别，减小稳态误差，使系统的稳态性能得到明显的改善，但使系统的稳定性变差；右半平面的开环零点，提高系统的阻尼程度，缓和 PI 极点对系统产生的不利影响。只要积分时间常数 T_i 足够大，PI 控制器对系统的不利影响可大为减小。PI 控制器主要用来改善控制系统的稳态性能。

3. 比例积分微分（PID）校正环节

如图 7.16 所示为有源 PID 校正环节，其传递函数为

$$G_c(s) = \frac{U_o(s)}{U_i(s)} = K_p\left(1 + \frac{1}{T_i s} + T_d s\right)$$

式中，$T_i = R_1 C_1 + R_2 C_2$；$T_d = \dfrac{R_1 C_1 R_2 C_2}{R_1 C_1 + R_2 C_2}$；$K_p = \dfrac{R_1 C_1 + R_2 C_2}{R_1 C_2}$。

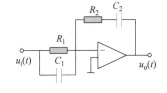

图 7.16 有源 PID 校正环节

其作用相应于式（7.16）的滞后 – 超前校正。

比例积分微分（PID）校正环节将增加一个极点，提高型别，改善系统的稳态性能；可增加两个负实零点，使其动态性能比 PI 更具优越性。I 积分发生在低频段，提高系统的稳态性能，D 微分发生在高频段，改善系统的动态性能。

比例积分微分（PID）校正兼顾了系统稳态性能和动态性能的改善，因此在要求较高的场合（或系统已含有积分环节的系统），较多采用 PID 校正。

例 7.4 已知系统开环传递函数 $G(s) = \dfrac{K}{s(1 + 0.5s)(1 + 0.1s)}$，试设计 PID 校正装置，使得系统的速度无偏系数 $K_v \geqslant 10$，相角裕度 $\gamma \geqslant 50°$，剪切频率 $\omega_c \geqslant 4\text{rad} \cdot \text{s}^{-1}$。

解：令 $K = K_v = 10$，绘制原系统的 Bode 图如图 7.17a 所示。由图可知，剪切频率 $\omega_c = 4.47\text{rad} \cdot \text{s}^{-1}$，相位裕度 $\gamma \approx 0°$，此系统不符合要求。设 PID 校正装置的传递函数为

$$G_c(s) = \frac{(1 + \tau_1 s)(1 + \tau_2 s)}{\tau_1 s} = \frac{\left(1 + \dfrac{s}{\omega_1}\right)\left(1 + \dfrac{s}{\omega_2}\right)}{\dfrac{s}{\omega_1}}$$

则校正后系统的频率特性为

$$G(j\omega)G_c(j\omega) = \frac{K\omega_1\left(1 + \dfrac{j\omega}{\omega_1}\right)\left(1 + \dfrac{j\omega}{\omega_2}\right)}{(j\omega)^2(1 + j0.5\omega)(1 + j0.1\omega)}$$

由于校正后的系统为 II 型系统，故 $K_v \geqslant 10$ 的要求肯定能够满足，系统的开环增益可任选，将取决于其他条件而定。

初选 $\omega_c = 4\text{rad} \cdot \text{s}^{-1}$。为降低系统的阶次，选 $\omega_2 = 2\text{rad} \cdot \text{s}^{-1}$，并选 $\omega_1 = 0.4\text{rad} \cdot \text{s}^{-1}$，此时，

$$G(j\omega)G_c(j\omega) = \frac{0.4K\left(1 + \dfrac{j\omega}{0.4}\right)}{(j\omega)^2(1 + j0.1\omega)}$$

其对数频率特性应通过剪切频率 $\omega_c = 4\text{rad} \cdot \text{s}^{-1}$。此时

$$\left| 1 + \frac{j\omega_c}{0.4} \right| \approx \frac{\omega_c}{0.4} \qquad |1 + j0.1\omega_c| \approx 1$$

则

$$|G(j\omega)G_c(j\omega)| \approx \frac{0.4K\omega_c/0.4}{(\omega_c)^2}$$

故由近似式 $\dfrac{0.4K\omega_c/0.4}{(\omega_c)^2} = 1$ 得 $K = 4$，由此画出校正后系统的 Bode 图如图 7.17b 所示。经验算

$$\gamma = \arctan\left(\frac{\omega_c}{0.4}\right) - \arctan\left(\frac{\omega_c}{10}\right) = 62.5°$$

因此，经校正后系统的特性全部满足要求。

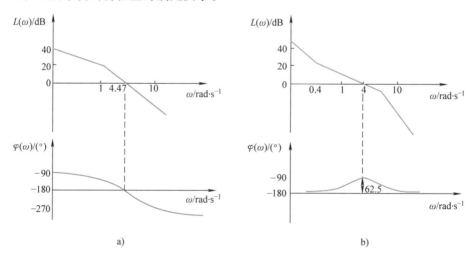

图 7.17　PID 校正环节校正前后系统的 Bode 图

例 7.5　已知某一控制系统如图 7.18 所示，其中 $G_c(s)$ 为 PID 控制器，它的传递函数为 $G_c(s) = K_p + \dfrac{K_i}{s} + K_d s$，要求校正后系统的闭环极点为 $-10 \pm j10$ 和 -100，确定 PID 控制器的参数 K_p、K_i 和 K_d。

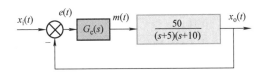

图7.18　例7.5图

解：由于题干给出的指标是系统的极点要求，因此可直接用极点配置原理对系统进行设计。系统希望的闭环特征多项式为

$$F^*(s) = (s + 10 - j10)(s + 10 + j10)(s + 100) = s^3 + 120s^2 + 2200s + 20000$$

校正后系统的闭环传递函数为

$$\frac{X_o(s)}{X_i(s)} = \frac{50(K_d s^2 + K_p s + K_i)}{s(s+5)(s+10) + 50(K_d s^2 + K_p s + K_i)}$$

$$F(s) = s(s+5)(s+10) + 50(K_d s^2 + K_p s + K_i)$$

$$= s^3 + (15 + 50K_d)s^2 + 50(1 + K_p)s + 50K_i$$

令 $F^*(s) = F(s)$，则得

$$\begin{cases} 15 + 50K_d = 120 & K_d = 2.7 \\ 50(1 + K_p) = 2200 & K_p = 43 \\ 50K_i = 20000 & K_i = 400 \end{cases}$$

由此可见，微分系数远小于比例系数和积分常数，这种情况在实际应用中经常会碰到，尤其是在过程控制系统中。因此，在许多场合用 PID 调节器就能满足系统性能要求。

7.3　控制系统的并联校正

为了提高系统的性能，还常采用并联校正的方法。

7.3.1　反馈校正

在反馈校正中，若 $G_c(s) = K$，则称为位置（比例）反馈；若 $G_c(s) = Ks$，则称为速度（微分）反馈；若 $G_c(s) = Ks^2$，则称为加速度反馈。

1. 位置反馈校正

位置反馈校正框图如图7.19所示。

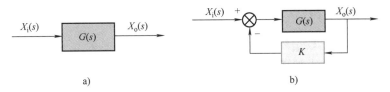

a)　　　　　　　　　　　　　b)

图7.19　位置反馈校正框图

（1）$G(s)$ 为积分环节　当 $G(s) = \dfrac{K_1}{s}$ 时，校正后系统的传递函数为

$$\frac{X_{o}(s)}{X_{i}(s)} = \frac{\dfrac{K_1}{s}}{1 + \dfrac{KK_1}{s}} = \frac{\dfrac{1}{K}}{\dfrac{s}{KK_1} + 1}$$

用位置反馈包围积分环节，其结果将原来的积分环节变成惯性环节，降低了未校正系统的型次，这意味着降低了系统的稳态精度，但有可能提高系统的稳定性。

（2）$G(s)$ 为惯性环节　当 $G(s) = \dfrac{K_1}{Ts + 1}$，校正后系统的传递函数为

$$\frac{X_{o}(s)}{X_{i}(s)} = \frac{\dfrac{K_1}{Ts + 1}}{1 + \dfrac{KK_1}{Ts + 1}} = \frac{\dfrac{K_1}{1 + KK_1}}{\dfrac{T}{1 + KK_1}s + 1}$$

用位置反馈包围惯性环节，其结果仍是惯性环节，但时间常数下降，即惯性减弱，这导致过渡过程时间缩短，响应速度加快；同时系统的增益也下降。反馈系数 K 越大，时间常数越小，系统增益也越小。

请读者考虑，若采用正的位置反馈，则系统将有什么结果。

2. 速度反馈校正

速度反馈校正框图如图 7.20 所示。当未校正系统的传递函数为

$$G(s) = \frac{\omega_{n}^2}{s^2 + 2\xi\omega_{n}s + \omega_{n}^2}(0 < \xi < 1)$$

在加入微分负反馈后，系统的传递函数为

$$\frac{X_{o}(s)}{X_{i}(s)} = \frac{\omega_{n}^2}{s^2 + (2\xi\omega_{n} + K\omega_{n}^2)s + \omega_{n}^2}$$

显然，校正后系统的阻尼比较原系统阻尼比大为提高，但不影响固有频率。速度负反馈校正可以增加阻尼比，改善系统的相对稳定性。

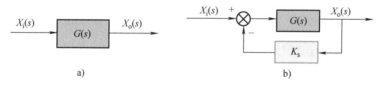

图 7.20　速度反馈校正框图

7.3.2　顺馈校正

在顺馈校正中，由于校正环节 $G_c(s)$ 设在系统回路之外，因此可以先设计系统的回路，保证具有较好的动态性能，然后再设计校正环节 $G_c(s)$，以提高系统的稳态精度。

图 7.21 所示为一个单位反馈系统，其中图 7.21a 是一般的闭环控制系统，$E(s) \neq 0$。若要使 $E(s) = 0$，可在未校正系统中加入顺馈校正环节 $G_c(s)$，如图 7.21b 所示。

校正后系统的误差为

$$E(s) = \left[1 - \frac{G_1(s)G_2(s) + G_c(s)G_2(s)}{1 + G_1(s)G_2(s)}\right]X_{i}(s) = \frac{1 - G_c(s)G_2(s)}{1 + G_1(s)G_2(s)}X_{i}(s)$$

为使 $E(s) = 0$，应保证 $G_c(s) = \dfrac{1}{G_2(s)}$。

由上面分析可知，系统虽然加了顺馈校正，但稳定性并不受影响，因为系统的特征方程没有改变。采用顺馈校正，使系统既能满足动态性能的要求，又能保证稳态精度。

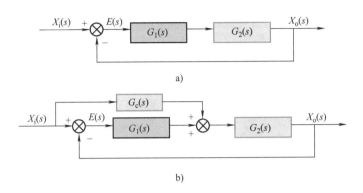

图 7.21 顺馈校正框图

在控制系统中，串联校正、反馈校正均得到了广泛应用，并且在很多情况下同时应用，会收到更好的效果。

7.4 应用根轨迹法的串联校正设计

当系统的性能指标为时域参数（例如最大超调量 M_p、上升时间 t_r、调整时间 t_s、阻尼比 ξ 等）时，采用根轨迹法设计校正比较方便。

如第五章所述，根轨迹法是一种图解法，它是当系统的某一参数（通常为开环增益）从零变到无穷大时，根据开环极点、零点的位置信息确定全部闭环极点位置的方法，该方法清楚地表明了参数变化对系统性能的影响。在实际中，系统的根轨迹图表面，只调整增益并不能获得所希望的性能，甚至在某些情况下，对所有增益值，系统可能是不稳定的，因此必须改造根轨迹使其满足性能指标。

在控制系统设计时，如果需要对增益以外的参数进行调整，必须引入适当的校正装置以改变根轨迹。控制系统的响应特性主要取决于闭环主导极点在 s 复平面的位置。工程中实用的闭环主导极点是一对共轭复数极点，使变化后的根轨迹通过所希望的闭环主导极点。这就是根轨迹校正的实质。在具体设计中，要将给定的性能指标转化为由阻尼比 ξ 和固有频率 ω_n 所决定的一对希望闭环主导极点。

7.4.1 串联超前校正

如果未校正系统的根轨迹不通过希望闭环主导极点 s_d，且位于 s_d 点的右侧，应采用串联超前校正环节，校正后的系统框图如图 7.22 所示。

若校正后系统的根轨迹通过希望闭环主导极点 s_d，则应满足如下条件

$$\angle G_c(s_d) + \angle G_o(s_d) = \pm 180° \text{或} \varphi_c = \angle G_c(s_d) = \pm 180° - \angle G_o(s_d) \tag{7.20}$$

由超前相角 φ_c 确定校正环节的零点和极点不是唯一的，通常可根据原系统的零点、极点位

置和校正环节的实现等因素考虑，如图 7.23 所示。

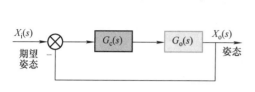

图 7.22 串联超前校正框图

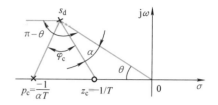

图 7.23 超前校正的相角关系

计算零点、极点的方法为

$$|z_c| = \omega_n \left[\frac{\sin\gamma}{\sin(\pi - \theta - \gamma)} \right] \tag{7.21}$$

$$|p_c| = \omega_n \left[\frac{\sin(\gamma + \varphi_c)}{\sin(\pi - \theta - \gamma - \varphi_c)} \right] \tag{7.22}$$

$$\alpha = \left| \frac{z_c}{p_c} \right| = \frac{\sin\gamma\sin(\pi - \theta - \gamma - \varphi_c)}{\sin(\gamma + \varphi_c)\sin(\pi - \theta - \gamma)} \tag{7.23}$$

式中，$|z_c|$、$|p_c|$ 为校正环节的零点和极点到原点的距离；$\alpha = \left| \dfrac{z_c}{p_c} \right|$ 为校正环节的参数。当 α 最大（尽可能使 α 取最大值）时，角度 γ 可由下式计算

$$\frac{\mathrm{d}\alpha}{\mathrm{d}\gamma} = 0 \Rightarrow \gamma = \frac{(\pi - \theta - \varphi_c)}{2} \tag{7.24}$$

已知超前校正装置的传递函数为

$$G_c(s) = \frac{s - z_c}{s - p_c} = \alpha\frac{Ts + 1}{\alpha Ts + 1} \tag{7.25}$$

式中，$T = \dfrac{1}{z_c}$，$\alpha = \dfrac{z_c}{p_c} = \left| \dfrac{z_c}{p_c} \right|$；$\alpha T = \dfrac{1}{p_c}$（$p_c$、$z_c$ 为负实数）。

根据以上分析，可归纳出应用根轨迹法进行系统设计的步骤如下：

1）由给定的时域性能指标确定希望闭环主导极点 s_d 在 s 平面上的位置。

2）绘制未校正系统的根轨迹，观察根轨迹的主要分支是否通过希望闭环主导极点 s_d。

3）由式（7.20）计算出超前校正装置提供的相角 φ_c。

4）确定超前校正环节的传递函数。

5）绘制校正后系统的根轨迹图。

例 7.6 已知单位反馈系统的开环传递函数为 $G_o(s) = \dfrac{K}{s(s + 2)}$，试设计一超前校正环节，使系统具有如下性能：阻尼比 $\xi = 0.5$，无阻尼自然频率 $\omega_n = 4\mathrm{rad} \cdot \mathrm{s}^{-1}$，速度误差系数 $K_v = 5\mathrm{rad} \cdot \mathrm{s}^{-1}$。

解：1）由要求的性能指标确定希望闭环主导极点 $s_d = -2 \pm 3.46\mathrm{j}$，并标出未校正系统的极点（$p_{1,2} = 0$，$-2$）和零点（本例无零点）分布如图 7.24 所示。

2）未校正系统开环传递函数在 s_d 处的相角为 $\angle G_o(s_d) = -210°$，所需超前校正环节在 s_d 点的相角为 $\varphi_c = -180° - (-210°) = 30°$。

3）确定校正环节的传递函数。在图 7.24 所示的 s_d 点的位置 P 作一平行实轴的直线 PA，作 $\angle APO$ 的角平分线 PB，并在 PB 两侧各作夹角为 15° 的直线，它们分别与实轴交于 −2.9 和 −5.4 处，则得校正环节的零点 $z_c = -2.9$，校正环节的极点 $p_c = -5.4$。校正环节的传递函数为

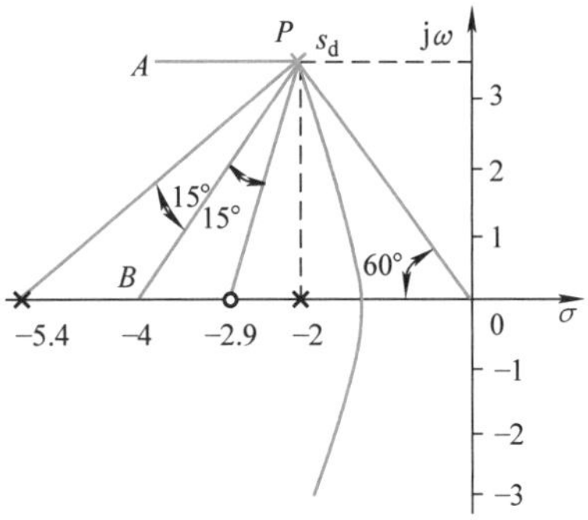

$$G_c(s) = \frac{1}{\alpha} \cdot \frac{(s - z_c)}{(s - p_c)} = 1.86 \frac{s + 2.9}{s + 5.4}$$

校正后的开环传递函数为

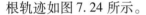

$$G(s) = G_c(s) G_o(s) = \frac{K_g(s + 2.9)}{s(s + 2)(s + 5.4)} \quad (K_g = 1.86K)$$

图 7.24 系统校正环节的零点和极点

根轨迹如图 7.24 所示。

4）校正后系统在 s_d 点的增益及误差系数为

$$K_g = \frac{\left| -2 + 3.46j \right| \cdot \left| -2 + 3.46j + 2 \right| \cdot \left| -2 + 3.46j + 5.4 \right|}{-2 + 3.46j} = 18.7$$

则校正后系统的传递函数为

$$G(s) = \frac{18.7(s + 2.9)}{s(s + 2)(s + 5.4)}$$

速度误差系数为

$$K_v = \lim_{s \to 0} s \frac{18.7(s + 2.9)}{s(s + 2)(s + 5.4)} = 5.02 \text{rad} \cdot \text{s}^{-1}$$

7.4.2 串联滞后校正

为使校正后系统的根轨迹主要分支通过期望的闭环主导极点，同时又能大幅度提升系统开环增益，在设计滞后校正装置时，通常将滞后校正装置的零点和极点配置在 s 复平面离虚轴较近的地方，并使它们之间相互靠近，且零点到原点的距离为极点的 β（$\beta > 1$）倍，使校正后系统允许的开环增益提高为 $\beta = |z_c/p_c|$ 倍。基于根轨迹法的滞后校正装置设计步骤如下：

1）绘制未校正系统的根轨迹图。

2）根据系统的性能计算闭环期望极点 s_d。

3）计算 s_d 处校正前系统的开环增益 K_g。

4）由给定的稳态性能指标计算出开环增益 K，将 K 与 s_d 点处的 K_g 比较进而得出 β 值。

5）确定校正装置的零点和极点位置。从 s_d 处画一条与 ξ 线夹角为 10° 或略小于 10° 的直线，该直线与负实轴的交点即校正装置零点的位置，如图 7.25 所示。由 $\beta = |z_c/p_c|$ 确定极点 p_c。

6）绘制校正后系统的根轨迹，要等 ξ 线上确定出 s_d' 点，并计算出 s_d' 点的增益 K_g'，检验稳态性能是否满足要求。

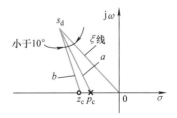

图 7.25 系统校正环节的零点和极点

例 7.7 设单位反馈系统的开环传递函数为

$$G_o(s) = \frac{K_g}{s(s + 1)(s + 4)} \quad (K_g 为伪增益)$$

试设计滞后校正环节，使校正后的系统满足下列性能指标：

1) 阻尼比 $\xi = 0.5$。

2) 调节时间 $t_s = 10s$。

3) 速度误差系数 $K_v \geqslant 5 \mathrm{rad \cdot s^{-1}}$。

解：1) 绘制未校正系统根轨迹图如图7.26所示。

2) 由给定的性能指标计算闭环主导极点 s_d，

$$\omega_n = \frac{4}{t_s \xi} = \frac{4}{10 \times 0.5} \mathrm{rad \cdot s^{-1}} = 0.8 \mathrm{rad \cdot s^{-1}}$$

$$s_d = -\xi\omega_n \pm j\sqrt{1-\xi^2}\,\omega_n = -0.4 \pm 0.7j$$

该点恰好位于未校正系统的根轨迹上。

3) 未校正系统在 s_d 点增益为

$$K_g = |s_d| \cdot |s_d + 1| \cdot |s_d + 4| = 0.8 \times 0.9 \times 3.7 = 2.66$$

速度误差系数为

$$K_{v1} = \frac{2.66}{4} \mathrm{rad \cdot s^{-1}} = 0.667 \mathrm{rad \cdot s^{-1}}$$

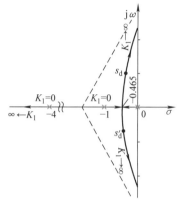

图7.26　未校正系统的根轨迹图

4) 给定速度误差系数为 $K_v = 5 \mathrm{rad \cdot s^{-1}}$，则有

$$\beta = \frac{K_v}{K_{v1}} = \frac{5\mathrm{rad \cdot s^{-1}}}{0.667\mathrm{rad \cdot s^{-1}}} = 7.5\,(\text{取}\,\beta = 10)$$

5) 从 s_d 点作一直线与 ξ 线夹角为6°的直线，该直线与负实轴在 $s = -0.1$ 处相交，即 $z_c = -0.1$。则极点 $p_c = -0.1/10 = -0.01$，可得校正装置传递函数为

$$G_c(s) = \frac{s + 0.1}{s + 0.01}$$

6) 绘制校正后系统的根轨迹图如图7.27所示。为保证阻尼比 ξ 不变，将 s_d 点应移至 s'_d 点。主导极点为

$$s'_d = -\xi\omega'_n - j\omega'_n\sqrt{1-\xi^2} = -0.5 \times 0.7 - j0.7\sqrt{1-0.5^2} = -0.35 - j0.61$$

在 s'_d 点处的增益为

$$K'_1 = \frac{|s'_d| \cdot |s'_d + 1| \cdot |s'_d + 0.01|}{|s'_d + 0.1|} = 2.2$$

校正后系统的传递函数为

$$G(s) = \frac{2.2(s + 0.1)}{s(s + 1)(s + 4)(s + 0.01)}$$

速度误差系数 K_v 为

$$K_v = \frac{2.2 \times 0.1}{4 \times 0.01} \mathrm{rad \cdot s^{-1}} = 5.5 \mathrm{rad \cdot s^{-1}}$$

满足设计要求。

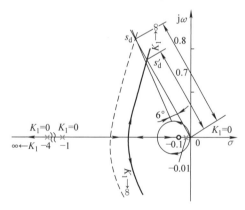

图7.27　校正后系统的根轨迹

7.4.3　串联滞后－超前校正

超前校正装置的作用是使响应加快而改善动态特性，系统稳定性增加。滞后校正装置的作用则是改善系统的稳态精度，但减慢响应速度。如果要同时提高系统的动态响应和稳态精

度，则要使用滞后 – 超前装置。通常根轨迹法滞后 – 超前校正的设计步骤如下：

1）根据系统性能指标要求确定闭环期望极点 s'_d。

2）计算校正后系统通过 s'_d 时所需的超前角 φ_c，确定超前校正环节的零点和极点，并计算 β 值。

3）按照要求的稳态误差系数对系统进行滞后校正。

4）绘制校正后系统的根轨迹图，确定修正的闭环主导极点 s'_d 的位置。计算在 s'_d 点的增益，校验系统稳定性是否满足设计要求。

例 7.8　设单位反馈系统的开环传递函数为 $G_o(s) = \dfrac{K}{s(s+1)(s+4)}$，设计滞后 – 超前校正环节，使校正后的系统性能指标满足如下要求：阻尼比 $\xi = 0.5$；无阻尼自然频率 $\omega_n = 2\text{rad} \cdot \text{s}^{-1}$；速度误差系数 $K_v > 5\text{rad} \cdot \text{s}^{-1}$。

解：1）由给定性能指标确定闭环期望极点 s'_d 为

$$s_d = -\xi\omega_n \pm j\sqrt{1-\xi^2}\,\omega_n = -1 \pm 1.73j$$

开环系统的零点、极点和 s_d 点在 s 平面分布如图 7.28 所示。

2）计算 $G_o(s)$ 在 s_d 点的相角，得

$$\angle G_o(s_d) = -240°$$

超前相角 φ_c 为

$$\varphi_c = -180° - (-240°) = 60°$$

把超前部分的零点放在 s_d 下方的实轴上，取 $z_{c2} = -1$，以便抵消开环的一个极点。在图 7.28 中连接 z_{c2} 到 s_d 的直线，并在该直线左方画一条与该直线成 $\varphi_c = 60°$ 的直线，该直线与负实轴交点为 -4，即为超前部分的极点 $p_{c2} = -4$，计算出 $\beta = -4/-1 = 4$，超前部分的传递函数为

$$G_{c2}(s) = \frac{s - z_{c2}}{s - p_{c2}} = \frac{s+1}{s+4}$$

超前校正后系统的开环传递函数为

$$G_{c2}(s)G_o(s) = \frac{K}{s(s+4)^2}$$

3）计算 $G_{c2}(s)G_o(s)$ 在 s_d 处的增益，得

$$K = |-1+1.73j||-1+1.73j+4|^2 = 23.9$$

速度误差系数 K_v 为

$$K_v = \lim_{s \to 0} sG_{c2}(s)G_o(s) = 1.49\text{rad} \cdot \text{s}^{-1}$$

不满足 $K_v > 5\text{rad} \cdot \text{s}^{-1}$ 要求，故再加滞后校正环节。前面已计算出 $\beta = 4$，在图 7.28 中，过 s_d 点作一条与 ξ 线夹角为 $10°$ 的直线，它与负实轴交点为 -0.24，此即为滞后校正部分的零点 $z_{c1} = -0.24$。极点 $p_{c1} = -z_c/\beta = -0.24/4 = -0.06$。

滞后部分的传递函数为

$$G_{c1}(s) = \frac{s - z_{c1}}{s - p_{c1}} = \frac{s+0.24}{s+4}$$

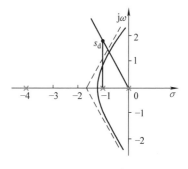

图 7.28　系统校正装置的零点、极点和 s_d 点

校正后系统的开环传递函数为

$$G(s) = G_{c1}(s)G_{c2}(s)G_o(s) = \frac{K(s+0.24)}{s(s+0.06)(s+4)^2}$$

4）绘制校正后系统的根轨迹图如图 7.28 所示，由图可知校正后的闭环修正极点 $s'_d = -0.9 + 1.6j$，在 s'_d 处校正后系统的开环增益为

$$K = \frac{|-0.9+1.6j| \ |-0.9+1.6j+0.06| \ |-0.9+1.6j+4|^2}{|-0.9+1.6j+0.24|} = 23.2$$

校正后系统的开环传递函数可确定为

$$G(s) = \frac{23.2(s+0.24)}{s(s+0.06)(s+4)^2}$$

速度误差系数 K_v 为

$$K_v = \lim_{s \to 0} sG(s) = 5.8\,\mathrm{rad \cdot s^{-1}} > 5\,\mathrm{rad \cdot s^{-1}}$$

满足性能指标要求。

习　　题

7.1　在系统校正中，常用的性能指标有哪些？

7.2　设单位反馈系统的开环传递函数为 $G_k(s) = \dfrac{K}{s(s+1)}$。若要求系统在单位斜坡函数输入信号的作用下，稳态误差 $e_s \leqslant 0.1$，相角裕度 $\gamma \geqslant 45°$，幅值裕度 $L_g \geqslant 10\mathrm{dB}$，试设计一超前校正环节。

7.3　设单位反馈系统开环传递函数 $G_k(s) = \dfrac{K}{s(s+1)(0.5s+1)}$。要求设计一串联滞后校正环节，使校正后系统的速度误差系数 $K_v = 5\,\mathrm{rad \cdot s^{-1}}$，相角裕度 $\gamma \geqslant 40°$，幅值裕度 $L_g \geqslant 15\mathrm{dB}$。

7.4　设单位反馈系统的开环传递函数为

$$G_k(s) = \frac{K}{s\left(\dfrac{1}{60}s+1\right)\left(\dfrac{1}{10}s+1\right)}$$

试设计串联校正环节，使校正后系统满足 $K_v \geqslant 126\,\mathrm{rad \cdot s^{-1}}$，开环截止频率 $\omega_c \geqslant 20\,\mathrm{rad \cdot s^{-1}}$，相角裕度 $\gamma \geqslant 30°$。

7.5　某系统的开环对数幅频特性如图 7.29 所示，其中实线表示校正前的，虚线表示校正后的。试确定串联校正的性质（超前、滞后、滞后－超前）以及校正环节的传递函数。

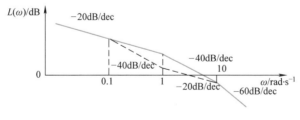

图 7.29　题 7.5 图

7.6　已知某单位反馈系统未校正时的开环传递函数 $G(s)$ 和两种校正装置的传递函数 $G_c(s)$ 的对数幅频特性渐近线如图 7.30 所示。

1）写出每种方案校正后的传递函数。

2）画出已校正系统的对数幅频特性渐近线。

3）比较这两种校正的优缺点。

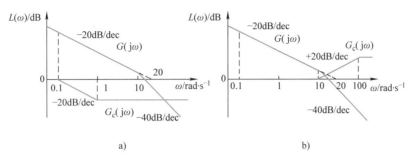

图7.30　题7.6图

7.7　已知某单位反馈系统，其 $G(s)$ 和 $G_c(s)$ 的对数幅频特性渐近线如图7.31所示。

1）在图中绘出校正后系统的开环对数幅频特性渐近线。

2）写出已校正系统的开环传递函数。

3）分析 $G_c(s)$ 对系统的校正作用。

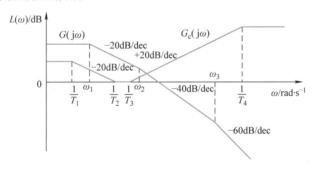

图7.31　题7.7图

7.8　设单位反馈系统，其开环传递函数为 $G(s) = \dfrac{4}{s(s+2)}$，试用根轨迹法设计一超前补偿环节，要求改变闭环极点，使无阻尼自然频率 $\omega_n = 4\text{rad} \cdot \text{s}^{-1}$，同时保持阻尼比不变。

7.9　设一单位反馈系统，其开环传递函数为 $G(s) = \dfrac{4}{s(s+0.5)}$，试用根轨迹法设计一补偿环节，要求闭环主导极点的阻尼比等于0.5，使无阻尼自然频率 $\omega_n = 5\text{rad} \cdot \text{s}^{-1}$，使静态速度误差常数增大到80rad·$\text{s}^{-1}$。

第8章　基于MATLAB的控制系统分析

MATLAB 是一种用于工程计算的高性能语言，其编程代码很接近数学推导格式，所以编程极其方便。它的典型应用包括数学计算、算法开发、建模和仿真、数据分析和可视化、科学及工程绘图、应用开发（包括图形界面）等。用户可以在 MATLAB 的工作空间中键入一个命令，也可以应用 MATLAB 语言编写应用程序，这样 MATLAB 软件对此命令或程序中的各条语句进行翻译，然后在 MATLAB 环境中对它进行处理，最后返回运算结果。

8.1 MATLAB 语言简介

和其他的程序设计语言不同，MATLAB 语言的基本变量单元是复数矩阵，其矩阵处理功能和图形处理功能是其最显著的特色。这里首先介绍一些简单实用的 MATLAB 命令及其操作。

8.1.1 基本操作及命令

1. 访问和退出 MATLAB

在大多数系统中，一旦安装了 MATLAB，在调用时，应执行命令 MATLAB。退出 MATLAB 应执行 exit 和 quit。

2. 如何应用 MATLAB

当输入单个命令时，MATLAB 会立即对其进行处理，并且显示处理结果。MATLAB 也能够执行存储在文件中的命令序列。

通过键盘输入的命令，应用向上箭头键可以进行存取。通过输入某个最新命令和调用特定的命令行，可以使得屏幕内容向上滚动。

3. MATLAB 的变量

MATLAB 的一个特点是在应用之前的维数不必是确定的。在 MATLAB 中，变量一旦被采用，便会自动产生（如果必要，变量的维数以后还可以改变）。在命令 exit 和 quit 输入之前，这些变量将保留在存储器中。为了得到工作空间内的变量清单，可以通过键盘输入命令 who，当前存放在工作空间内的所用变量便会显示在屏幕上。命令 clear 能从工作空间中清除所有非永久性变量。

4. 以"%"开始的程序行

在 MATLAB 中以"%"开始的程序行，表示注解和说明，这些注解或说明是不执行的。这就是说，在 MATLAB 程序行中，出现在"%"以后的一切内容都是可以忽略的。如果注解或说明需要一行以上程序行，则每一行均需以"%"为开始。

5. 应用分号操作符

如果语句的最后一个符号是分号，则打印被取消，但是命令仍在执行，而结果不再显示。此外，在输入矩阵时，除非最后一行，分号用来指示一行的结束。

6. 应用冒号操作符

冒号操作符用来建立向量，赋予矩阵下标和规定叠代。例如，j: k 表示 [j, j+1, …, k]；A (:, j) 表示矩阵 A 的第 j 列；A (i,:) 表示矩阵 A 的第 i 行。

7. 输入超过一行的长语句

一个语句通常以回车或输入键终结。如果输入的语句太长，超出了一行，则回车键后面应跟随由 3 个或 3 个以上圆点组成的省略号（…），以表明语句将延续到下一行。例如：$x = 1.234 + 2.345 + 3.456 + 4.567 + 5.678 + 6.789 + \cdots + 7.890 + 8.901 - 9.012$。

符号"="、"+"和"-"前后的空白间隔可以任选。这种间隔通常可以起到改善语句清晰度的效果。

8. 在一行内输入数个语句

如果在一行内可以把数个语句用逗号或分号隔开，则可以把数个语句放在一行内。例如，

plot(x,y,'o'),text(1,20,'Systeml'),text(1,15,'System2')

和

plot(x,y,'o');text(1,20,'Systeml');text(1,15,'System2')

9. 选择输出格式

MATLAB 中的所有计算都是以双精度方式完成的，但是显示输出可以是具有 4 个小数位的定点输出。例如，对于向量 $x = [1/3 \quad 0.00002]$，MATLAB 有下列输出：

x =

     0.3333   0.0000

如果在矩阵中至少有一个元素不是严格的整数，则有 4 种可能的输出格式。显示的输出量可以利用下列命令加以控制：

format short	format short e
format long	format long e

一旦调用了某种格式，则这种被选用的格式将保持，直到对格式进行了改变为止。

在控制系统分析中，format short 和 format long 是经常采用的格式。一旦调用了 MATLAB，即使没有输入格式命令，MATLAB 也将以 format short 格式显示数值结果。如果矩阵或向量的所有元素都是严格的整数，则 format short 和 format long 的结果是相同的。

10. 退出 MATLAB 时如何保存变量

当键入"exit"或"quit"时，MATLAB 中的所有变量将消失。如果在退出以前输入命令"save"，则所有的变量被保存在磁盘文件"matlab.mat"。当再次进入 MATLAB 时，命令"load"将使工作空间恢复到以前的状态。

8.1.2 MATLAB 函数

MATLAB 函数的调用格式和其他编程语言是不同的，其典型的调用格式为

[返回变量列表] = func_name(输入变量列表)

其中，等号左边的变量为返回变量，等号右边的变量为输入变量。MATLAB 允许在函数调用时同时返回多个变量。而一个函数又可以由多个格式进行调用，例如 bode() 函数可以由下面的格式调用：

[mag,phase] = bode(num,den,w)

其中，bode() 函数用来求取或绘制系统的 Bode 图，而系统在这里由传递函数分子 num 和分母 den 表示。

MATLAB 的控制系统工具箱中还允许用线性模型对象 G 来描述系统，例如，

[mag,phase] = bode(G,w)

MATLAB 函数在返回变量的格式上可以不同，例如，若上面的语句没有返回变量，则将自动地绘制系统的 Bode 图，否则将返回计算结果数据。

MATLAB 具有许多预先定义的函数，供用户在求解不同类型的控制问题时调用，见表 8.1。

表 8.1　设计和分析控制系统中常用命令或函数

命令/函数	意　义	命令/函数	意　义
abs	绝对值：复数量值	i	$\sqrt{-1}$
angle	相角	image	绘图
ans	当表达式未给定时的答案	inf	虚部
atan	反正切	inv	无穷大（∞）
axis	手工坐标轴分度	j	$\sqrt{-1}$
bode	Bode 图	length	向量的长度
clear	从工作空间中清除变量和函数	linspace	线性间隔的向量
clg	清除屏幕图象	log	自然对数
computer	计算机类型	loglog	对数坐标 $x-y$ 图
conj	复数共轭	logm	矩阵对数
conv	求卷积，相乘	logspace	对数间隔向量
corrcoef	相关系数	log10	常用对数
cos	余弦	lqe	线形二次估计器设计
cosh	双典余弦	lqr	线形二次调节器设计
cov	协方差矩阵	max	取最大值
deconv	反卷积、多项式除法	mean	取均值
det	行列式	median	求中值
diag	对角矩阵	min	取最小值
eig	特征值和特征向量	NaN	非数值
exit	终止程序	nyquist	奈奎斯特频率响应图
exp	指数底 e	ones	常数
expm	矩阵指数	pi	π（圆角率）
eye	单位矩阵	plot	线形 $x-y$ 图形
filter	直接滤波器实现	polar	极坐标图形
format long	15 位数字浮点	poly	特征多项式
format long e	5 位数字浮点	polyfit	多项式曲线拟合
format short	5 数字定标定点	polyval	多项式方程
format short e	5 位数字浮点	polyvalm	矩阵多项式方程
freqs	拉普拉斯变换频域响应	prod	各元素的乘积
freqz	z 变换频域响应	quit	退出程序
grid	画网格图	rand	均匀分布的随机数和矩阵
hold	保持屏幕上的当前图形	rank	计算矩阵的秩

命令/函数	意　义	命令/函数	意　义
real	复数实部	std	求标准差
rem	余数或模数	step	画单位阶跃响应
residue	部分分式展开	subplot	将图形窗口分成若干个区域
rlocus	画根轨迹	sum	求各元素的和
roots	求多项式根	tan	正切
semilogx	半对数 $x-y$ 坐标图	tanh	双曲正切
semilogy	半对数 $x-y$ 坐标图	text	任意规定的文本
sign	符号函数	title	图形标题
sin	正弦	trace	矩阵的迹
sinh	双曲正弦	who	列出当前存储器中所有变量
size	行和列的维数	xlable	x 轴标记
sqrt	求平方根	ylable	y 轴标记
sqrtm	求矩阵平方根	zeros	零

8.1.3　绘制响应曲线

MATLAB 具有丰富的获取图形输出的程序集，命令 plot 可以产生线性 $x-y$ 图形，用命令 loglog，semilogy 或 polar 取代 plot，可以产生对数坐标图和极坐标图。

1. $x-y$ 图

如果 x 和 y 是同一长度的向量，则命令 plot（x，y）将画出 y 值对于 x 值的关系图。

2. 画多条曲线

为了在一幅图上画出多条曲线，可采用具有多个自变量的 plot（x1，y1，x2，y2，…，xn，yn）命令，变量 x1，y1，x2，y2 等是一些向量对，每个 $x-y$ 对都可以图解表示出来，因而在一幅图上形成多条曲线。多重变量的优点是它允许不同长度的向量在同一幅图上显示出来。对每一对向量采用不同的线型。

在一幅图上画一条以上的曲线时，也可以利用命令 hold。hold 命令可以保持当前的图形，并且防止删除和修改比例尺。因此，随后的一条曲线将会重叠地画在原曲线上。再次输入 hold，会使当前的图形复原。

3. 加进网格线、图形标题、x 轴标记和 y 轴标记

一旦在屏幕上显示出图形，就可以画出网格线，定出图形标题，并且标定 x 轴标记和 y 轴标记。MATLAB 中关于网格线、标题、x 轴标记和 y 轴标记的命令分别为：grid（网格线）、title（图形标题）、xlabel（x 轴标记）、ylabel（y 轴标记）。

应当指出，一旦恢复命令 display，通过依次输入相应的命令，就可以将网格线、图形标题，x 轴标记和 y 轴标记叠加在图形上。

4. 在图形屏幕上书写文本

为了在图形屏幕的点 $(x，y)$ 上书写文本，可采用命令 text（x，y，'text'）。例如，利用语句

text（3，0.45，'sint'）

将从点（3，0.45）开始，水平地写出 sint。另外，下列语句：

plot（x1，y1，x2，y2），text（x1，y1，'1'），text（x2，y2，'2'）

将标记出两条曲线，使它们很容易地区分开来。

5. 图形类型

MATLAB 能够提供的线和点的类型见表8.2。语句 plot（x，y，'x'）将利用标记符号 x 画出一个点状图，而语句 plot（x1，y1，'：'，x2，y2，'+'）将用虚线画出第一曲线，用加法符号"+"画出第二曲线。

表8.2　MATLAB 提供的线和点的类型

线的类型		点的类型	
实线	——	圆点	●
短划线	– –	加号	+
虚线	……	星号	*
点划线	—.	圆圈	○
		×号	×

6. 颜色

MATLAB 提供的颜色见表8.3。如语句 plot（x，y，'r'）表示采用红线绘图，而 plot（x，y，'+g'）表示采用绿色"+"号标记。

表8.3　MATLAB 提供的颜色

红色	r
绿色	g
蓝色	b
白色	w
无色	i

7. 自动绘图算法

在 MATLAB 中，图形是自动定标的。在另一幅图画出之前，这幅图形作为现行图将保持不变，但是在另一幅图形画出后，原图形将被删除，坐标轴自动地重新定标。关于暂态响应曲线、根轨迹法、Bode 图、奈奎斯特图等的自动绘图算法已经设计出来，它们对于各类系统具有适用性，但并非总是理想的。因此在某些情况下，可能需要放弃绘图命令中的自动坐标轴定标特性，改用手工选择绘图范围。

8. 手工坐标轴定标

如果需要在下列语句指定的范围内绘制曲线：

$$v = [x-\min \quad x-\max \quad y-\min \quad y-\max]$$

则应输入命令 axis（v），式中 v 是一个四元向量。axis（v）把坐标轴定标建立在规定的范围内。对于对数坐标图，v 的元素应为最小值和最大值的常用对数。

执行 axis（v）会把当前的坐标轴定标保持到后面的图中，再次键入 axis 恢复自动定标。

axis（'square'）把图形的范围设定在二次方范围内。对于方形的长宽比，斜率为 1 的直线恰好位于45°上，它不会因屏幕的不规则形状而变形。axis（'normal'）将使长宽比恢复到正常状态。

8.1.4 MATLAB 语言的联机帮助功能

MATLAB 的联机帮助既可以由 help 命令来直接获得，又可以由 MATLAB 图形界面下的 Help 菜单查询。帮助信息包括该函数的解释、函数的调用格式和相关函数名等，进一步的帮助内容可以查阅 MATLAB 或相应工具箱手册。例如，可以由 help lyap 命令得出 lyap（）函数的联机帮助信息如下：

>> help lyap

LYAP Lyapunov equation

X = LYAP(A,C) solves the special form of the Lyapunov matrix equation：

A * X + X * A = - C

X = LYAP(A,B,C) solves the general form of the Lyapunov matrix equation：

A * X + X * B = - C

See also DLYAP.

还可以用 lookfor 命令在 MATLAB 路径下查询有关的关键词，例如若想查询关键词'Hankel'，则可以由下面的命令完成：

>> lookfor hankel

HANKL Hankel matrix.

BHRDEMO Demo of model reduction techniques(Hankel,Balanced,BST).

HKSV Hankel singular values and grammians P,Q.

OHKAPP Optimal Hankel norm approximation(stable plant).

OHKDEMO Demo of optimal Hankel model reduction technique.

OHKLMR Optimal Hankel norm approximation(unstable plant).

8.2 控制系统数学模型的 MATLAB 描述

在用 MATLAB 描述控制系统时，常用的数学模型有三种形式：传递函数、零极点增益和状态空间。每种模型均有连续和离散之分，它们各有特点，有时需在各种模型之间转换。

8.2.1 连续系统数学模型的 MATLAB 描述

1. 传递函数分子、分母多项式模型

当传递函数为

$$G(s) = \frac{Y(s)}{X(s)} = \frac{b_0 s^m + b_1 s^{m-1} + \cdots + b_{m-1} s + b_m}{a_0 s^n + a_1 s^{n-1} + \cdots + a_{n-1} s + a_n}$$

时，在 MATLAB 中，直接用分子/分母的系数形式表示，即

num = [b_0,b_1,\cdots,b_m]；

den = [a_0,a_1,\cdots,a_n]；

G(s) = tf[nmu,den]

例 8.1 用 MATLAB 表示传递函数为 $\dfrac{2s+1}{4s^3+3s^2+2s}$ 的系统。

解：本题的 MATLAB 程序为

num[2 1];

den = [4 3 2 0];

G = tf(num, den)

则执行后得到如下结果：

Transfer function：

$$2s+1$$

– – – – – –

$$4s\verb|^|3+3s\verb|^|2+2s$$

2. 零极点增益模型

当传递函数为

$$G(s)=k\frac{(s-z_0)(s-z_1)\cdots(s-z_m)}{(s-p_0)(s-p_1)\cdots(s-p_n)}$$

时，则在 MATLAB 中，用 [z, p, k] 向量组表示，即

z = [$z_0, z_1, \cdots, z_m$];

p = [$p_0, p_1, \cdots, p_m$];

k = [k];

G = zpk(z, p, k)

例 8.2 用 MATLAB 表示传递函数为 $\dfrac{2(s-1)}{s(s+2)(s-3)}$ 的系统。

解：本题的 MATLAB 程序为

z = 1;

p = [0 -2 3];

k = 2;

G = zpk(z, p, k)

则执行后得到如下结果：

Zero/pole/gain：

$$2(s+1)$$

– – – – – – –

$$s(s+2)(s-3)$$

3. 状态空间模型

当 $\begin{cases} \dot{x}=Ax+Bu \\ y=Cx+Du \end{cases}$ 时，则在 MATLAB 中，该控制系统可以用 ss（A，B，C，D）表示。

4. 传递函数的部分分式展开

当传递函数为

$$G(s)=\frac{Y(s)}{X(s)}=\frac{b_0s^m+b_1s^{m-1}+\cdots+b_{m-1}s+b_m}{a_0s^n+a_1s^{n-1}+\cdots+a_{n-1}s+a_n}$$

时，MATLAB 中直接用分子/分母的系数表示时有

num = [b_0 , b_1 , $\cdots$, b_m] ；

den = [a_0 , a_1 , $\cdots$, a_n] ；

则命令

[r, p, k] = residue(num, den)

将求出两个多项式 Y(s) 和 X(s) 之比的由部分分式展开的留数、极点和直接项。Y(s)/X(s)
的部分分式展开为

$$\frac{Y(s)}{X(s)} = \frac{r(1)}{s-p_1} + \frac{r(2)}{s-p_2} + \cdots \frac{r(n)}{s-p_n} + k(s)$$

例 8.3　求下列传递函数

$$\frac{Y(s)}{X(s)} = \frac{3s^3 + 6s^2 + 4s + 7}{s^3 + 6s^2 + 11s + 6}$$

的零极点模型。

解：本题的 MATLAB 程序为

num = [3　7　4　7] ；

den = [1　6　11　6] ；

[r,p,k] = residue(num, den)

执行后得到如下结果：

r =

　　　− 16. 000

　　　　1. 000

　　　　3. 000

p =

　　− 3. 000

　　− 2. 000

　　− 1. 000

k =

　　3

留数为列向量 r ，极点位置为列向量 p ，直接项是行向量 k 。Y(s)/X(s) 的部分分式展开
的 MATLAB 表达形式为

$$\frac{Y(s)}{X(s)} = \frac{3s^3 + 6s^2 + 4s + 7}{(s+1)(s+2)(s+3)} = \frac{-16}{s+3} + \frac{1}{s+2} + \frac{3}{s+1} + 3$$

命令

[num, den] = residue(r, p, k)

用来求其传递函数。

例 8.4　求下列用部分分式

$$\frac{Y(s)}{X(s)} = \frac{5}{s+4} + \frac{3}{s+3} + \frac{2}{s+2} + 4$$

表示的传递函数模型。

解：本题的 MATLAB 程序为

$r = \begin{bmatrix} 5 & 3 & 2 \end{bmatrix};$

$p = \begin{bmatrix} -4 & -3 & -2 \end{bmatrix};$

$k = 4;$

$\begin{bmatrix} num, den \end{bmatrix} = residue(r, p, k)$

执行后得到如下结果：

num =

4.000 46.0000 161.0000 174.0000

dem =

1.000 9.0000 26.0000 24.0000

5. 复杂传递函数的求取

在 MATLAB 中可用 conv 函数来求取两个向量的卷积，也可以用来求取多项式乘法。conv（）函数允许任意多层嵌套，从而实现复杂的计算。

例8.5 用 MATLAB 表示传递函数为 $\dfrac{6\,(2s^2 + s + 1)}{(2s^2 + 4s + 1)^2\,(2s^3 + 7s^2 + 6s + 4)\,(2s + 3)}$ 的系统。

解：本题的 MATLAB 程序为

$num = 6 * \begin{bmatrix} 2 & 1 & 1 \end{bmatrix};$

$den = conv(conv(conv(\begin{bmatrix} 2 & 4 & 1 \end{bmatrix}, \begin{bmatrix} 2 & 4 & 1 \end{bmatrix}), \begin{bmatrix} 2 & 7 & 6 & 4 \end{bmatrix}), \begin{bmatrix} 2 & 3 \end{bmatrix});$

$G = tf(num, den)$

执行后得到如下结果：

Transfer function：

$$12s\hat{}2 + 6s + 6$$

$- \; -$

$16s\hat{}8 + 144s\hat{}7 + 532s\hat{}6 + 1064s\hat{}5 + 1288s\hat{}4 + 996s\hat{}3 + 481s\hat{}2 + 122s + 12$

8.2.2 离散系统数学模型的 MATLAB 描述

1. 传递函数分子、分母多项式模型

$$G(z) = \frac{b_0 z^m + b_1 z^{m-1} + \cdots + b_{m-1} z + b_m}{a_0 z^n + a_1 z^{n-1} + \cdots + a_{n-1} z + a_n}$$

相应的命令是 tf（num, den, Ts），其中 num, den 如前定义，Ts 为采样时间。

2. 零极点增益模型

$$G(z) = k \frac{(z - z_0)(z - z_1) \cdots (z - z_m)}{(z - p_0)(z - p_1) \cdots (z - p_n)}$$

相应的命令是 zpk（Z, P, K, Ts）。

3. 状态空间模型

$$\begin{cases} x(k+1) = ax(k) + bu(k) \\ y(k+1) = cx(k+1) + du(k+1) \end{cases}$$

相应的命令是 ss（A, B, C, D, Ts）。

8.2.3　各种数学模型之间的转换

MATLAB 的信号处理和控制系统工具箱中，提供的模型转换的函数有：ss2tf、ss2zp、tf2ss、tf2zp、zp2ss、zp2tf 等，它们的关系可用如图 8.1 所示的结构来表示。

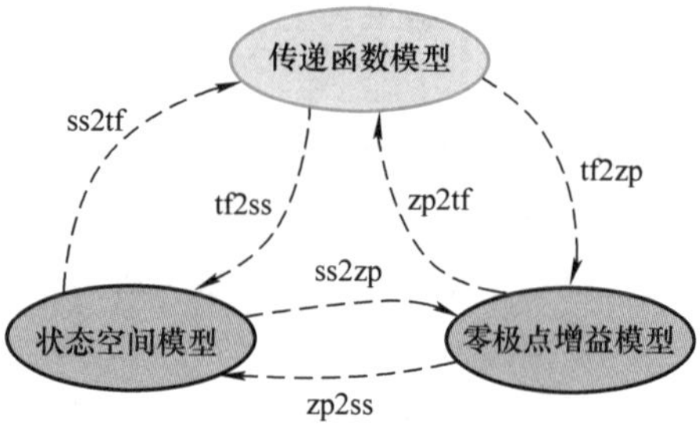

1）将状态空间模型转换成传递函数模型，命令格式为

$$[num,den] = ss2tf(A,B,C,D,iu)$$

式中，iu 为输入信号的序号。转换公式为

$$G(s) = \frac{num(s)}{den(s)} = C(sI - A)^{-1}B + D$$

2）将状态空间模型转换成零极点增益模型，命令格式为

$$[z,p,k] = ss2zp(A,B,C,D,iu)$$

式中，iu 为输入信号的序号。

图 8.1　模型转换示意图

3）将传递函数模型转换成状态空间模型，命令格式为

$$[A,B,C,D] = tf2ss(num,den)$$

4）将传递函数模型转换成零极点增益模型，命令格式为

$$[z,p,k] = tf2zp(num,den)$$

5）将零极点增益模型转换成状态空间模型，命令格式为

$$[A,B,C,D] = zp2ss(z,p,k)$$

6）将零极点增益模型转换成传递函数模型，命令格式为

$$[num,den] = zp2tf(z,p,k)$$

以上命令格式对于离散系统同样适用。

8.2.4　控制系统的模型建立

对简单系统的建模可直接采用三种基本模型：传递函数模型、零极点增益模型、状态空间模型。但在实际中，通常是由简单系统通过并联、串联、闭环或单位反馈等连接成复杂的系统。

1）并联：将两个系统按并联的方式连接。在 MATLAB 中可用 parallel 函数实现，命令格式为

$$[nump,denp] = parallel(num1,den1,num2,den2)$$

2）串联：将两个系统按串联方式连接。在 MATLAB 中可用 series 函数实现，其命令格式为

$$[nums,dens] = series(num1,den1,num2,den2)$$

3）闭环：将系统通过正负反馈连接成闭环系统。在 MATLAB 中可用 feedback 函数实现，其命令格式为

$$[numf,denf] = feedback(num1,den1,num2,den2,sign)$$

sign 为可选参数，sign = -1 为负反馈，而 sign = 1 为正反馈，默认值为负反馈。

4）单位反馈：将两个系统按反馈方式连接成闭环系统（对应于单位反馈系统），在 MATLAB 中可以用 cloop，其命令格式为

$$[numc,denc] = cloop(num,den,sign)$$

8.2.5 Simulink 建模方法

在一些实际应用中，如果系统过于复杂，则前面介绍的方法就不适用了，这时候功能完善的 Simulink 程序可以用来建立系统的模型。由于篇幅所限，本节仅给出 Simulink 建模处理的一些简明要点：

1）开始准备，若想按 Simulink 格式输入一个系统模型，则应该首先启动 Simulink 程序。可以在 MATLAB 命令窗口的提示符下键入 Simulink 命令来启动 Simulink 程序，这时就会将 Simulink 库浏览器显示出来（若 Simulink 已经启动，则会自动将之调到前台），如图 8.2 所示。

2）打开编辑窗口，双击图 8.3 中箭头所示"Create a new model"图标。Simulink 将打开一个空白的模型编辑窗口用来建立新的系统模型。

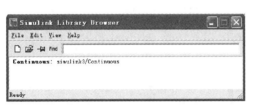

图 8.2　Simulink 库浏览器　　　　　　　　　　　图 8.3　编辑窗口

3）画出系统的各个模块。先单击 Simulink 接点，将库浏览器扩展开来，并将 Simulink 接点下的 Sources 接点显示出来。然后单击 Sources 接点将 Sources 中的库模块显示出来，最后拖动所需模块（图 8.4 所示为 Sine Wave 模块）。当将 Sine Wave 模块从 Sources 窗口中拖

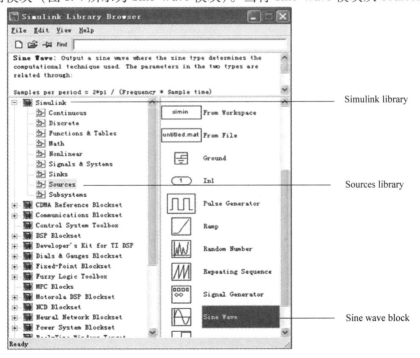

图 8.4　库模块

至新建的模型窗口中后，如图 8.5 所示。将其余的模块用类似的方法从各自的库中复制到模型窗口中，可以通过拖动模块的方法将模块移至合适的位置。

4）画出连接线。当所有的模块都拖出来之后，可以再画出模块间必要的连线，构成完整的系统。模块间的连线很简单，只需用鼠标单击起始模块的输出端（三角符号），再拖动鼠标，到终止模块的输入端处释放鼠标键，则会自动地在两个模块间画出带箭头的连线。

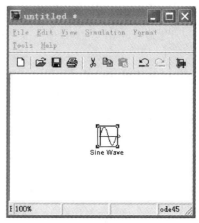

5）给出各个模块参数。假设有如图 8.6 所示系统。图中所示的各个模块只包含默认的模型参数，若要修改模块的参数，则需用鼠标双击模块图标，此时会出现相应的对话框，进一步提示用户修改模块参数。

6）Simulink 和 MATLAB 的终止。若要终止 Simulink 和 MATLAB，可选择 Exit MATLAB 命令，也可以通过输入 quit 命令来关闭所有的 Simulink 窗口而同时又不终止 MATLAB。

图 8.5　将 Sine Wave 模块拖至模型窗口

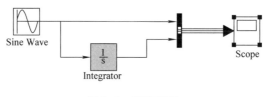

图 8.6　系统模型

8.3　控制系统的性能分析

8.3.1　控制系统的时域分析

在 MATLAB 中，提供了求取连续/离散系统的单位阶跃响应函数、单位脉冲响应函数、零输入响应函数及任意输入下的仿真函数，利用这些函数可以方便地对控制系统进行时域分析。

1. step/dstep 命令

功能：求连续/离散系统的阶跃响应。

格式：$[y,x] = step(num, den, t)$　或　$[y,x] = step(num, den)$

其中，t 为选定的仿真时间向量，如果不加 t，仿真时间范围自动选择。此函数只返回仿真数据而不在屏幕上画出仿真图形，返回值 y 为系统在各个仿真时刻的输出所组成的矩阵，而 x 为自动选择的状态变量的时间响应数据。如果用户对具体的响应数值不感兴趣，而只想绘制出系统的阶跃响应曲线，则可以由如下的格式调用：

>> step(num, den, t)　或　step(num, den)

2. impluse/dimpluse 命令

功能：求连续/离散系统的脉冲响应。

格式：$[y,x] = \text{impluse}(\text{num},\text{den},t)$　　或　　$[y,x] = \text{impluse}(\text{num},\text{den})$

3. lsim/dlsim 命令

功能：对任意输入的连续/离散系统进行仿真。

格式：$[y,x] = \text{lsim}(\text{num},\text{den},u,t)$

其中输入信号为向量 u。输入信号 u 的行数决定了计算的输出点数。对于单输入系统，u 是一个列向量。对于多输入系统，u 的列数等于输入变量数。例如，计算斜坡响应，t 为输入向量，可以输入如下命令：

$$>> \text{sys} = [x,y];[y,x]\text{lsim}(\text{sys},u,t)$$

当然该函数若调用时不返回参数，也可以直接绘制出响应曲线图形。例如，

$t = 0:0.01:6;$

$u = \sin(t);$

$\text{lsim}(\text{sys},u,t)$

为单输入模型 sys 对 $u(t) = \sin(t)$ 在 6s 之内的输入响应仿真。

4. initial/dinitial 命令

功能：求连续/离散系统的零输入响应。

格式：$[y,x,t] = \text{initial}(a,b,c,d,x0,t)$ 或 $[y,x,t] = \text{initial}(a,b,c,d,x0)$

功能：initial 函数可计算出连续时间线性系统由于初始状态所引起的响应（故而称为零输入响应）。当不带输出变量引用函数时，initial 函数在当前图形窗口中直接绘制出系统的零输入响应。

MATLAB 还提供了离散时间系统的仿真函数，包括阶跃响应函数 dstep（），脉冲响应函数 dim pulse（）和任意输入响应函数 dlsim（）等，它们的调用方式和连续系统的不完全一致，读者可以参阅 MATLAB 的帮助，如在 MATLAB 的提示符"＞＞"下键入 help dstep 来了解它们的调用方式。

例 8.6　对于下列系统传递函数，求单位阶跃响应。

$$\frac{X_o(s)}{X_i(s)} = \frac{s+20}{15s^2+s+1}$$

解：下列 MATLAB 程序将给出该系统的单位阶跃响应曲线。该单位阶跃响应曲线如图 8.7 所示。

$\text{num} = [0\ 1\ 20];$

$\text{den} = [15\ 1\ 1];$

$\text{step}(\text{num},\text{den});$

grid

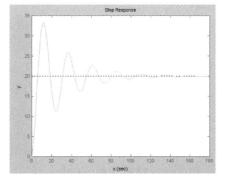

图 8.7　例 8.6 的单位阶跃响应曲线

例 8.7　对于下列系统传递函数，求单位脉冲响应和单位斜坡响应。

$$\frac{X_o(s)}{X_i(s)} = \frac{s+20}{15s^2+s+1}$$

解：下列 MATLAB 程序将给出该系统的单位脉冲响应曲线。该单位脉冲响应曲线如图 8.8 所示。

num = [0 0 1 20];
den = [15 1 1 0];
t = 0:0.01:100;
impulse(num , den);
grid

在 MATLAB 中没有斜坡响应命令，可以利用阶跃响应命令求斜坡响应，先用 s 除 $G(s)$，再利用阶跃响应命令。例如，考虑下列闭环系统

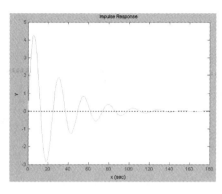

图 8.8　例 8.7 的单位脉冲响应曲线

$$\frac{X_o(s)}{X_i(s)} = \frac{s+20}{15s^2+s+1}$$

对于单位斜坡输入量，$X_i(s) = \dfrac{1}{s^2}$，则

$$X_o(s) = \frac{s+20}{15s^2+s+1} \cdot \frac{1}{s^2} = \frac{s+20}{(15s^2+s+1)s} \cdot \frac{1}{s} = \frac{s+20}{15s^3+s^2+s} \cdot \frac{1}{s}$$

下列 MATLAB 程序将给出该系统的单位斜坡响应曲线。该单位斜坡响应曲线如图 8.9 所示。

num = [0 0 1 20];
den = [15 1 1 0];
t = 0:0.01:100;
step(num, den, t);
grid

也可以利用 MATLAB 语言的 residue（ ）函数命令，比较方便地求取线性时域响应的解析解，具体如例 8.8 所示。

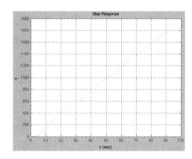

图 8.9　例 8.7 的单位斜坡响应曲线

例 8.8　试求下列系统的阶跃输入响应：

$$\frac{C(s)}{R(s)} = \frac{2s^3+8s^2+25s+25}{s^4+10s^3+35s^2+50s+24}$$

解：用如下的 MATLAB 程序将很容易地得到系统的阶跃响应。

num = [2 8 25 25];
den = [1 10 35 50 24];
[r, p, k] = residue(num, [den, 0])

程序执行后得到如下结果：

r =
　　 − 3.1250
　　　 5.3333
　　 − 2.2500
　　 − 1.0000
　　　 1.0417

p =

$$-4.0000$$
$$-3.0000$$
$$-2.0000$$
$$-1.0000$$
$$0$$

k =

[ ]

用数学公式表示为

$$y(t) = -3.125e^{-4t} + 5.333e^{-3t} - 2.25e^{-2t} - e^{-t} + 1.0417$$

这也就是该系统阶跃输入的响应。

当系统中含有复数极点时，residue（ ）函数照样适用。

例8.9 试求下列系统的阶跃输入响应：

$$\frac{C(s)}{R(s)} = \frac{2s+4}{2s^4 + 3s^3 + 12s^2 + 19s + 18}$$

解：可以由如下的 MATLAB 程序得到系统的阶跃响应。

num = [2 4];

den = [2 3 12 19 18 0];

[r, p, k] = residue(num, den)

程序执行后得到如下结果：

r =

　 - 0.0198 + 0.0446i
　 - 0.0198 - 0.0446i
　 - 0.0913 - 0.0183i
　 - 0.0913 + 0.0183i
　 　 0.2222

p =

　 　 0.2388 + 2.2723i
　 　 0.2388 - 2.2723i
　 - 0.9888 + 0.8639i
　 - 0.9888 - 0.8639i
　 　 　 0

k =

[ ]

用数学公式表示为

$$y(t) = (-0.0198 + 0.0446j)e^{(0.2388 + 2.2723j)t} + (-0.0198 - 0.0446j)e^{(0.2388 - 2.2723j)t}$$
$$+ (-0.0913 - 0.0183j)e^{(-0.9888 + 0.8639j)t} + (-0.0913 + 0.0183j)e^{(-0.9888 - 0.8639j)t} + 0.2222$$

8.3.2 控制系统的频域分析

频域分析法主要包括三种方法：*Bode* 图（幅频/相频特性曲线）、奈奎斯特曲线、尼科尔斯图。

1. bode、dbode 命令

bode 功能：绘制连续系统的 Bode 图。

格式：$[\text{mag}, \text{phase}, w] = \text{bode}(\text{num}, \text{den})$

$[\text{mag}, \text{phase}, w] = \text{bode}(\text{num}, \text{den}, w)$

dbode 功能：绘制离散系统的 Bode 图。

格式：$[\text{mag}, \text{phase}, w] = \text{dbode}(n, d, T)$

$[\text{mag}, \text{phase}, w] = \text{dbode}(n, d, T, w)$

说明：dbode 函数用于计算离散系统的对数幅频特性和相频特性（即 Bode 图），输入变量 n、d 解释如上，而 T 为采样周期，w 为频率，当不带输入 w 频率参数时，系统会自动给出。

本函数的幅值和相位计算公式为

$$\text{mag}(w) = |g(e^{jwT})|, \quad \text{phase}(w) = \angle g(e^{jwt})$$

2. nyquist、dnyquist 命令

nyquist 功能：绘制连续系统的奈奎斯特图。

格式：$[\text{re}, \text{im}, w] = \text{nyquist}(\text{num}, \text{den})$

$[\text{re}, \text{im}, w] = \text{nyquist}(\text{num}, \text{den}, w)$

dnyquist 功能：绘制离散系统的奈奎斯特图。

格式：$[\text{re}, \text{im}, w] = \text{dnyquist}(n, d, T)$

$[\text{re}, \text{im}, w] = \text{dnyquist}(n, d, T, w)$

其中，输出变量 re、im 分别为奈奎斯特图的实部和虚部。

3. nichols 命令

功能：绘制尼科尔斯图。

格式：$[M, P] = \text{nichols}(\text{num}, \text{den})$

4. margin 命令

功能：求幅值增益裕度和相位裕度，以及幅值和相位交界频率。

格式：$[\text{Gm}, \text{Pm}, \text{wcg}, \text{wcp}] = \text{margin}(\text{num}, \text{den})$

$[\text{gm}, \text{pm}, \text{wg}, \text{wp}] = \text{margin}(\text{mag}, \text{phase}, w)$

该函数直接由系统的传递函数来求取系统的幅值裕度 gm 和相位裕度 pm，并求出幅值裕度和相位裕度处相应的穿越频率值 wcg 和 wcp。

5. roots

功能：求系统的特征多项式的根。

格式：$[r] = \text{roots}(c)$

其中，输入变量 c 为特征多项式的系数。

例 8.10 对于下列系统传递函数，画出其 Bode 图。

$$G(s) = \frac{s + 20}{15s^2 + s + 1}$$

解：下列 MATLAB 程序将给出该系统对应的 Bode 图，其 Bode 图如图 8.10 所示。

num = $[0 \quad 1 \quad 20]$;

den = [15　1　1];

bode(num, den);

grid

如果希望从 0.01 ~ 1000rad/s 画 Bode 图，可输入下列命令：

w = logspace(-23, 100);

bode(num, den, w);

grid

该命令在 0.01 ~ 1000rad/s 之间产生 100 个在对数刻度上等距离的点。

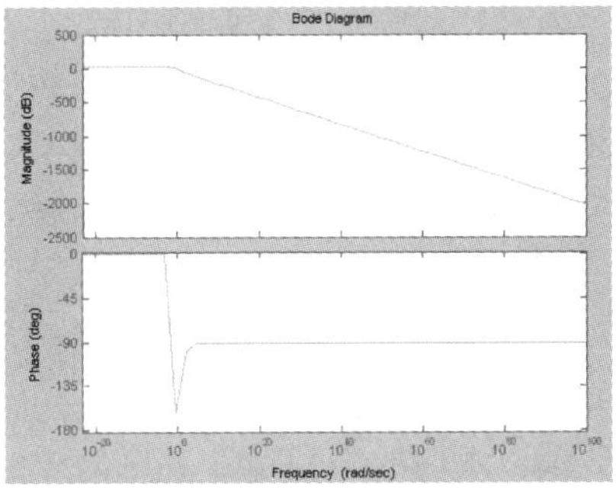

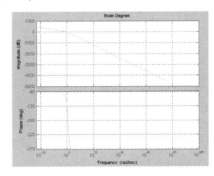

图 8.10　例 8.10 的 Bode 图

例 8.11　对于下列系统传递函数，画出其 Bode 图。

$$G(s) = \frac{11(s+4)}{s(2s+3)(s^2+3s+5)}$$

解：下列 MATLAB 程序将给出该系统对应的 Bode 图，其 Bode 图如图 8.11 所示。

num = [11　44];

den1 = [2　3　0];

den2 = [1　3　5];

den = conv(den1, den2);

w = logspace(-23, 100);

bode(num,den,w);

grid

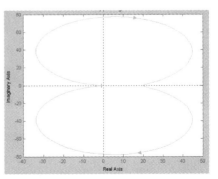

图 8.11　例 8.11 的 Bode 图

例 8.12　对于下列系统传递函数，画出其奈奎斯特图

$$G(s) = \frac{s+20}{15s^2+s+1}$$

解：下列 MATLAB 程序将给出该系统对应的奈奎斯特图，其奈奎斯特图如图 8.12 所示。

num = [0　1　20];

den = [15　1　1];

nyquist(num,den);

grid

8.3.3　控制系统的稳定性分析

求解线性系统稳定性问题最简单的方法是求出该系统所有的极点，并观察是否含有实部大于零的极点。如果有这样的极点，则系统称为不稳定系统，否则称为稳定系统；若稳定系统中存在实部等于零的极点，这样的系统称为临界稳定系统。

图 8.12　例 8.12 的奈奎斯特图

另外，在给定一个控制系统中，可以利用 MATLAB 在它的时域、频域图形分析中看出系统的稳定性，并可直接求出系统的相位裕度和增益裕度。此外，还可以通过求出特征根的分布更直接地判断出系统稳定性。如果闭环系统所有的特征根都为负实部，则系统稳定。

例 8.13 已知系统的闭环传递函数为

$$\frac{X_o(s)}{X_i(s)} = \frac{2s^3 + 8s^2 + 25s + 25}{s^4 + 10s^3 + 35s^2 + 50s + 24}$$

试判断该系统的稳定性。

解：本题的 MATLAB 程序为

num = [2   8   25   25];

den = [1   10   35   50   24];

G = tf(num, den);

roots(G. den{1})

此处的"{ }"表示维数。

执行后得到如下结果：

ans =

   -4.0000

   -3.0000

   -2.0000

   -1.0000

也可以用 zpk ( ) 函数来解决，其 MATLAB 程序为

num = [2   8   25   25];

den = [1   10   35   50   24];

G = tf(num, den);

G1 = zpk(G);

G1. p{1}

执行后得到如下结果：

ans =

   -4.0000

   -3.0000

   -2.0000

   -1.0000

由于它的极点全部为负实根，因此该系统稳定。

例 8.14 已知系统的闭环传递函数为

$$\frac{X_o(s)}{X_i(s)} = \frac{2s^3 + 8s^2 + 25s + 25}{2s^8 + 3s^7 + 4s^6 + 5s^5 + 6s^4 + 7s^3 + 8s^2 + 9s + 1}$$

试判断该系统的稳定性。

解：本题的 MATLAB 程序为

G = tf([2 8 25 25], [2 3 4 5 6 7 8 9 1]);

roots(G. den{1})

执行后得到如下结果：

ans =

   0.8151 + 0.8930i

   0.8151 − 0.8930i

−0.0219 + 1.2286i

−0.0219 − 1.2286i

−0.8703 + 0.8633i

−0.8703 − 0.8633i

−1.2225

−0.1233

由于它的极点中有两个带有正实部，所以该系统不稳定。

例 8.15 已知系统的闭环传递函数为

$$\frac{X_o(s)}{X_i(s)} = \frac{4s^4 + 3s^3 + 2s^2 + 5s + 3}{5s^5 + 6s^4 + 2s^3 + 3s^2 + 3s + 2}$$

试判断该系统的稳定性。

解：本题的 MATLAB 程序为

num = [4 3 2 5 3];

den = [5 6 2 3 3 2];

[z, p] = tf2zp(num, den);

执行后得到如下结果：

z =

    0.4121 + 0.9844i

    0.4121 − 0.9844i

  −0.7871 + 0.1976i

  −0.7871 − 0.1976i

p =

    0.4511 + 0.7038i

    0.4511 − 0.7038i

  −1.1421

  −0.4800 + 0.5204i

  −0.4800 − 0.5204i

>> pzmap(num, den)

>> ii = find(real(p) > 0)

ii =

   1

   2

>> nl = length(ii)

nl =

   2

> > if(nl > 0) , disp([ˊsystem is unstable , with ˊint2str(nl) ˊunstable poles´]) ;

else disp(System is stable ´) ;

end

System is unstable , with 2 unstable poles

> > disp(The unstable poles are: ´) , dis(p(ii))

The unstable poles are:

0. 4121 + 0. 9844i

0. 4121 − 0. 9844i

根据以上求出的具体零极点、画出零极点分布如图 8. 13 所示。

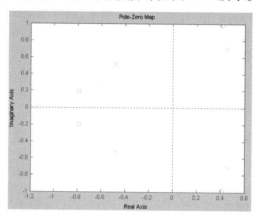

图 8. 13   例 8. 15 图

8.4   应用 MATLAB 的根轨迹分析

根据第 5 章介绍的根轨迹绘制方法，通过手工绘图理解根轨迹的基本概念，这一过程是全面理解和应用根轨迹的基本途径，在此基础上利用 MATLAB 绘制根轨迹，精确且方便。应用 MATLAB 绘制根轨迹前，首先需要确定开环传递函数 $G(s)H(s)$ 或根据闭环传递函数找出特征方程并写成规范形式：

$$1 + G(s)H(s) = 0 \Rightarrow 1 + K\frac{Q(s)}{P(s)} = 0$$

式中，$Q(s)$ 为分子的有理 s 多项式；$P(s)$ 为分母的有理 s 多项式；K 为开环（根轨迹）增益，$K = 0 \rightarrow \infty$。绘制根轨迹的调用函数为

rlocus （num, den）或 rlocus （num, den, K）

其中，num、den 分别对应开环传递函数（多项式之比形式）的分子系数和分母系数构成的行向量形式的数组。未指定开环增益 K 的范围，其变化范围自动取为 $0 \sim \infty$。带有 K 的命令句，将根据用户指定的 K 值计算根轨迹。

命令

[r, k] = rlocus(num, den) 或 [r, k] = rlocus(num, den, K)

因在等号左端引出输入变量，其中 r 表示对开环增益 K 时的闭环极点。使用它时，屏幕上不

显示根轨迹曲线。如果要显示根轨迹，使用绘图指令

$$plot(r,'')$$

指令括号''间可以标上符号'o'或'or'及其他符号。'o'、'or'表示用小圈或红色小圈绘制根轨迹；''间符号默认时，表示用细实线绘制。

命令

$$v[-x \quad x \quad -y \quad y]; axis(v)$$

表示图形坐标在 x 轴上的范围为 $-x \sim x$，在 y 轴上的范围为 $-y \sim y$。通常情况下，用 MATLAB 绘制根轨迹时，具有 x, y 坐标轴自动定标功能。

例 8.16 已知控制系统如图 8.14 所示，试用 MATLAB 绘制系统的根轨迹。

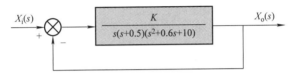

图 8.14 反馈控制系统框图

解：将开环传递函数表示成多项式之比形式：

$$G(s)H(s) = \frac{K}{s(s+0.5)(s^2+0.6s+10)} = \frac{K}{s^4+1.1s^3+10.3s^2+5s}$$

编写 MATLAB 程序如下：

```
% Root – locus Plot
num = [0 0 0 0 1];
den = [1 1.1 10.3 5 0];
rlocus(num, den)
v = [-6 6 -6 6]; axis(v);
Title ('Root – Locus of G(s) = K/s(s+0.5)(s^2
+0.6s+10)')
xlabel ('Real Axis')
ylabel ('Image Axis')
```

执行上面程序绘制的根轨迹如图 8.15 所示。

例 8.17 如图 8.16 所示，已知控制系统前向

通道传递函数为 $G_1(s) = \dfrac{K}{s+5}$，$G_2(s) = \dfrac{s+1}{s(s+8)}$，

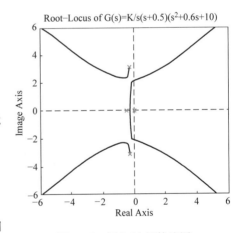

图 8.15 例 8.16 根轨迹图

反馈通道传递函数为 $H(s) = \dfrac{1}{s+2}$，试绘制出此控制系统闭环根轨迹图。

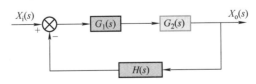

图 8.16 反馈控制系统框图

解：编写 MATLAB 程序如下：

```
% Root – locus Plot
G1 = tf(1,[1 5]);
G2 = tf([1 1],[1 8 0]);
H = tf(1,[1 2]);
rlocus(G1 * G2 * H);
v = [ – 10 10 – 10 13];
axis(v);
```

运行结果如图 8.17 所示。

在控制系统分析过程中，常常希望确定根轨迹上某点的开环增益值和其他参数值，可以通过两种方法实现：

1）绘制出根轨迹图，单击曲线上的任意一点，即可以方框的形式显示该点处的增益值（Gain）、极点（Pole）、阻尼比（Damping）、超调量（Overshoot）、频率（Frequency）等参数值。

2）在调用 rlocus 函数后，调用 rlocfind 函数，即

$$[k, pole] = rlocfind(num, den);$$

运行该函数后，将在根轨迹图形屏幕上生成一个十字光标，同时在 MATLAB 的命令窗口会出现"Select a point in the graphics window"，提示用户选择某一点。使用鼠标，移动这个十字光标到所希望的位置，单击左键，在 MATLAB 的命令窗口将会出现该点的数值、增益值 K 以及对应于该增益值的所有闭环极点。

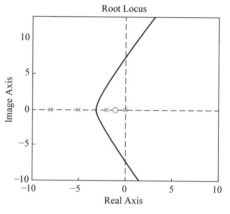

图 8.17　例 8.17 根轨迹图

8.5　控制系统的校正课程设计实例

在 MATLAB 中，主要利用 Bode 图对控制系统进行校正设计。其基本思想是：通过比较校正前、后频率特性，尝试选定恰当的校正结构，确定校正参数，最后对校正后的系统进行校验，并反复设计直至满足设计要求。下面举例说明设计控制系统的过程。

例 8.18 对于给定的对象环节：

$$G_0(s) = \frac{K}{s(0.04s + 1)}$$

设计一个补偿环节，使校正后系统的静态速度误差系数 $K_v \geqslant 100$，穿越频率大于 $60 \text{rad} \cdot \text{s}^{-1}$，相位裕度 $\geqslant 45°$。

解：1）首先根据对静态速度误差系数的要求，确定系统的开环增益 $K = 100$。

2）写出系统传递函数，并计算增益裕度和相位裕度：

```
G0 = tf(100,conv([1,0],[0.04,1]));
[Gm,Pm,Wcg,Wcp] = margin(G0);
```

```
[Gm,Pm,Wcg,Wcp]
ans =
    Inf    28.0243        Inf    46.9701;
w = logspace( -1,3);
[m,p] = bode(G0,w);
subplot(211),semilogx(w,20 * log10(m(:)))
grid
subplot(212),semilogx(w,p(:))
grid
```

可以看到，未校正环节的幅值裕度为无穷大，相位裕度为 25°，穿越频率为 $45\mathrm{rad}\cdot\mathrm{s}^{-1}$，不满足要求，其 Bode 图如图 8.18a 所示。

3）根据系统对动态性能的要求，可试探性地引入一个超前补偿环节来增加相位裕度，为此可假设校正装置的传递函数为

$$G_c(s) = \frac{0.02s + 1}{0.01s + 1}$$

则可通过下列 MATLAB 语句得到校正后系统的增益裕度和相位裕度：

```
Gc = tf([0.02,1],[0.01,1]);
bode(Gc,w)
grid
G_o = Gc * G0;
[Gm,Pm,Wcg,Wcp] = margin(G_o);
[Gm,Pm,Wcg,Wcp]
ans =
Inf    43.5910        Inf    54.2668
```

从而可得到补偿环节的 Bode 图如图 8.18b 所示。可以看出，在频率为 $60\mathrm{rad}\cdot\mathrm{s}^{-1}$ 处系统的增益裕度和相位裕度均增加了。在这样的控制器下，校正后系统的相位裕度增加到 46°，而穿越频率增加到 $60\mathrm{rad}\cdot\mathrm{s}^{-1}$。

4）绘制校正后系统的 Bode 图如图 8.18a 中的实线所示，用如下的 MATLAB 语句绘制校正前后系统的阶跃响应曲线，阶跃响应曲线如图 8.18c 所示。

```
[m,p] = bode(G0,w);
[m1,p1] = bode(G_o,w);
subplot(211),semilogx(w,20 * log10([m(:),m1(:)]))
grid
subplot(212),semilogx(w,[p(:),p1(:)])
grid
G_c1 = feedback(G0,1);
G_c2 = feedback(G_o,1);
[y,t] = step(G_c1);
y = [y,step(G_c2,t)];
figure,plot(t,y)
```

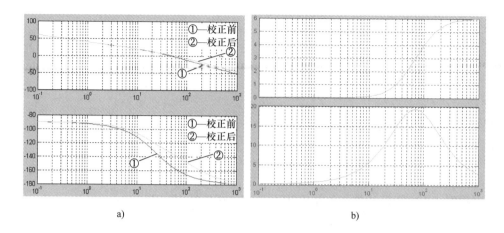

a)   b)

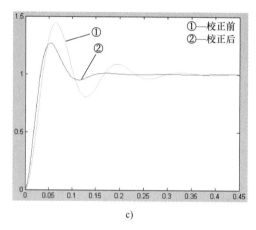

c)

图 8.18　例 8.18 图

习　　题

8.1　用 MATLAB 表示传递函数为 $\dfrac{s}{s^3 + 4s^2 + s}$ 的系统。

8.2　用 MATLAB 表示传递函数为 $\dfrac{s-1}{s\,(s+1)\,(s-2)}$ 的系统。

8.3　用 MATLAB 求下列传递函数

$$\frac{X_o(s)}{X_i(s)} = \frac{s^3 + s^2 + s}{s^3 + 6s^2 + 11s + 6}$$

的零极点模型。

8.4　用 MATLAB 求下列用部分分式

$$\frac{X_o(s)}{X_i(s)} = \frac{1}{s+2} + \frac{2}{s+3} + \frac{3}{s+1} + 4$$

表示的传递函数模型。

8.5　用 MATLAB 表示传递函数为

$$\frac{s^2 + 2s + 2}{(s^2 + 3s + 1)^2 (s^3 + 5s^2 + 3s + 4)(s+3)}$$

的系统。

8.6 用 MATLAB 程序求出下列系统的单位阶跃响应曲线

$$\frac{X_o(s)}{X_i(s)} = \frac{s+2}{4s^2+s+1}$$

8.7 用 MATLAB 程序求出下列系统传递函数

$$\frac{X_o(s)}{X_i(s)} = \frac{s+1}{s^2+s-6}$$

的单位脉冲响应曲线。

8.8 试用 MATLAB 程序求下列系统的阶跃输入响应：

$$\frac{X_o(s)}{X_i(s)} = \frac{s^3+s^2+5s+2}{s^4+s^3+3s^2+5s+4}$$

8.9 试用 MATLAB 程序求下列系统的阶跃输入响应：

$$\frac{X_o(s)}{X_i(s)} = \frac{s+1}{3s^3+4s^2+5s+6}$$

8.10 用 MATLAB 程序求出下列系统

$$G(s) = \frac{s}{s^2+s+1}$$

对应的 Bode 图。

8.11 已知系统的闭环传递函数为

$$\frac{X_o(s)}{X_i(s)} = \frac{2s^2+4s+1}{s^4+s^3+3s^2+2s+2}$$

试用 MATLAB 判断该系统的稳定性。

8.12 若某系统传递函数为

$$G(s) = \frac{s}{2s^2+3s+1}$$

用 MATLAB 程序给出该系统对应的奈奎斯特图。

8.13 控制系统如图 8.16 所示，其中 $G_1(s) = \dfrac{K}{s+8}$，$G_2(s) = \dfrac{s+1}{s(s+5)}$，反馈通道传递函数为 $H(s) = \dfrac{1}{s+2}$，试绘制出此控制系统闭环根轨迹图。

参 考 文 献

[1] 王益群，钟毓宁. 机械控制工程基础 [M]. 武汉：武汉理工大学出版社，2001.

[2] 董景新，赵长德. 控制工程基础 [M]. 北京：清华大学出版社，2003.

[3] 颜文俊，陈素琴，林峰. 控制理论 CAI 教程 [M]. 北京：科学出版社，2006.

[4] 魏巍. MATLAB 控制工程工具箱技术手册 [M]. 北京：国防工业出版社，2004.

[5] 李友善. 自动控制原理 [M]. 北京：国防工业出版社，1980.

[6] 张伯鹏. 控制工程基础 [M]. 北京：机械工业出版社，1982.

[7] 高钟毓. 机电控制工程 [M]. 北京：清华大学出版社，2002.

[8] 杨叔子，杨克冲. 机械工程控制基础 [M]. 武汉：华中工学院出版社，1984.

[9] 陈康宁. 机械工程控制基础 [M]. 西安：西安交通大学出版社，1997.

[10] 周其节. 自动控制原理 [M]. 广州：华南理工大学出版社，1989.

[11] 吴麒. 自动控制原理 [M]. 北京：清华大学出版社，1992.

[12] 曾乐生. 自动控制基础 [M]. 北京：北京理工大学出版社，1993.

[13] 楼顺天，于卫. 基于 MATLAB 的系统分析与设计：控制系统 [M]. 西安：西安电子科技大学出版社，1998.

[14] 薛定宇. 反馈控制系统设计与分析：MATLAB 语言应用 [M]. 北京：清华大学出版社，2000.

[15] 邹伯敏. 自动控制理论 [M]. 北京：机械工业出版社，1999.

[16] 杨自厚. 自动控制原理 [M]. 北京：国防工业出版社，1987.

[17] 梁慧冰，孙炳达. 现代控制理论基础 [M]. 北京：机械工业出版社，2000.

[18] 何克忠，李伟. 计算机控制系统 [M]. 北京：清华大学出版社，1998.

[19] 孙增圻. 计算机控制理论及应用 [M]. 北京：清华大学出版社，1992.

[20] 薛定宇. 控制系统计算机辅助设计 [M]. 北京：清华大学出版社，1996.

[21] 黄坚. 自动控制原理及其应用 [M]. 2 版. 北京：高等教育出版社，2009.

[22] 许贤良，王传礼. 控制工程基础 [M]. 北京：国防工业出版社，2008.

[23] 吴怀宇. 自动控制原理 [M]. 3 版. 武汉：华中科技大学出版社，2017.

[24] 王积伟. 机电控制工程 [M]. 北京：机械工业出版社，1994.